VOLKMAR KOCH

HOLISTIC COMPANY

Vision eines mit **Liebe** geführten Unternehmens

EUROPAVERLAG

Meinen geliebten Kindern gewidmet.
Mögen sie dereinst eine liebevollere Unternehmenswelt vorfinden als ich.

MIX
Papier aus verantwortungsvollen Quellen
FSC® C014889

Umschlaggestaltung: Eva Jahnen, www.vorsicht.de
Redaktion: Susanne Klein
Zitate aus Harald Walach: *Spiritualität – warum wir die Aufklärung weiterführen müssen* mit freundlicher Genehmigung der Drachen Verlag GmbH
Layout & Satz: Danai Afrati & Robert Gigler, München
Druck und Bindung: Pustet, Regensburg
ISBN 978-3-95890-278-7

www.europa-verlag.com

INHALT

Pflichtbewusstsein ohne Liebe macht verdrießlich.
Verantwortung ohne Liebe macht rücksichtslos.
Gerechtigkeit ohne Liebe macht hart.
Wahrhaftigkeit ohne Liebe macht kritiksüchtig.
Klugheit ohne Liebe macht betrügerisch.
Freundlichkeit ohne Liebe macht heuchlerisch.
Ordnung ohne Liebe macht kleinlich.
Sachkenntnis ohne Liebe macht rechthaberisch.
Macht ohne Liebe macht grausam.
Ehre ohne Liebe macht hochmütig.
Besitz ohne Liebe macht geizig.
Glaube ohne Liebe macht fanatisch.

LAOTSE

EINLEITUNG

»Die beiden Welten [des Stoffes und des Geistes] gegeneinander zu bewegen, ihre beiderseitigen Eigenschaften in der vorübergehenden Lebenserscheinung zu manifestieren, dass ist die höchste Gestalt, wozu sich der Mensch auszubilden hat.«

JOHANN WOLFGANG VON GOETHE

Ja, die Liebe ... Unzählige Bücher, Gedichte, Filme und Lieder sind über sie verfasst worden. Und niemand brachte ihre Bedeutung für uns wohl besser auf den Punkt als die Beatles mit ihrem berühmten Song *»All you need is love«*.

Unsere Realität ist jedoch eine vollkommen andere: Bei näherer Betrachtung fällt es den meisten Menschen schwer, sich wahrhaft selbst zu lieben, geschweige denn anderen Menschen in ihren unterschiedlichsten Beziehungen Liebe entgegenzubringen. Eigene Bedürftigkeit, Anhaftung und Mangel sind viel öfter der Grund für Beziehungen als hingebungsvolle Liebe. Eifersucht, endlose Beziehungskonflikte, Herzschmerz und Dramen werden als fast zwangsläufige Begleiterscheinungen der Liebe angesehen. In der christlichen Kirche lernen wir: »Liebe deinen Nächsten wie dich selbst« – und viele Menschen setzen dies (leider) auch genauso um: Sie verurteilen oftmals ihre Nächsten genauso wie sich selbst. Die Nicht-Liebe findet sich allenthalben – insofern ist der

Titel von Pat Benatar »*Love is a Battlefield*« für unsere Realität weitaus treffender.

Abgesehen von dieser wenig liebevollen Situation im Allgemeinen fehlt die Liebe ganz besonders in der heutigen Unternehmensrealität, denn dort darf das Wort »Liebe« noch nicht einmal als solches in den Mund genommen werden – außer vielleicht in einigen markigen Werbebotschaften, in denen der Begriff meines Erachtens ähnlich missbraucht wird.

Hier eröffnet sich ein Spannungsfeld, wie es kaum größer sein könnte. Sobald man dies erkannt hat, wird man geradezu fassungslos darüber, wie wenig ernsthafte Auseinandersetzung mit der Liebe, gerade in den westlichen Kulturen, stattfindet. Dies gilt sowohl für den privaten Bereich – beispielsweise um wahre Liebe in zwischenmenschlichen Beziehungen zu etablieren – als auch und gerade im Unternehmenskontext. Zwar gibt es inzwischen eine rasch wachsende Anzahl von Büchern, Business-School-Seminaren und Coaches, die sich dem »Faktor Mensch« unter anderem mit (organisations-)psychologischen Methoden im Kontext von Führung und Arbeitsgestaltung widmen. Der eigentliche Kern des Problems aber – das Fehlen der Liebe in der Unternehmenswelt – wird nur äußerst selten benannt; dies wäre ein ungeheuerlicher Tabubruch.

Hier kommen wir jedoch zu meiner zentralen Hypothese: dass letztlich *das Fehlen von Liebe* – als die grundlegende Basis jedes erfüllten und produktiven menschlichen Zusammenlebens – die Wurzel der vielfältigen Probleme auf zwischenmenschlicher, ökonomischer, ökologischer und gesellschaftlicher Ebene ist. Über diese grundlegende und gewagte Hypothese möchte ich mit diesem Buch zu einer breiteren Diskussion anregen.

Wem diese These sehr »abenteuerlich« vorkommt, der sollte sich folgende exemplarische Fragen vor Augen führen:

- Warum finden in der täglichen Unternehmenspraxis Anfeindungen zwischen Kollegen und Kolleginnen, Teams und Abteilungen statt?
- Warum werden »Andersdenkende«, z.B. in der Führungsriege, bekämpft?
- Warum ist das »Rechtbehalten«, z.B. bei einem Meeting oder einer Debatte, oftmals wichtiger als die Wahrheit oder sich für das Argument des Gegenübers zu öffnen?
- Warum kommen »Härte« und »Durchsetzungsvermögen« bei Vorgesetzten besser an als Einfühlungsvermögen und Verständnis – und zwar sogar dann, wenn »Härte« erkennbar zu einem suboptimalen Ergebnis geführt hat bzw. führen wird?
- Warum ist nur Wachstum »gut« und gleichbedeutend mit Erfolg, während Abschwung per se als »schlecht« angesehen wird – obwohl in der Regel beides für die Entwicklung eines Unternehmens wichtig ist?
- Warum erliegen so viele Führungskräfte dem Wahn, es anderen (insbesondere ihren Vorgesetzten) »zeigen zu müssen«, »es schaffen zu wollen« oder »Karriere zu machen«, wenn sie selbst und ihre Familien doch erkennbar darunter leiden?
- Warum sind so viele mit ihrer Arbeit »eigentlich« unzufrieden, unglücklich oder haben innerlich bereits längst gekündigt, gehen dieser Arbeit aber dennoch jahrelang weiter nach?

Dies sind nur einige wenige Fragen zum Mangel an Liebe in Unternehmen, und die Liste ließe sich noch beliebig lange fortführen. Ich glaube, dass sich viele Menschen diese oder ähnliche Fragen in einer ruhigen Minute schon einmal selbst gestellt haben. Es ist aber geradezu erschreckend, wie viele Begebenheiten und Absurditäten im täglichen Wirtschafts- und Führungsgeschehen als »ganz normal« angesehen und nicht wirklich hinterfragt bzw. offen thematisiert werden. Die Folgen sind mannigfaltig. Auf der kollektiven Ebene führt dies im weitesten Sinne zu suboptimalen

Unternehmensergebnissen und beispielsweise zu Resultaten wie den folgenden:

- Eine »bessere« unternehmerische Entscheidung wird unterlassen, weil sich derjenige, der am lautesten schreit, und nicht der mit der besten Idee durchsetzt.
- Bei Veränderungen der Wirtschaftslage und der Unternehmensumwelt wird nicht rechtzeitig gegengesteuert, sondern man weigert sich, diese Veränderungen zu akzeptieren.
- Bei diskontinuierlichen Veränderungen von Technologien, wie sie etwa durch die Digitalisierung geschehen, werden rechtzeitige Geschäftsmodellinnovationen verpasst, weil innovative Ideen vom Rest der Organisation bekämpft werden.

Auch diese Liste lässt sich beliebig fortführen. Trotz einer langen Historie der Betriebswirtschafts- und Führungslehre und trotz hochbezahlter Führungskräfte sind hier die reinen Fakten mehr als ernüchternd:

- Weniger als 30 Prozent aller »unternehmerischen Change- bzw. Veränderungsprogramme« sind erfolgreich.[1]
- Viele – bis zu 75 Prozent – aller Strategien scheitern bzw. werden nicht umgesetzt.[2]
- Bis zu 90 Prozent der Mitarbeiter und Mitarbeiterinnen kennen die Strategie des Unternehmens, für das sie tätig sind, nicht, geschweige denn, dass sie sie verstehen.[3]
- Mehr als 78 Prozent aller Großprojekte scheitern.[4]
- Je nach Branche erreichen 50–80 Prozent der Unternehmenszusammenschlüsse nicht die gesetzten (Fusions-)Ziele.[5] Mehr als 82 Prozent aller Manager wünschen sich grundlegende Veränderung.[6]

Auch auf der individuellen Ebene sieht die heutige Unternehmensrealität nicht besser aus: Nach der Gallup-Studie von 2016 macht die Zahl der Mitarbeiter und Mitarbeiterinnen, die innerlich gekündigt haben oder emotional distanziert zu ihrer Arbeit sind und nur »Dienst nach Vorschrift« machen, mit über 85 Prozent (!) den deutlich überwiegenden Anteil aus, was deutsche Unternehmen laut Gallup bis zu 105 Milliarden Euro im Jahr kostet – und primär verantwortlich dafür seien schlechte Vorgesetzte (!).[7] Schlaflosigkeit, Stress, Mobbing, Alkoholmissbrauch und Burn-out haben in den letzten Jahren massiv auf allen Ebenen zugenommen und mittlerweile in Deutschland, aber auch in anderen Industrienationen, besorgniserregende Ausmaße erreicht.

Während also die kollektiven Ergebnisse mehr als bescheiden sind und Einzelne zunehmend unter den Umständen ihrer Arbeit leiden, kann dem kontinuierlichem Streben nach »Mehr« (vor allem nach mehr Wachstum und mehr kurzfristigem Gewinn) von Unternehmen, Banken, ihren Eigentümern und Vertretern mancherorts nur noch durch unethisches Handeln in unterschiedlichster Form Genüge getan werden. Dies geschieht beispielsweise durch Lobbyismus, gezielte Desinformation und Belästigung von Kunden, Manipulation von Märkten, Forschungsergebnissen und Jahresabschlüssen, Zockerei an den Kapitalmärkten, rigorose Ausbeutung von Ressourcen und zunehmende Umweltverschmutzung und reicht bis hin zu unterschiedlichsten Formen der Vorteilnahme, Bestechung und Betrug, wie die bereits publik gewordenen Fälle von namhaften Unternehmen beispielsweise im Zusammenhang mit der »Dieselaffäre« oder von verschiedenen »Bestechungsaffären«.

Es macht den Eindruck, als leben wir teilweise – man möge mir das drastische Bild verzeihen – in einer als pathologisch zu bezeichnenden (Unternehmens-)Welt, in der wir uns zielsicher wie die Lemminge auf einen Abgrund zubewegen. Mittlerweile überschlagen sich die Warnmeldungen der aktuellen Risikoreports des

Weltwirtschaftsforums und des Global Risk Reports, auch in ihren Formulierungen, was den Zustand der Welt angeht. Angefangen bei der globalen Klimakatastrophe, den möglichen Cyberattacken und -kriegen, massiven Ungleichgewichten in den Wirtschafts- und Finanzsystemen, bis hin zum gefährlichen Wiederaufleben von Nationalismen.[8] *»Unser Wirtschaftssystem bringt uns alle um, wenn wir so weitermachen. Wir brauchen eine radikale Veränderung, sonst werden wir nicht überleben«*, so Graeme Maxton, scheidender Generalsekretär des Club of Rome.[9]

All dies geschieht, während die meisten Entscheidungsträger auf die hohe Rationalität ihrer Arbeit und Entscheidungen verweisen und schon aus Selbstschutz peinlichst auf die Einhaltung anerkannter Methoden achten. Und all dies geschieht auch, während Unternehmensberater Hochkonjunktur haben[10] und Top-Führungskräfte in Deutschland zwischenzeitlich bis zum 54-Fachen ihrer Angestellten verdienen (in andern Ländern wie den USA sogar noch deutlich mehr).[11]

Motivation

Vor diesem Hintergrund und dessen, was derzeit im Unternehmens- und Alltagsbewusstsein als »rational« empfunden wird, habe ich mir lange Gedanken darüber gemacht, ob es für mich als Berater und Führungskraft sinnvoll und angemessen ist, ein Buch über die Liebe im Kontext der Unternehmensführung zu schreiben. Immerhin liegt es auf der Hand, dass eine derartige Auseinandersetzung und Themenstellung von den meisten Führungskräften, Entscheidern, Wissenschaftlern und Journalisten – die sich dem aktuellen Rationalitäts-Paradigma unterordnen – bestenfalls als »nicht konform«, eher aber doch als »esoterische Spinnerei« abgetan würde.[12]

Die erste Idee zu diesem Buch hatte ich bereits vor ungefähr drei Jahren, Ende 2015. Zu dieser Zeit befand ich mich gerade im Urlaub und notierte die ersten Gedanken zu meiner Buchidee auf einen kleinen Notizzettel des Hotels. Diese Gedanken habe ich jedoch aufgrund anderer beruflicher Prioritäten erst einmal nicht weiterverfolgt. Erst im Jahr 2017 fand ich den kleinen Zettel wieder, der mich veranlasste, einen Kongress zum Thema »Liebe« zu besuchen. Und infolge dieses Kongresses bin ich auf die nachstehend aufgeführte Textstelle in dem Buch »Die Kunst des Liebens« von Erich Fromm gestoßen, die er bereits vor über 50 Jahren verfasste und die mir Mut gegeben hat, dieses Buch zu schreiben:

> »Wem also die Liebe als einzige vernünftige Lösung des Problems der menschlichen Existenz am Herzen liegt, der muss zu dem Schluss kommen, dass in unserer Gesellschaftsstruktur wichtige und radikale Veränderungen vorgenommen werden müssen. (...) Unsere Gesellschaft wird von einer Manager-Bürokratie und von Berufspolitikern geleitet; die Menschen werden durch Massensuggestion motiviert; ihr Ziel ist, immer mehr zu produzieren und zu konsumieren, und zwar zum Selbstzweck. Sämtliche Aktivitäten werden diesen wirtschaftlichen Zielen untergeordnet; die Mittel sind zum Zweck geworden, der Mensch ist ein gut genährter, gut gekleideter Automat, den es überhaupt nicht mehr interessiert, welche menschlichen Qualitäten und Aufgaben ihm eignen.
> Wenn der Mensch zur Liebe fähig sein soll, muss der Mensch selbst an erster Stelle stehen. Der Wirtschaftsapparat muss ihm dienen, und nicht er ihm. Er muss am Arbeitsprozess aktiven Anteil nehmen, anstatt nur bestenfalls am Profit beteiligt zu sein. Die Gesellschaft muss so organisiert werden, dass die soziale, liebevolle Seite des Menschen nicht von seiner gesellschaftlichen Existenz getrennt, sondern mit ihm eins wird. (...) Der Glaube an die Möglichkeit der Liebe als einem gesellschaftlichen Phänomen und nicht nur als einer individuellen Ausnahmeerscheinung ist ein rationaler Glaube, der sich auf die Einsicht in das wahre Wesen des Menschen gründet.«[13]

Der für mich zentrale Satz in diesem Zitat ist der letzte: *»Der Glaube an die Möglichkeit der Liebe (...) ist ein rationaler Glaube.«* Dies gilt aus meiner Sicht gerade auch im Kontext der Unternehmensführung – und ist das, worum es mir in diesem Buch geht: um eine ernsthafte Einordnung des Themas »Liebe« in den Kontext der Unternehmensführung und der Wirtschaftswelt. Dabei ist mir vor allem wichtig, Führungskräfte, Entscheider und Entscheiderinnen vor dem Hintergrund einer verstandesdominierten und hoch problematischen Unternehmensrealität eine Anregung zu geben, zur Liebe (zurück) zu finden – auch und vor allem mit dem Ziel, nachhaltig und im Zuge der sich beschleunigenden Digitalisierung erfolgreich zu wirtschaften. Dabei kann und will ich jedoch nicht von mir behaupten, bereits stets und immer in der Liebe zu sein – ganz im Gegenteil. Wie ich selbst, zum Teil auch schmerzhaft für mein Ego, erleben durfte, ist es etwas vollkommen anderes, über die Liebe intellektuell zu schreiben, als in ihr zu sein und sie bereits zu leben. Und auch wenn ich noch am Anfang stehe, ist es dennoch schon jetzt ein sehr lohnender und umfassender Transformationsprozess gewesen, sich zunehmend auf sie einzulassen.

Ziel und Anspruch dieses Buches ist es insofern, Ihre eigenen (Selbst-)Erkenntnisprozesse anzustoßen und einen kleinen Beitrag zu leisten, um die Tabuisierung der Liebe im Kontext der Unternehmenswelt zu überwinden – deswegen auch der gewagte Titel. Wenn es mir gelänge, auch nur einen kleinen Anstoß in Richtung eines ernsthafteren Dialogs zu diesem Thema sowohl in der betriebswirtschaftlichen Theorie als auch in der unternehmerischen Praxis zu erreichen, wäre ich mehr als glücklich. Denn damit kann, wie ich hier zeigen möchte, an der Wurzel des Problems in der heutigen Wirtschaftswelt angesetzt werden. Es handelt sich also um alles andere als ein »esoterisches« Thema, jedoch möglicherweise um den Auftakt für einen Prozess, der Sie – so wie mich – auffordern wird, Ihre grundlegenden Weltbilder zu hinterfragen, Ihre Haltung zu verändern und einen tatsächlichen

Paradigmenwechsel im Sinne des Wissenschaftsphilosophen Thomas S. Kuhn vorzunehmen.

Ein Paradigma ist nach Kuhn ein System von Überzeugungen und Grundannahmen, das eine so überzeugende Sicht auf die Welt produziert, dass diese Sicht mit der Welt selbst verwechselt wird.[14] Mit diesen Verwechslungen – die auch meine eigenen waren – möchte ich Sie im Laufe dieses Buches des Öfteren konfrontieren. Die Notwendigkeit zu einem Paradigmenwechsel hingegen ergibt sich nicht nur aufgrund der fundamentalen technologischen Veränderungen durch die Digitalisierung, aus den zuvor erwähnten »Erfolgsquoten« des Managements, dem vielfachen individuellen Leid in der heutigen Wirtschaftswelt und den Warnungen der Risikoreports. Dieser Paradigmenwechsel ist umso wichtiger, am Vorabend des wahrscheinlichen Siegeszugs der Künstlichen Intelligenz, die mit hoher Wahrscheinlichkeit noch nie dagewesene Veränderungen für die Menschheit bringen wird.[15] Und mit einer nahe liegenden Verwechslung möchte ich schon jetzt klar aufräumen: Aus der Liebe zu handeln und zu führen hat nichts mit Harmoniebedürftigkeit, Gutmenschentum oder gar einem weichgespülten »Kuschelkurs« zu tun – sogar ganz im Gegenteil, wie ich noch weiter ausführen möchte.

Abschließen möchte ich diese Einleitung mit einem Zitat von Pitirim Sorokin, dem ehemaligen Professor und Dekan für Soziologie an der Harvard University, der mein Denken und auch dieses Buch an vielen Stellen inspiriert hat und der einen ähnlichen Paradigmenwechsel angemahnt hatte:

> »Aus dem Überbewusstsein heraus entstehend, ist die universelle und erhabene Liebe der höchste Wert, um den herum alle moralischen Werte in ein ethisches System integriert werden können, das für die gesamte Menschheit gilt. Die Kultivierung und Vermehrung dieses überbewussten Schöpfergeistes ist

wahrscheinlich der hoffnungsvollste Weg für eine kreative Lösung der schwierigen Probleme der Menschheit. Aus diesem Grund ist die weitverbreitete Vernachlässigung des Überbewussten durch Wissenschaftler, Regierungen, Stiftungen, Universitäten und andere Einrichtungen nicht nur kurzsichtig, sondern wahrhaft ruinös.

Sie untergräbt die wichtigsten Wurzeln des wichtigsten Baums im menschlichen Garten. Ohne den überbewussten Schöpfergeist kann die Hauptmission der Menschheit auf diesem Planeten nicht erfolgreich fortgesetzt werden. Ohne diese Fortsetzung ist die Menschheit gezwungen, zu degenerieren und auszusterben.« [16]

TEIL I:
Was ist Liebe?

»Die Liebe ist wie ein Eisberg: Nur ein kleiner Teil davon ist sichtbar, und selbst dieser sichtbare Teil ist wenig bekannt.«

PITIRIM A. SOROKIN

Als ich mich schließlich dazu entschloss, dieses Buch zu schreiben, habe ich deutlich unterschätzt, wie schwierig es sein wird, den Begriff und die »Liebe« als Phänomen zu erfassen. Bis zu diesem Punkt war es für mich eine lange und teilweise auch sehr überraschende Entdeckungsreise, die immer noch andauert und vermutlich auch nie zu Ende gehen wird. Die Liebe ist in der Tat faszinierend!

Zunächst habe ich lernen müssen, dass alle meine bisherigen, alltäglichen Vorstellungen von dem Begriff der Liebe allesamt so gut wie hinfällig sind. Mittlerweile bin ich sogar der Überzeugung, dass ich früher – wie viele andere Menschen auch – mit Liebe genau das Gegenteil von dem bezeichnete, was sie ihrem tieferen Wesen nach ist. Zu viel ist in ihrem Namen – und besonders im Namen (der Liebe) Gottes – geschehen, was gänzlich gegen das Prinzip der Liebe verstößt; man denke nur an die christlichen Kreuzzüge, Hexenverbrennungen und die sexuellen Übergriffe von Nächstenliebe predigenden Geistlichen und von selbsternannten »Gurus«.

Auch die zeitgenössische Musik, in der sehr oft Liebesbeziehungen und die mit ihr einhergehenden Konflikte zwischen Menschen besungen werden, tut dies allzu oft nur mit einem sehr oberflächlichen Verständnis von Liebe. Daher ist es auch nicht überraschend, dass es die Liebe betreffend so viele Missverständnisse und Vorbehalte gibt.

In meiner Literatur- und Recherchearbeit und meinem eigenen, noch längst nicht abgeschlossenen Erfahrungsprozess habe ich unterschiedliche Zugänge wie auch Erklärungsansätze zur Liebe gefunden, darunter vor allem biologische, psychologische, sozialwissenschaftliche, religiöse, spirituelle und sogar quantenphysikalische – und einige wenige Bücher, die einen Kontext von Liebe und Unternehmensrealität bzw. der Arbeitswelt herstellen.[17] Auffällig ist hierbei, dass ganz im Gegensatz zu der Fülle an Literatur, die ansonsten in all diesen Wissenschaftsdisziplinen verfasst wurde, vergleichsweise wenig über die Liebe geschrieben wurde. Sie scheint ein Phänomen zu sein, welches sich trotz seiner offensichtlich großen Bedeutung einer seriösen wissenschaftlichen Auseinandersetzung entzieht – oder besser gesagt, entzieht sich eher die Wissenschaft mit all ihren Einzeldisziplinen einer eben solchen umfassenden Auseinandersetzung mit ihr.

Dies wurde vor über 50 Jahren auch schon von Pitirim Sorokin, dem oben bereits erwähnten Professor für Soziologie, bemängelt. So schreibt er: *»Während viele moderne Soziologen und Psychologen Phänomene wie Hass, Kriminalität, Krieg und psychische Störungen als legitime Objekte wissenschaftlicher Studien betrachteten, stigmatisierten sie – vollkommen unlogisch – jede Untersuchung von Phänomenen wie der Liebe, der Freundschaft, des Heldenmuts und des schöpferischen Geistes als theologisches Predigen oder nicht-wissenschaftliche Spekulation.«*[18] Dies hat sich seitdem meines Erachtens auch nicht wesentlich geändert.

Generell stellte es sich für mich so dar, dass eher bei großen Literaten wie Hermann Hesse und Aldous Huxley, bei spirituellen Weisheitslehrern wie Jiddu Krishnamurti sowie wissenschaftlichen »Grenzgängern« wie Pitirim Sorokin, Bruce Lipton oder Hans-Peter Dürr ernsthafte und grundlegende Werke zur Auseinandersetzung mit dem Thema der Liebe zu finden sind.[19] Vielleicht liegt ein Grund dafür darin, dass man die Liebe in ihrer Gänze nicht erfassen kann, ohne das derzeit vorherrschende materialistische Weltbild[20] zu verlassen bzw. dieses grundlegend zu erweitern. Oft wird es deshalb dann besser ganz unterlassen, sie zu erforschen. Oder es liegt daran, dass die Liebe ein Phänomen ist, das ohnehin nur selbst erfahren, aber nicht durch reine Beschreibung verstanden werden kann.

Das bedeutet aber nicht, dass man sich mit der Liebe nicht (auch) intellektuell befassen könnte, wie in diesem hier vorliegenden Buch – denn jedes Wort und jeder Gedanke beziehen sich auf eine zugrunde liegende Wirklichkeit, die nicht das Wort und der Gedanke selbst ist, sondern nur ein Verweis auf dieselbe. Daher ist jede intellektuelle Auseinandersetzung – unabhängig von ihrem Gegenstand – nur eine Annäherung an eine nicht vollständig fassbare Wirklichkeit. Dies vorausgeschickt habend, möchte ich im Folgenden mein Verständnis und meine Definition von Liebe skizzieren und diese in ein Weltbild einbetten, welches über unser »Alltagsweltbild« weit hinausgeht. Ich werde also gleich »in die Vollen gehen«. Wenn Sie sich dafür öffnen können, kann dieses Buch für Sie interessant sein – wenn nicht, können Sie es nach dem nächsten Kapitel getrost wieder zur Seite legen.

EIN »NEUES« WELTBILD FÜR DIE LIEBE

»Die meisten Menschen arbeiten mit Computern, die auf der Technik des 21. Jahrhunderts basieren, mit dem Denken und Weltverständnis des 19. Jahrhunderts.«[21]

RAY KURZWEIL

Dieser bemerkenswerte Satz von einem der führenden Vorausdenker unserer Zeit und Director of Engineering bei Google trifft es sehr gut. Denn obwohl unser Smartphone ohne die Quantentheorie nicht denkbar wäre, basiert das aktuell nicht hinterfragte Weltbild der Betriebswirtschaftslehre, der Führungspraxis und unseres Alltagsverständnisses immer noch auf der mechanistischen Weltanschauung Newtons, der diese zu Beginn des 18. Jahrhunderts entscheidend mitgeprägt hat.

Dieses überkommene Weltbild ist meines Erachtens sowohl in der Führungspraxis wie auch für ein vertieftes (intellektuelles) Verständnis der Liebe problematisch. Daher möchte ich mit ganz grundlegenden Überlegungen beginnen, und zwar zunächst bei der christlichen Schöpfungslehre und dem Evangelium nach Johannes: *»Im Anfang war das Wort, und das Wort war bei Gott, und das Wort war Gott. Dieses war im Anfang bei Gott. Alles wurde durch dasselbe, und ohne dasselbe wurde auch nicht eins, das geworden ist.«* (Joh 1, 1–3)

In diesen wenigen Sätzen steckt eine große Tiefe, auch wenn sich diese aufgrund der ungenauen Bibel-Übersetzung von Luther leider nicht leicht erschließt. Aus dem griechischen Urtext wurde von Luther *Logos* mit »Wort« übersetzt, aber *Logos* hat (noch) eine vollkommen andere, viel umfassendere Bedeutung als nur »Wort« – nämlich »Potenzialität«.[22] Übersetzt als Potenzialität ergibt sich ein noch weitaus tieferer Sinn: Gott ist in seinem Ursprung Potenzialität, reiner Geist, aus dem alles ist; und ohne diesen Geist ist »auch nicht eins geworden, das geworden ist«.[23]

Schöpfung aus dem Nichts

Aus dieser Potenzialität als latentem Urzustand, noch vor der allerersten Offenbarung – Hans-Peter Dürr nennt dies den Urquell der Liebe – erwächst die Schöpfung. Die Wiener Psychotherapeutin Christl Lieben drückt dies sehr schön mit den Worten aus:

»Aus dem kristallklaren Licht der Liebe, die aus dem Nichts kommt, ist die Schöpfung entstanden, und auch wir, als Teil dieser Schöpfung, verdanken unsere Existenz einem kreativen Impuls der Liebe, die sich aus Freude an sich selbst ständig neu erschafft. Alles Geschaffene entspringt dieser freudigen Liebe, die am Anfang unseres Werdens steht und mit uns geht und bleibt und uns trägt.« [24]

Der Philosoph Salomo Friedländer bezeichnet diese Potenzialität daher auch als das »schöpferische Nichts«. Dieses »Nichts« ist aber nicht tot und kalt, sondern voller Energie und Kraft, *»es ist Schöpfer und Quell (...) Es ist Nichts, das heißt nichts Unterscheidbares. Alles andere Verstehen des Nichts ist Missverständnis«*[25].

Aus diesem Urquell entsteht in der *Creatio ex nihilo,* der Schöpfung aus dem Nichts, die äußere Welt durch Aufspaltung in Polaritäten, oder anders gesagt: Die gesamte Schöpfung des Universums ist aufgebaut auf der polaren Differenzierung des indifferenten Ganzen[26], bspw. in Anfang/Ende, Tag/Nacht, Mann/Frau, Geburt/Tod, Vorher/Nachher, Yin/Yang und so weiter. Diese polare Differenzierung ist der Kern der Schöpfungsgeschichte im ersten Buch Mose (Genesis): *»Gott schied das Licht von der Finsternis, und Gott nannte das Licht Tag, und die Finsternis nannte er Nacht«* usw. Und auch Goethe lässt den Mephistopheles in seinem Faust sagen: *»Ich bin ein Teil des Teils, der anfangs alles war, ein Teil der Finsternis, die sich das Licht gebar.«*[27] Eine buddhistische Lehre von der Schöpfung der Welt sagt: »Dies ist, weil jenes ist. Dies ist nicht, weil jenes nicht ist. Dies ist so, weil jenes so ist.«[27A] Ebenso beschreibt die Systemtheorie ganz grundlegend die Definition der Systemgrenze bzw. die Differenzierung zwischen »zum System gehörig« und dessen »was seine Umwelt ist« als den das System konstituierenden Entstehungs- bzw. »Schöpfungsprozess«. Sie nennt diesen »autopoetisch«, wenn dieser gleichzeitige Differenzierungs- und Identitätsbildungsprozess selbstreferentiell, selbstorganisierend und selbsterhaltend stattfindet – ein wesentliches Merkmal lebendiger und sozialer Systeme.[28]

Unter Polarität bzw. Polarisation versteht man nach Friedländer das Entspringen des Unterschieds aus dem in sich selbst Identischen: *»... so und nicht anders entspringt Relatives dem Absoluten, Zeit aus der Ewigkeit, die Welt aus Gott, Notwendigkeit aus Freiheit, Erscheinung aus dem Wesen, Dividuales aus dem Individuum. Die Welt ist das Auseinander, das Entzwei eines Zusammen, das allzu innig ist, als dass es nicht, um schöpferisch sein zu können, geäußert, entfernt, gepaart, Zwilling sein müsste. So ist alles Ferne, das Entzwei des mehr als Nahen.«*[29] Und ein paar Seiten weiter schreibt er im gleichen Werk, »Schöpferische Indifferenz«: *»Überhaupt ist das Absolute dasselbe wie das Relative, nur indifferenziert. Und alles Relative nur Polarisation (Selbstentzweiung aus Überschwang) des Absoluten.«*[30] Zusammen bilden polare Gegensätze so stets eine »Einheit in Zweiheit«, denn die Pole existieren nicht vollkommen getrennt voneinander, sondern bedingen sich in ihrem Schöpfungsprozess gegenseitig. Sobald es das Gute gibt, gibt es das Böse und umgekehrt. Das eine bedingt das andere, es besteht sogar aus den Elementen des anderen.[30A]

Ähnlich gibt es in der Physik sowohl einen nicht-differenzierten Urzustand reiner Potenzialität, die der Quantenphysiker Thomas Görnitz als »Protyposis« (basierend auf dem griechischen »Protopoesis«) bezeichnet, als auch das erstaunliche Phänomen der Quantenverschränkung bzw. der »Nichtlokalität«, die die Verbundenheit von zuvor in Wechselwirkung stehenden und dann getrennten Teilchen, ihre »Einheit in Zweiheit«, eindrucksvoll demonstriert.[31] Der Urzustand der Protyposis existiert nach Görnitz noch vor der Ausprägung selbst des einfachsten Quantensystems (mit einem positiven und ein negativen Qubit) und »begründet die Einheit des Seins«.[32] Zudem ist auch in der Quantentheorie das »Nichts« nicht tot und kalt – ganz im Gegenteil: Die »Energie des Nichts«, die sogenannte Nullpunkt- oder Vakuumenergie, ist nicht null, sondern sehr hoch. Könnte man etwa die Nullpunktenergie von nur einem Kubikmeter Raum »nutzbar« machen, würde man damit alle Ozeane der Erde zum Kochen bringen können, so die plastische Beschreibung von Lynne McTaggart.[33] Dies wird jedoch nicht möglich sein, da es zum Energiepotenzial des Quantennullpunktfelds keine *Differenz* geben kann, die jedoch notwendig ist, damit Energie Arbeit leisten kann. Das Nullpunktfeld bzw. die Energie des Vakuums ist vielmehr mit den Worten des Physikers Harald Lesch: »Die Mutter aller Gleichgewichte, das Gleichgewichtigste was es überhaupt gibt.«[34] Dies unterstreicht nochmals, dass das »Nichts« nur als das »Nicht-Unterscheidbare« aufgefasst werden kann, *zu dem es keine Differenz gibt und geben kann. »In Wirklichkeit«,* so Lesch weiter, *»ist es in unserem Universum so, dass es immer nur um die Differenzen geht.«*[35]

Und auch in der von Steven Hawking mitentworfenen »M-Theorie«, die als kosmologische Supertheorie die Quantenphysik und Relativitätstheorie miteinander zu vereinen sucht, gibt es eine super-symmetrische Polarität und entstehen ganze Universen aus dem Nichts.[36] So schreibt er: *»Da es ein Gesetz der Gravitation gibt, kann und wird sich das Universum aus dem Nichts erzeugen. (...) Spontane Erzeugung ist der Grund, warum etwas ist und nicht einfach ›Nichts‹, warum es das Universum gibt, warum es uns gibt.«*[37]

In dieser, also der gesamten Schöpfung innewohnenden Dualität bzw. in diesen »polaren, jedoch sich ergänzenden Impulsen« spielt sich nach dem Psychologen Riemann alles Leben ab.[38] In der Folge entspringen wir auch als Lebewesen, als Mann und Frau, dem »schöpferischen Nichts« und können durch eigene

Differenzbildung oder durch die Vereinigung der Pole selbst »Mit-Schöpfer« unserer Realität und neuen Lebens sein – beispielsweise im Moment der Zeugung neuen Lebens, wenn beide Pole in der sexuellen Begegnung (sowie der ersten, befruchteten Eizelle) verbunden sind, aber auch in unserem ganz täglichen Handeln (worauf ich später noch ausführlich eingehen möchte).

Ergebnis von polarisierender Aufspaltung

Sowohl Zeit als auch Materie sind Ergebnisse dieses polarisierenden Schöpfungsprozesses, sie entstehen durch Aufspaltung und haben insofern keine absolute Existenz – sind letztlich eine *Illusion*.

Auf die Tatsache, dass Zeit eine Illusion ist, haben schon viele Philosophen und spirituellen Lehrer hingewiesen. Die Zeit nach unserem alltagsüblichen Verständnis mit einer Dreiteilung von »Vergangenheit«, »Gegenwart« und »Zukunft« existiert so nicht. Vergangenheit und Zukunft sind nichts anderes als die Polaritäten eines ewigen, indifferenten »Jetzt«, einer immerwährenden Gegenwart. Nichts wird jemals in der Zukunft entstehen, nichts ist je in der Vergangenheit geschehen, alles geschieht immer im Jetzt, in der Gegenwart, drückt es Eckhardt Tolle sinngemäß aus.[39]

Auch Aristoteles war sich dieser Problematik bereits bewusst, als er schrieb: »Ein Teil der Zeit war und ist nicht, während der andere sein wird und doch nicht ist.« Die Gegenwart hingegen ist außerhalb jeglicher Aufteilung – sie ist immer jetzt und ganz. Alles geschieht in einem einzigen, sich für uns zeitlich entfaltenden, ungetrennten Jetzt. *Panta rhei* (»alles fließt«) lautet dazu der Ausspruch Heraklits, und er meinte damit, dass alles im Werden begriffen sei und nichts stillstehe, es nur Veränderung gebe. Während im Übrigen die Denkschule des Parmenides genau das Gegenteil behauptete: dass es nur Feststehendes in kurzer Abfolge gebe, denn wenn alles nur in Veränderung wäre, gäbe es nicht Seiendes. Paradoxerweise haben sie beide recht, woran sich sehr schön die Einheit in Zweiheit von polar Getrenntem zeigt.

»The wholeness of time is in the now«, sagte Krishnamurti, was dieses Paradox auflöst. Die Illusion von Zeit hat nicht nur die Philosophie, sondern auch die Physik des 20. Jahrhunderts erkannt. Einstein drückte es bereits im Jahr 1955 wie folgt aus: »Für uns gläubige Physiker hat die Scheidung zwischen Vergangenheit, Gegenwart und Zukunft nur die Bedeutung einer, wenn auch hartnäckigen, Illusion.« Und diese Erkenntnis ist »vielleicht die größte intellektuelle Herausforderung, mit der die Menschheit jemals konfrontiert wurde«, so der Philosoph und Physiker Vesselin Petkov.[40] Während es in der von Einstein postulierten allgemeinen Relativitätstheorie noch eine Raumzeit gibt, in der die Zeit allerdings kein »externer Taktgeber« mehr ist, sondern sich auf Basis der Gravitation bzw. eines beschleunigten Bezugssystems verändert, räumt die Quantentheorie z.T. noch fundamentaler nicht nur mit der Zeit, sondern auch mit Materie auf. Beide existieren dort in einigen der vereinigenden, aber bislang noch nicht bestätigten Quantengravitationstheorien überhaupt nicht mehr, so in der von Claus Kiefer beschriebenen *»Quantenkosmologie, die das Universum als eine einzige, zeitlose und überaus komplexe Wellenfunktion auffasst«*[41].

Auch der Quantenphysiker und Heisenberg-Schüler Hans-Peter Dürr schrieb nach über 30 Jahren der Erforschung von Materie, dass eine Grundannahme jeglicher materialistischer und mechanischer Sichtweise auf die Welt auf jeden Fall bereits von der Quantenphysik als widerlegt betrachtet werden könne – Materie sei nicht die einzige Wahrheit, sondern ganz im Gegenteil gebe es überhaupt keine Materie.[42] Das Universum mit Materie und Energie, wie wir es wahrnehmen, entsteht ebenfalls aus dem indifferenten Nichts, dem »Urquell der Liebe«, so Dürr.[43] Materie ist so nicht der Gegenpol des Geistes, sondern nach Friedländer dessen polarisierte Ausprägung, denn der Geist sei die Indifferenz seiner polaren Verwirklichung in Materie. Diese manifestierten Pole; Materie und Geist seien jedoch keine Pole.[44] Schön fasst dies der Physiker

Carlo Rovelli zusammen: »›Raum‹ und ›Zeit‹ werden nur innerhalb gewisser Näherungen sinnvoll bleiben. (…) Es sind nur makroskopische Näherungen – Illusionen, die unser Bewusstsein geschaffen hat, um die Realität zu verstehen.«[45] Und noch schöner schreibt dazu der Physiker Richard Conn Henry im Wissenschaftsmagazin Nature: *»Das Universum ist nicht materiell – es ist mental und spirituell. Leben Sie und genießen Sie.«*[46]

Verdichtet ergibt sich für mich aus allem zuvor Gesagten mein eigenes, möglicherweise etwas laienhaftes Weltbild, welches sich in einem Diagramm zu Raum und Zeit mit ihren jeweiligen Polen aufspannt. Auf der senkrechten Achse jeweils mit den Polen »positiv« und »negativ« (u. a. Energie und Materie) aus einem insistenten »Geist« oder Sein. Und auf der waagerechten Achse die Zeit mit ihren dualen Polen, Vergangenheit und Zukunft, aus einem ewigen Jetzt.

Mein »Weltbild«

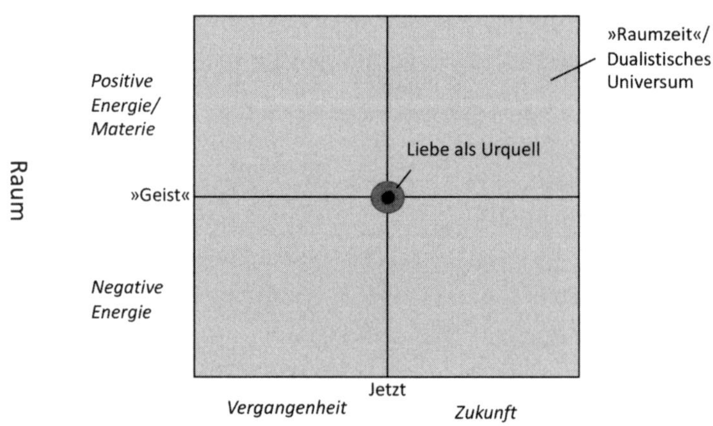

Zeit

In diesem so geschaffenen Universum gelten natürlich die bekannten physikalischen Gesetze und insbesondere das der Energieerhaltung. So kann sich alles verwandeln, aber in ihm Energie sich nicht in Nichts auflösen oder Energie aus dem Nichts entstehen. Aus dem Nichts können nur ganze Universen entstehen (siehe oben), deren Gesamtenergie nach Hawking immer null sei.

Erhaltung und Wiederherstellung von Einheit durch die Liebe

Die Liebe hingegen ist nicht nur der Urquell der Schöpfung als reiner göttlicher Geist, dem indifferenten Nichts, aus dem alles entsteht, sondern auch die universelle Kraft, die darauf hinwirkt, die polare Aufspaltung wieder zu überwinden und so die Ganzheit, die Einheit der beiden getrennten Pole, wiederherzustellen. Die Kraft der Liebe zeigt sich so in dem Drang, der in allem Getrennten gleichsam als Impuls (oder Ahnung) und als Ausdruck der »Einheit in Zweiheit« schon angelegt ist. Dieser Drang zur Erhaltung und Wiederherstellung von Einheit führt bis zu einem Punkt der Wiedervereinigung in der ursprünglichen Ganzheit.[47] Der einzige Weg jedoch zu wirklicher Einheit, zum »Einssein«, ist die vollkommene – und letztlich intellektuell nicht mehr fassbare – Erfahrung der Liebe, durch die alle Trennung transzendiert wird.[48] Diese umfassende Erfahrung der Liebe ist mit den Worten Erich Fromms die »einzige vernünftige und befriedigende Lösung für das Problem der menschlichen Existenz« der »Überwindung der Getrenntheit«, dem mit seinen Worten »tiefsten Bedürfnis des Menschen« um »aus dem Gefängnis seiner Einsamkeit herauszukommen«.[49] Der gelebten Liebe gelingt das Paradox, Verbindung unter Wahrung von Einheit und Freiheit des Einzelnen herzustellen.[50] »Die Liebe ist die einzige Kraft, die Dinge vereinen kann, ohne sie zu zerstören«, sagte auch schon der französische Jesuit, Philosoph und Naturwissenschaftler Pierre Teilhard de Chardin. Eine solche von Liebe getragene Verbindung soll im Folgenden auch als »Liebesbeziehung« bezeichnet werden.[51]

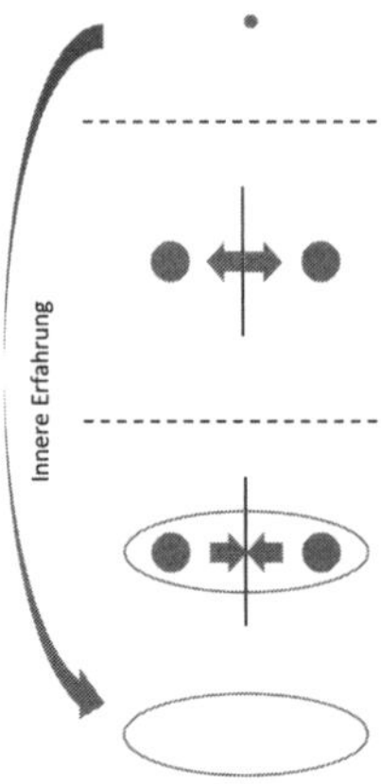

Ausgangspunkt ist das »schöpferische Nichts«, die reine Potenzialität, die Liebe als Urquell – das »Weder-noch«, im Sinne des nicht-differenzierten »Noch-nicht«

Die Welt, Schöpfung und alles *äußere Erkennen* entsteht durch Differenzierung - und die damit verbundene Trennung in dualistische Pole.

Die Einnahme des einen Pols, verbunden mit der Ablehnung des anderen Pols, ist die Ursache aller Konflikte - das *»Entweder-Oder«*.

Grundlegender Wandel entsteht erst durch Akzeptanz beider Pole und das Erkennen ihrer Einheit in Zweiheit – das »Sowohl-als-auch«.

Die produktive Verbindung von Getrenntheit, einhergehend mit der Transzendenz und Überwindung von Dualität ist die Liebe.

Am Endpunkt steht die intellektuell nicht fassbare, *innere Erfahrung* von reiner Verbindung und Einheit - d*as »Weder-Noch« im Sinne des Ganzen.*

Nach der dualistischen Trennung aus einem indifferenten, schöpferischen Nichts (dem »Weder-noch« als Urzustand reiner Potenzialität) und allen Erfahrungen in einer dualistischen, polarisierten Welt finden wir durch die Liebe und der mit ihr verbundenen Erkenntnis des Einsseins (dem »Sowohl-als auch«) der beiden Pole bis zum Endpunkt, der Erfahrung der All-Einheit bzw. dem »Weder-noch« im Sinne des Ganzen. Dies ist das Ende des Zustands der Dualität, es ist der Zustand der »Befreiung« oder »Erlösung« – das Nicht-(Mehr-)Differenzierte aus dem auch alles begann, das anfängliche und endliche Paradies.[52] *»Wo Liebe ist, ist Sinn, Glückseligkeit und Frieden. Wo Liebe ist, ist kein Hoffen und Glauben mehr erforderlich. Wo Liebe ist, ist Weisheit, Erleuchtung und Sein.«*[53] Das ist das vollkommene Verstehen, die Erleuchtung, worauf auch das Herz-Sutra des Buddhismus nach meinem Verständnis hinweist.[54A]

Somit ist die Liebe ein sehr umfassendes Phänomen, das nicht nur den Ausgangs- und Endpunkt der Schöpfung darstellt, sondern gleichzeitig in ihrem Drang nach Erhaltung und Wiederherstellung von Einheit die gesamte Schöpfung transzendiert. Sie kann sich somit auf vielen, im Grunde auf allen zuvor polar getrennten, Ebenen manifestieren[54] – also auch auf der körperlichen, emotionalen, geistigen und spirituellen Ebene, wie ich im Folgenden noch weiter ausführen möchte.[55] Anhand dieser »Ebenen« die Wirkung von Liebe zu beschreiben halte ich für sinnvoll und angemessen, auch wenn klar sein muss, dass diese Ebenen nur gedankliche Konstrukte und modellhafte Näherungen sind und mit der zugrunde liegenden Wirklichkeit nicht verwechselt werden dürfen. Insbesondere bestehen mannigfaltige (energetische) Wechselwirkungen zwischen diesen Ebenen, als Teile eines ungetrennten Ganzen. Und da wir uns in der Physik alle energetischen Wechselwirkungen als Wellenbewegungen vorstellen, kann die Liebe vielleicht in ihrem Kern auch, wie von Bruce Lipton beschrieben, als eine positive Interferenz (d. h. eine verstärkende Überlagerung) von Energien(wellen) beschrieben werden.[56]

LIEBE AUF DER KÖRPERLICHEN EBENE

Auf der körperlichen bzw. instinktiven Ebene offenbart sich die Liebe als Trieb zur Selbst-Erhaltung (d. h. zur Erhaltung der Einheit des *einen Lebewesens*) und gleichzeitig – in manchen Fällen dem quasi entgegengesetzt – als Trieb zur Arterhaltung (d. h. zur Erhaltung der Einheit *der Gattung*) auf vielfältige Art und Weise. Unsere Triebe unterliegen der Steuerung durch sehr alte Bereiche des Gehirns und des Körpers, die einem bewussten Zugriff nicht zugänglich sind. Ganz grundlegend sind auf dieser Ebene auch alle körperlichen Funktionen der Erhaltung des eigenen Lebens (u. a. die Atemsteuerung, die Steuerung der Blutkreislaufs etc.), instinktive Abwehr- und Angstreaktionen (Kampf-oder-Flucht-Reaktion) und letztlich auch das »Sich-Einverbleiben« von anderen Lebewesen, das Fressen und Gefressenwerden zur Selbsterhaltung, verbunden mit den körperlichen Empfindungen des Hungers und des Sattseins, inbegriffen. Auch dies sind – auch wenn es Sie überraschen mag – Ausdrucksformen der Liebe und des Drangs nach Einheit

– nicht umsonst geht die »Liebe durch den Magen« und haben wir die, die wir lieben, sprichwörtlich »zum Fressen gern«.

In Zusammenhang mit der Arterhaltung hat die Natur unterschiedliche instinktive/körperliche Ausdrucksformen der Liebe hervorgebracht – genannt seien hier beispielhaft die Sexualität (die »körperliche Liebe«) und der genetische Altruismus.

Die sexuelle Anziehung und Verbindung zwischen dem weiblichen und dem männlichen Pol (Mann und Frau) ist die Grundfunktion der Natur zur Arterhaltung geschlechtlicher Gattungen.[57] Diese sexuelle Anziehung ist für das Überleben einer geschlechtlichen Gattung notwendig – ohne sie wäre der Fortbestand und damit die Einheit der Gattung gefährdet. Angetrieben durch die sexuelle Lust und den Wunsch nach Triebbefriedigung, verbinden sich die beiden Pole und bilden eine Einheit, und durch die Wiedervereinigung der Pole entsteht neues biologisches Leben.[58] In unserer westlichen Zivilisation wird diese Anziehung zwischen Mann und Frau, ihre sexuelle Leidenschaft bzw. ihre Passion füreinander (quasi als das »Basismedium« der Liebe) gerne mit der Liebe als solcher verwechselt.[59] Dabei wird oft vergessen, dass die rein körperliche Sexualität nur einen sehr grundlegenden Ausdruck von Liebe darstellt. Sexualität ist zwar ohne emotionale Liebe möglich,[60] aber bleibt letztlich »leer« und wird erst durch umfassende Liebe zu einer erfüllenden und transzendierenden Erfahrung.[61]

Ebenso wie die Sexualität kann die Entstehung verwandtschaftlicher Kooperation als eine instinktbasierte Form von nicht-egoistischem Altruismus, insbesondere innerhalb der gleichen (tierischen) Gattung und zwischen nahen Familienangehörigen, erklärt werden. Dies war Charles Darwin zunächst mit seiner Evolutionstheorie des »Survival of the Fittest« nicht möglich: So beobachtete er Ameisen, die sich innerhalb ihrer Lebensgemeinschaft im Falle eines Angriffs selbst für die Gemeinschaft aufopferten. Dies war für ihn nicht erklärbar, denn ein solches Verhalten – da es ja zu keinen Nachkommen führt – müsste nach seiner Theorie innerhalb kürzester Zeit durch den Mechanismus der natürlichen Selektion wieder aus dem Genpool der Gattung verschwinden.

Der wissenschaftliche Durchbruch erfolgte hier erst in den 60/70er-Jahren des letzten Jahrhunderts, als erkannt wurde, dass natürliche Selektion nicht nur auf der Ebene des einzelnen Organismus stattfindet, sondern auch auf der des Genpools.[62] Aus dieser Sichtweise ist altruistisches Verhalten zugunsten der Gattung dann nachvollziehbar, wenn dieses Verhalten eines Einzelnen dazu führt, dass mehr Organismen mit ähnlichen oder gleichen Geninformationen überleben – selbst wenn es den einzelnen Organismus schädigt oder sogar umbringt. Dabei gilt: Je größer der Grad der Verwandtschaft, desto eher höher die Wahrscheinlichkeit der Gleichheit der eigenen Gene mit denen des jeweiligen Verwandten. Und je höher die Wahrscheinlichkeit der Gleichheit der eigenen Gene, desto höher der Grad des Altruismus. Aus dieser Logik heraus ist nun auch das Verhalten von sich selbst aufopfernden Ameisen in einem Ameisenstamm zu erklären: Da in einem solchen Stamm alle Ameisen dieselbe Mutter haben, ist der Grad ihrer genetischen Verwandtschaft sehr hoch. Das altruistische Verhalten, als Ausdruck von Liebe, ist im Genpool der Ameisen angelegt, so wie auch das zwischen Eltern und Kindern sowie von Geschwistern untereinander.

LIEBE AUF DER EMOTIONALEN EBENE

Der Begriff »Emotion« stammt von dem lateinischen Verb *emovere* und bedeutet direkt übersetzt »herausbewegen, emporwühlen«. Doch was sind Emotionen und Gefühle und wie wirken sie auf unser Verhalten? In der psychologischen Literatur findet sich hierzu eine Vielzahl an Definitionen und Theorien, die ich hier nicht ausführlich diskutieren möchte.[63] Orientieren möchte ich mich vielmehr im Folgenden an den Ausführungen des amerikanischen Psychologen Peter Levine, der insbesondere auf dem Feld der

Traumatherapie Pionierarbeit geleistet hat und der in seiner Arbeit die Sichtweisen vieler anderer bekannter Forscher auf diesem Gebiet wie Joseph LeDoux, William James und Antonio Damasio integriert hat.[64]

Peter Levine nimmt (wie auch LeDoux) eine grundlegende qualitative und quantitative Unterscheidung zwischen »Emotion« und »Gefühl« vor, die ganz allgemein mit einem Zusammenspiel von subjektivem Erleben und körperlichen Reaktionen einhergeht. Beide wiederum basieren auf den fünf schon von Darwin beschriebenen, universellen emotionalen Instinkten (Angst, Wut, Ekel, Freude, Trauer), die Menschen überall auf der Welt gleichermaßen mit Gestik und Mimik ausdrücken.[65]

Nach Levine ist ein »emotionales Gefühl« eine bewusste Wahrnehmung einer körperlichen Empfindung bzw. innerlichen Befindlichkeit oder Verhaltensneigung. Die Fähigkeit zur Wahrnehmung dieser Gefühle, die – im Gegensatz zu den fünf emotionalen Grundinstinkten – hoch differenziert sein können, trägt nach Levine maßgeblich zum Selbsterhalt, zu einer positiven Verhaltensregulation und einem »stimmigen« Lebensgefühl bei. »Sekundäre Emotionen« bzw. »emotionale Reaktionen« hingegen sind nach Levine jedoch etwas vollkommen anderes und treten erst dann auf, wenn eine körperliche Verhaltensneigung (wie zum Beispiel einer Gefahr auszuweichen) verhindert wird.[66] So tritt beispielsweise erst dann eine zunehmend unkontrollierbare, emotionale Angstreaktion ein, wenn der natürliche Drang zur Flucht beispielsweise durch äußere Einschränkungen vereitelt wird und so keine Entlastung stattfindet.[67] Wer hingegen aktiv sein Gefühl bzw. seine Verhaltensneigung zur Flucht ausagieren kann, ist nicht oder weniger ängstlich und sogar zum Teil hochgradig präsent – und kann sich schließlich wieder »beruhigen«.[68]

Der evolutionäre Entwicklungsschritt hin zu emotionaler Verhaltensteuerung war mit der Weiterentwicklung des »Reptiliengehirns« zum limbischen System verbunden, das nur Säugetieren vorbehalten ist.[69] Emotionale Instinkte sind für seine Lebens- und Arterhaltung unerlässlich und vorteilhaft. Nach dem israelischen Historiker Yuval N. Harari sind daher emotionale Instinkte nicht das Gegenteil von Rationalität, sondern vielmehr evolutionär gewachsene Rationalität – denn wenn sie sich nicht über Jahrmillionen für die Lebens- und Arterhaltung bewährt hätten, würden sie nicht so universell existieren.[70] Da alle Säugetiere über Emotionen verfügen, die sie, wie auch wir als Menschen, überall auf der Welt mit annähernd derselben emotionalen Sprache (vor allem Mimik und Gestik) zum Ausdruck bringen, können wir als Artgenossen ohne Weiteres erkennen, ob ein Tier Emotionen der Angst, der Wut oder der Freude empfindet. Ob und inwiefern sie ihre emotionalen Instinkte auch als emotionale Gefühle bewusst wahrnehmen, können wir nicht wissen (denn niemand von uns *ist* eine Katze oder eine Kuh) – aber wir sollten zumindest annehmen, dass es sich für sie ähnlich anfühlt wie für uns.

Die körperlich wahrnehmbaren Emotionen werden dabei von unterschiedlichen, unbewusst arbeitenden Emotionssystemen – dem bereits genannten limbischen System – erzeugt, das auch mit seinen verschiedenen Modulen (Amygdala, Hippocampus, Frontallappen etc.) die kortikale Erregung und die körperlichen Reaktionen steuert.[71] Welche Rolle dabei das Herz als eigenständiges kleineres »Nervenzentrum« spielt, beginnt die Wissenschaft gerade erst zu entdecken.[72] Ähnliches gilt für das »Bauchgefühl«, das nach Levine eng mit dem großen Vagusnerv zusammenhängt, der wiederum nach Fredrickson »das Erleben von Liebe unterstützt und koordiniert«[73]. Ebenso die Rolle der am körperlichen Erfahrungsgedächtnis beteiligten, sogenannten »somatischen Marker« – ein Begriff der auf Antonio Damasio zurückgeht.[74] So wird von Geburt an Erlebtes unbewusst in einem emotionalen und prozeduralen »Erfahrungsgedächtnis« abgespeichert, sodass nicht nur das Gehirn, sondern auch der Körper selbst auf äußere Reize hin sekundenschnell und auf Basis von früheren Erfahrungen

Bewertungen vornimmt und positive oder negative Signale bzw. Empfindungen aussendet, die wiederum als Gefühle wahrgenommen werden können. Dieses prozedurale und emotionale Gedächtnis haben ebenfalls sowohl Menschen als auch Tiere. In der Tat scheint es wohl so zu sein, dass es sehr viel mehr und wesentliche komplexere Wechselwirkungen zwischen Gehirn und Körper bzw. Gedanken, Emotionen und Körperempfinden gibt, als dies bisher angenommen wurde. Ich werde hierauf im zweiten Teil dieses Buches noch etwas ausführlicher eingehen.

Emotionale Liebe

Soziale und emotionale Zuwendung in Form von emotionaler Liebe ist sowohl für die Selbsterhaltung wie auch für die Arterhaltung von Säugetieren absolut notwendig. Es gibt einen emotionalen Drang nach Bindung (u. a. zur Herstellung von Einheit als Paar), der mindestens so stark ausgeprägt ist wie der Drang nach Fortpflanzung und Vermehrung, sagt der bekannte Zellbiologe Bruce Lipton.[75] Aber nicht nur das – seit Entdeckung der sogenannten »Spiegelneuronen« Ende der 1990er-Jahre wissen wir, dass es höher entwickelten Lebewesen, wie dem Mensch, einigen Affenarten und auch dem Elefanten, möglich ist, die Emotionen anderer so zu fühlen und wahrzunehmen, als seien es die eignen.[76]

Emotionale Liebe kann nach Barbara Fredrickson immer nur im Hier und Jetzt stattfinden, nämlich dann, wenn die Anwesenheit eines Gegenübers physisch gegeben ist. Anders gesagt: Limbische Resonanz kann nur im direkten Kontakt stattfinden[77] – nur so kann es zu den »Mikromomenten der Liebe«, wie sie es ausdrückt, kommen, jenen Augenblicken emotionaler Verbundenheit und wechselseitiger »Positivitätsresonanz«. Diese limbische Positivitätsresonanz kann mit jedem anderen Menschen (und Tier) stattfinden – vollkommen unabhängig davon, wie lange sich die hieran Beteiligten schon kennen. Emotionale Liebe kann sich also nur *in der Gegenwart* vollziehen, von Augenblick zu Augenblick. Sie drückt sich aus im

Augenkontakt, in der Mimik und im physischem Kontakt (in den Arm nehmen, spüren, streicheln, in Berührungen). Gleichzeitig geht die emotionale Liebe zweifelsohne mit sehr starken und intensiven Gefühlen einher – aber die Liebe selbst ist kein Gefühl. Im Zustand des Mangels von Liebe fühlen wir den inneren, oft unbändigen Drang nach (Wiederherstellung von) Einheit, nach Zuwendung und Nähe. Und im Zustand der sich erfüllenden emotionalen Liebe und des Geliebtwerdens erleben wir Gefühle höchster innerer Zufriedenheit, Geborgenheit und Glückseligkeit.[78] Welcher und welche Liebende kennt das nicht?

Symbiotische Liebe

Die Symbiose oder symbiotische Liebe ist ein weiteres Beispiel für eine starke emotionale Bindung, uns vor allem geläufig als natürlicher Zustand der Verbundenheit der Mutter mit ihrem neugeborenen Baby, sowohl bei Menschen als auch bei anderen Säugetieren.[79] Der Zustand dieser symbiotischen Verbindung zwischen Mutter und Kind ist notwendig, damit sich das nach der Geburt hilflose Kind entwickeln und zu einem gewissen Stadium der Eigenständigkeit gelangen kann. Auch hier ist die evolutionäre Rationalität der Emotion klar erkennbar, denn diese Phase der gegenseitigen Zuwendung zwischen Mutter und Kind ist für das Überleben des Kindes – und damit natürlich auch für die Erhaltung der Einheit der gesamten Gattung – unerlässlich. Aus diesem Grunde führt sie auf Seiten der Mutter wie des Kindes zu intensivsten Gefühlen. Ihre Beziehung ist durch engste Verbundenheit und große körperliche Nähe charakterisiert. Eine Trennung von Mutter und Kind in der Zeit der Symbiose führt auf beiden Seiten zu unfassbarem Schmerz und oftmals zu nachhaltiger Traumatisierung. So ist das Fehlen von Mutterliebe und/oder die innere Ablehnung des Kindes durch die Mutter nach Erich Fromm die Wurzel einer Vielzahl psychologischer Störungen, auf die ich hier aber nicht weiter eingehen will.[80]

Der Symbiose ähnliche Zustände können auch im späteren Leben auftreten und zwar dann, wenn sich zwei bereits erwachsene Menschen in ein vollständiges und letztlich gestörtes Abhängigkeitsverhältnis voneinander begeben. Dies ist aber kein rein emotionales, sondern auch ein gedankliches Phänomen: Es tritt dann in Beziehungen auf, wenn einer der beiden Partner den anderen dominiert, während sich der andere bereitwillig unterordnet. Am deutlichsten wird dieses Verhalten im Sadomasochismus sichtbar, trifft aber gleichermaßen auf alle anderen Beziehungen der Über- und Unterordnung zu, so auch in Machtbeziehungen zwischen Führungskräften und ihren Untergebenen. Zwischen beiden Seiten gibt es ein klares Abhängigkeitsverhältnis – der eine kann seine Rolle nicht einnehmen, wenn er im anderen nicht ein entsprechendes Gegenüber hat. Jede Form von Abhängigkeit bedingt jedoch die Abwesenheit von Liebe.[81]

Verliebtheit

Auch »Verliebtheit« ist von großen Gefühlen und emotionalen Anziehungskräften geleitet. Gerade die frühe Phase der Verliebtheit ist dadurch charakterisiert, dass man »vollkommen vom anderen eingenommen«, »blind vor Liebe« ist und Körperempfindungen wie »Schmetterlinge im Bauch hat«. Man existiert in Gedanken und Taten (fast) nur noch für den »geliebten« Menschen: Wenn der oder die andere nicht in der Nähe ist, wird er oder sie intensiv vermisst und herbeigesehnt. Leidenschaft und Sehnsucht sowie zumeist sexuelle Begierde charakterisieren diesen Gemütszustand.

Viele verwechseln jedoch diesen anfänglichen Begeisterungs- und Gefühlssturm der Verliebtheit zwischen zwei Liebespartnern mit der Liebe an sich. Verliebtheit ist aber (noch) nicht Liebe. Vielleicht ist es noch nicht einmal ein primär emotionales, sondern vielmehr ein unbewusst gedankliches Verhalten auf der Basis früher Konditionierungen. Schaut man nämlich etwas genauer auf das, was im Zustand der Verliebtheit passiert, erkennt man, dass

Verliebtheit oft viel mehr mit Suchtverhalten und Selbsttäuschung zu tun hat und die »Schmetterlinge im Bauch« gar nicht mal dem Gefühl des Lampenfiebers so unähnlich sind. Selbsttäuschung findet beispielsweise in der Form von Projektionen auf den anderen statt: Er/sie bietet genau das an, was ich nicht lebe bzw. ich mich nicht zu leben traue. Schaut man noch genauer hin, findet man, dass sich Menschen seltsamerweise oftmals genau und immer wieder in solche Menschen verlieben, die sie auf unbewusste Weise ungelöste Themen der Vergangenheit wiedererleben lassen, nicht selten in Zusammenhang mit der Primärbeziehung zu einem oder beiden Elternteilen. Verliebtheit hat also vielleicht mehr mit noch offenen Themen aus der Vergangenheit zu tun, die wir unbewusst mit einem Partner wiederherstellen, um sie vielleicht einer Lösung zuzuführen – und der Rausch des Verliebtseins gibt uns die notwendige Energie hierzu. Doch dies bedeutet nicht, dass in der Phase der Verliebtheit nicht auch intensive Momente von emotionaler Liebe stattfinden.

LIEBE AUF DER GEDANKLICHEN EBENE

Auch auf gedanklicher/intellektueller Ebene manifestiert sich die Liebe als Drang nach Einheit zur Selbst- und zur Arterhaltung, als Ergebnis einer evolutionsbiologisch nochmals neueren Errungenschaft – dem Neokortex. Die Fähigkeit, kognitiv-rational denken zu können, brachte für das Überleben und die Erhaltung der Einheit von menschlichen Organismen und der Gattung ganz erhebliche Vorteile: unter anderem die Erfindung technischer Hilfsmittel zum Jagen von Tieren, die Möglichkeit, Behausungen zu erbauen und Feuer zu entzünden, später die abstrahierende Sprache als Basismedium zur Kommunikation, die Fähigkeit, menschliche Arbeit durch Maschinen zu ersetzen, bis hin zur Digitalisierung und globalen Vernetzung – um nur ganz wenige Beispiele zu nennen. Letztlich

basiert aller technischer Fortschritt, die Wissenschaft und unser gesamter materieller Wohlstand auf diesen kognitiven Fähigkeiten, und – damit verbunden – auch die Fähigkeit von Menschen, sich gemeinschaftlich zu organisieren. Hierauf ist nach Harari auch der weltweite Siegeszug des Homo sapiens zurückzuführen.[82]
So ist die gedankliche Ebene die Basis des kommunikativen und intellektuellen Diskurses und der Dialektik, die Ebene der Freundschaft und Kameradschaft, der Loyalität, der Tradition und der Moral, des Sich-Austauschens und Sich-Verstehens. Es ist die Ebene der gegenseitigen Abstimmung, des Planens und Koordinierens sowie des gemeinsamen Entscheidens, des Findens von Kompromissen und Konsens zur Erhaltung und (Wieder-)Herstellung von Einheit. Durch die neokortikale Fähigkeit des Menschen, gedanklich zu reflektieren sowie in Gedanken Subjekt-Objekt-Beziehungen herzustellen, und damit auch sich selbst zum Gegenstand eigener Betrachtung zu machen, entsteht erstmals etwas sehr Wesentliches: die Fähigkeit eines Lebewesens, nicht nur eine Beziehung zu anderen, sondern auch *zu sich selbst* aufzubauen.

Mit dieser Reflexion »seiner eigenen Existenz« geht gleichzeitig das bewusste Erkennen von Getrenntheit einher: Unsere Sinneswahrnehmungen und unser Denken führen zu Realitätskonstruktionen, die alles um uns herum als von uns getrennt erscheinen lassen. Hierin unterscheidet sich der Mensch zwar nicht vom Tier, da jenes sich auf Basis seiner Sinne vermutlich ebenfalls getrennt von allem erlebt, aber im Gegensatz zum Menschen erkennt und reflektiert das Tier diese Getrenntheit nicht – und bleibt auf dieser Weise doch eins mit seiner Umwelt.

Dass – wie ich später noch ausführen werde – diese Getrenntheit letztlich dennoch eine Illusion ist, ist für uns aufgrund der nahezu perfekten Realitätskonstruktion unseres Gehirns kaum erkennbar bzw. nicht wahrnehmbar.[83] Auf Basis der eigenen Wahrnehmung muss die Schlussfolgerung eines jeden denkenden Menschen die sein, dass er selbst von anderen und allem anderen getrennt ist. Dieses Bewusstsein der Getrenntheit ist nach Erich Fromm ohne die Wiedervereinigung durch die Liebe die Quelle der Scham und gleichzeitig die Quelle von Schuldgefühl und Angst.[84] Hierauf werde ich später noch eingehen. Gleichzeitig ist das Streben nach Wiederherstellung von Einheit auch auf der gedanklichen/intellektuellen Ebene ein höchst menschliches Bedürfnis, das aus dem Eindruck der eigenen Getrenntheit und damit verbunden Unsicherheit erwächst.

Einheit durch Identifikation

Aufgrund dessen suchen Menschen unablässig nach irgendetwas, was ihre Getrenntheit und die mit ihr verbundene Unsicherheit »lindert« und Einheit herstellt. Solche Sicherheit und Einheit wird zum Beispiel durch die Identifikation mit einer eigenen Persönlichkeit, mit anderen Menschen oder mit Kollektiven (Familien, Stämmen, Vereinen, Teams, Unternehmen, Parteien, Nationen, Armeen etc.) gesucht. Den Wunsch zur Aufrechterhaltung einer Einheit als »wiederkennbare Persönlichkeit«, als ein Individuum, hat schon der Psychologe Leon Festinger in den 1950er-Jahren in seiner Dissonanztheorie beschrieben, die auch von vielen Wissenschaftlern empirisch bestätigt worden ist.[85] Nach Festinger ist der Wunsch nach Einheit des eigenen Erlebens, d. h. der Konsistenz der eigenen Wahrnehmungen bzw. die Vermeidung von Dissonanz sich selbst betreffend, ein eigenständig motivierender Faktor, der einen ähnlichen Spannungszustand wie körperliche Bedürfnisse erzeugt. Von zentraler Bedeutung ist dabei die Aussage der Dissonanztheorie, dass es nicht zu Inkonsistenzen zwischen der Handlungsauswahl eines Menschen und seinen Einstellungen, Überzeugungen und Werten und insbesondere nicht zum eigenen Selbstbild kommen darf. Falls dies dennoch der Fall ist, wird das eigene Verhalten meist so interpretiert, dass es äußere Umstände waren, die zu diesem (meist ungewünschten) Verhalten geführt haben – man also zum Beispiel »gar nicht anders gekonnt hätte« oder man

»eigentlich nicht so sei« – , oder es erfolgt (eher selten) eine Anpassung von Werten und Überzeugungen. Ich werde dies noch ausführlicher in einem der folgenden Kapitel thematisieren.

Identifikation und Beziehung

Auch in der Identifikation mit einem (Lebens-)Partner wird Sicherheit und Überwindung von Trennung gesucht, so zum Beispiel in Form von Beziehungen und Eheversprechen. Und ein großer Irrtum unserer Zeit ist hier die weitgehende Gleichsetzung zwischenmenschlicher (Liebes-)Beziehungen mit der Liebe: Alle äußerlich festgelegten Formen der Beziehung zwischen Menschen, gleich welcher Art (die Liebesbeziehung, die Ehe ausgelegt als Gemeinschaft von lebenslanger Dauer oder Arbeitsbeziehungen), sind letztlich intellektuelle Konzepte. Sie sind dadurch charakterisiert, dass man den sich ständig verändernden Fluss des Lebens und der Dynamik der Entwicklung von Menschen in ein gedankliches Konzept von Dauer überführen möchte. Durch die Verbindung in diesem Sinne wird ein Mensch zu einem anderen Menschen (oder einer Gruppe) in ein zeitüberdauerndes Verhältnis gesetzt und auf diese Weise etwas konstruiert, das eine eigene Realität in Form der Beziehung bekommt, oder genauer gesagt, bekommen soll. Diese gedanklich erschaffene Beziehung kann sodann selbst wiederum Gegenstand eigener Beobachtung werden: Sie kann Eigenschaften aufweisen, d.h., sie kann intensiv, schwierig, brüchig, gefestigt sein und sie kann eine Vergangenheit, zumeist auch eine Zukunft in Form von (Bindungs- oder Ehe-)Versprechen und Erwartungen, haben. Dies gilt auch für alle anderen Vertragsbeziehungen.

In der Beschreibung von Beziehungen sind Attribute wie »mein« und »sein« üblich – dies drückt sich dann wie folgt aus: »dein Mann«, »seine Freundin« oder »mein Mitarbeiter«. So wie wir in einer materialistisch geprägten Gesellschaft ein Auto, ein Haus und andere Gegenstände besitzen, wird auch in Form der Beziehung ein anderer Mensch »besessen«. Dieser Prozess der Inbesitznahme eines anderen Menschen in Form der Bindung an ihn ist genau das, was in unserer westlichen Zivilisation oftmals als »Liebesbeziehung« (miss-)verstanden wird. Solche Beziehungen entstehen jedoch, wie schon gezeigt, oftmals aus einem Gefühl der eigenen Unsicherheit und Bedürftigkeit aufgrund von Getrenntheit und gehen oftmals mit einem intensiven Gefühl der (wechselseitigen) Abhängigkeit einher. Was ist es aber doch für ein abstruser Gedanke, einen anderen Menschen zu besitzen bzw. besitzen zu wollen? Und doch ist dieser Gedanke wesentlicher Bestandteil unserer westlichen Konditionierung, Lebensmuster und Moralvorstellungen.

Die Beziehung ist jedoch nicht *die* Liebe, sondern allenfalls *ein* Ausdruck der Liebe zwischen diesen beiden Menschen. Oftmals sind die »Beziehung« und die mit ihr einhergehenden gedanklichen (bewussten oder unbewussten) Erwartungshaltungen eher der Anfang vom Ende der Liebe zwischen diesen beiden Menschen. Im Streben danach, das Flüchtige der (emotionalen) Liebe fest an sich zu binden, geht sie verloren.[86] Peter Lauster drückt es wie folgt aus: »Die Vertiefung einer Liebesbeziehung kann nicht über den Verstand angestrebt werden. (...) Die Vertiefung der Liebe geschieht zwanglos, ohne den Verstand, ohne Wünsche, ohne Gier.«[87] In Wahrheit gibt es im Grunde gar keine dauerhafte Beziehung, es gibt nur eine Aneinanderreihung von Begegnungen. Diese Begegnungen sind aber immer wieder neu, es ist das reine Jetzt.[88] Und daher ist es auch unmöglich, von einem anderen Menschen zu erwarten, dass er oder sie einen doch bitte schön – aufgrund der bereits vorhandenen Beziehung – zu lieben habe. Dies sind unerfüllbare Erwartungshaltungen und Vorstellungen eines Verstandes, der die wirkliche Liebe nicht kennt. »Wo immer Wille ist, ist die Liebe nicht«, drückt es Jiddu Krishnamurti aus.[89]

Identifikation und Kooperationsbereitschaft

Ähnlich wie die Liebesbeziehung zu einem einzelnen Menschen kann das Entstehen von Identifikation und kooperativem Verhalten bei größeren Gruppen, Stämmen und Kollektiven erklärt werden: Wechselseitige Kooperation ist für das Überleben eines einzelnen Organismus, insbesondere auch zur Erhaltung von Einheit, überlebensnotwendig. Untersuchungen und Computersimulationen haben gezeigt, dass selbst die einfachste Kooperationslogik dazu führt, dass alle Beteiligten im Falle von Kooperation zu einer langfristig höheren Nutzensituation kommen.[90] Ohne hier ins Detail gehen zu wollen, kann auch in der Spieltheorie gezeigt werden, dass Menschen zu immer größeren Formen der Kooperation finden (die dort als »Nicht-Nullsummenspiel« bezeichnet werden), sofern sie von außen durch Konkurrenzbeziehungen (»Nullsummenspiel«) bedroht sind. Insofern kann Konkurrenz zu Kooperation auf höherer Ebene führen, ist die Konkurrenz in der (höheren) Kooperation schon mit anlegt.

Alle vorgenannten Verbindungen unterliegen, wie schon erwähnt, einem Prozess der gedanklichen Identifikation mit jemandem oder etwas, der wiederum auf Differenzbildung beruht. Auf Basis dieser Identifikationen empfinden sich Menschen als »angenommen«. Dieses Gefühl des Angenommenseins sowie die in Beziehungen und Gruppen etablierten Normen und Werte, wie etwa Solidarität, Respekt, Wohlwollen, Loyalität und Treue, haben die Funktion, die Identifikation und Einheit zu bestätigen und für alle Beteiligten zur Vermeidung von neuerlicher Unsicherheit aufrechtzuerhalten. Daher haben auch das Brauchen und das Gebrauchtwerden, die Anhaftung und das Besitzenwollen hier ihren Ursprung. Identifikationen und die damit verbundenen Werte haben so sehr verhaltensintensive Auswirkungen – in Form von Vertrauen, Teamfähigkeit und Kooperationsbereitschaft. Und entsprechende Werte finden sich in den Kulturstatements und Wertekanons Tausender Unternehmen wieder.

Dass Wertschätzung, Respekt und Wohlwollen vor allem gedankliche Konstrukte sind, kann man gut an ihrer Unbeständigkeit erkennen. Diese Werte können sehr begrenzt sein und sich schnell verflüchtigen, sei es, weil man Wertschätzung und Respekt nur einer bestimmten Gruppe, aber nicht allen Menschen gegenüber aufbringen kann oder dass das Wohlwollen einem anderen gegenüber dann endet, wenn dieser sich aus einer Identifikations- und Kooperationsgemeinschaft einseitig verabschiedet – und so nicht selten zum gehassten Feind wird. Noch heftiger sind die emotionalen Reaktionen und Auswirkungen, wenn die eigenen Erwartungen von dem auserwählten Identifikationspartner dann *nicht mehr* erfüllt werden, beispielsweise im Kontext von Unternehmen in Situationen der »Entlassung«. Dass dies zu Leid führt, ist nachvollziehbar, da durch die Auflösung der Identifikation und der Beziehung die (nur vermeintlich überwundene) Getrenntheit mit all ihrer Unsicherheit wieder zum Vorschein kommt: »Ich bin wieder getrennt.« Das ebensolche, mit der Auflösung zwischenmenschlicher Beziehungen einhergehende Leid wurde schon in unzähligen Romanen, Liebesliedern und Erzählungen besungen, beschrieben und beklagt – und ist auch bei der Trennung im beruflichen Zusammenhang oft nicht minder schmerzhaft.

Denn mit der Identifikation mit jemandem oder etwas entsteht gleichzeitig auch unweigerlich Abgrenzung von etwas anderem. Ohne Differenz, ohne Abgrenzung von dem, was man nicht ist – also ohne eine Grenzziehung zur Umwelt –, ist Identifikation nicht möglich; dies habe ich schon weiter oben erläutert.[91] So entstehen im selben Moment Freundschaft *und* Feindschaft, die (Liebes-)Beziehung zu einem Menschen *und* die Nicht-Beziehung (bzw. weniger nahe Beziehung) zu allen anderen, Kooperation *und* Konkurrenz.[92] So ist es nicht verwunderlich, wenn Menschen Konkurrenten oder konkurrierende Stämme, Unternehmen und Länder überfallen, um die eigene Einheit zu erhalten. Aber auch der Drang nach Einheit im Sinne der Kooperation basiert letztlich auf einem egoistischen Nutzenkalkül (»Der wahre Egoist kooperiert!«). Insofern ist diese Form von Kooperation ebenfalls nur eine sehr begrenzte Form und Ausprägung von Liebe.

Dies führt uns zu einem der Grundprobleme der Menschheit, das sich als natürliche Folge ergibt, wenn sich die Liebe allein auf die hier beschriebenen Ebenen– körperlich/instinktiv, emotional/gefühlt und gedanklich/intellektuell – beschränkt:

»Wenn sich Liebe nicht auf die gesamte Menschheit erstreckt, wenn sie innerhalb einer Gruppe – einer bestimmten Familie, eines bestimmten Stammes, einer bestimmten Nation, einer Rasse, einer bestimmten Konfession, einer bestimmten politischen Partei, einer Gewerkschaft, einer bestimmten Kaste, einer sozialen Klasse oder eines beliebigen Teils der Menschheit – angesiedelt ist, neigt der gruppeninterne Altruismus dazu, einen Antagonismus außerhalb der Gruppe zu erzeugen. Und je intensiver und ausschließlicher die gruppeninterne Solidarität ihrer Mitglieder ist, desto unvermeidlicher sind die Konflikte zwischen der Gruppe und dem Rest der Menschheit. Ob in Form eines Kalten oder ›konventionellen‹ Krieges oder in seinen sonstigen Ausprägungen hat dieser Kampf zwischen Gruppen unaufhörlich die Geschichte und die Annalen der Menschheit mit den tödlichsten, blutigsten und beschämendsten Taten des Homo sapiens gefüllt. Der Ab- und Ausgrenzungsdrang von Gruppen hat mehr Menschen getötet und mehr Städte und Dörfer zerstört als alle Epidemien, Hurrikane, Stürme, Überschwemmungen, Erdbeben und Vulkanausbrüche zusammengenommen. Er hat der Menschheit mehr Leid gebracht als jede andere Katastrophe.«[93]

Wer glaubt, nur einen Menschen oder eine bestimmte Gruppe lieben zu können, nicht aber alle anderen Menschen auch, ist nicht in der vollkommenen Liebe.[94]

LIEBE AUF DER SPIRITUELLEN EBENE

Der unbändige Drang, Einheit herzustellen und Getrenntheit zu überwinden, kann nicht wahrhaft durch rein intellektuelle Erkenntnis gestillt werden.[95] Wie schon ausgeführt, führt die »gedankliche Liebe« nicht nur zu altruistischer Kooperation, sondern im selben Zug auch zu (zum Teil vernichtender und tödlicher) Konkurrenz. Auch gelingt eine vollkommene (Wieder-)Herstellung von Einheit im hier verstandenen Sinne nicht durch die rein körperliche und emotionale Liebe, wie Sorokin ausführt: *»Selbst wenn ein Mensch nicht aufgebracht ist, kann sein ›sozialer Instinkt‹ kaum das Niveau der erhabenen Liebe in ihrer Intensität, universellen Ausdehnung, Reinheit, dauerhaften Kontinuität und Angemessenheit erreichen. Biologisch wurde er so geformt, dass er in seinem Umfang eng ist, mit gegenseitiger Hilfe, die sich auf den kleinen Kreis der Familie oder des Stammes und nicht auf die gesamte Menschheit beschränkt. (...) Wenn sie vom Bewussten und Überbewussten richtig gesteuert werden, können diese unbewussten Triebe und Emotionen die Energie der Liebe enorm verstärken und antreiben, aber allein können sie nur willkürliche und unberechenbare altruistische Taten von geringem Ausmaß liefern, durchsetzt von ähnlich unberechenbaren hasserfüllten und feindseligen Taten.«*[96]

Die vollkommende Überwindung von Getrenntheit gelingt weder auf körperlicher, emotionaler noch gedanklich/intellektueller Ebene – und daher gelingt die vollkommene Liebe auch nicht *nur* unter Einbezug dieser Ebenen (auch wenn sie hierzu alle notwendig sind!). Letztlich gelingt sie generell nicht rein im Äußeren; schon aufgrund der unüberwindbaren Polarität der äußeren Welt ist dies schlicht unmöglich. In einer ernsthaften Auseinandersetzung mit der Liebe ist es daher aus meiner Sicht – sowie aus der Sicht vieler anderer, die sich ebenfalls intensiv mit dem Thema der Liebe auseinandergesetzt haben – unvermeidbar, auch über die göttliche bzw. die spirituelle Dimension der Liebe zu sprechen.[97]

Das Wort »Spiritualität« hat für viele etwas Esoterisches – aber an sich ist an ihr nichts »Schlimmes«. Nach der Definition des Psychologen Harald Walach versteht man unter einer spirituellen Erfahrung eine *innere »direkte, unmittelbare Erfahrung einer über das ›Ich‹ hinausgehenden, größeren Wirklichkeit«.*[98] Und ich möchte unterstellen, dass es wahrscheinlich kaum jemanden gibt, der sich noch nicht mit letzten Fragen, wie nach dem Ursprung unserer Existenz, bzw. dem, was davor oder danach geschieht, auseinandergesetzt hat. Also Fragen nach einer Wirklichkeit, die weit über unser »Ich« hinausgehen – denn *»im Herzen jedes Menschen lebt die Sehnsucht an etwas teilzuhaben, das größer ist als er selbst«*[99].

Auch die Motivationstheorie von Maslow, die wahrscheinlich alle BWL-Studierenden an der Uni kennengelernt haben, sowie die verschiedenen anderen Modelle der menschlichen Bewusstseinsentwicklung, wie etwa von Beck und Cowan (»Spiral Dynamics« auf der Grundlage von Theorien von Clare W. Graves) und Jean Piaget,[100] enden alle auf ihrer obersten Entwicklungsstufe auf einer spirituellen Ebene, dem Bereich der Allverbundenheit und/oder der Selbstlosigkeit oder selbstlosen Liebe. Jedoch wird dies leider an der Universität und im weiteren Führungsleben schnell wieder vergessen bzw. ausgeblendet und nicht weiter thematisiert.

Spiritualität und Wissenschaft

In der Tat haben nach Walach gute Spiritualität und gute Wissenschaft zahlreiche Gemeinsamkeiten: Beide erfordern Offenheit statt Dogmatismus im Vorgehen. Doch während die Spiritualität einen *inneren, subjektiven Zugang* eröffnet, fokussiert sich die klassische Wissenschaft auf den äußeren Zugang auf der Ebene der Objekte und der Dualität. So schreibt er: *»In dem hier transportierten Sinne sind Spiritualität und Wissenschaft zwei komplementäre Seiten einer Sache, nämlich des Bemühens um ein Verständnis der Welt. Sie sind komplementär in dem bereits erwähnten Sinn: Man kann nicht beides zugleich tun und Außenwahrnehmung und Innenausrichtung pflegen, sondern muss* *sich zumindest zeitweise für das eine oder andere entscheiden. Aber für ein vollständiges Verständnis sind sie beide notwendig.«*[101]

Die Liebe hat demnach auch eine spirituelle/göttliche Dimension und kann darin zu einer wesentlichen, wenn nicht sogar zu *der zentralen*, spirituellen Erfahrung führen – zur Erfahrung des »Einsseins« (oder der All-Einheit).[102] Auf dieses »Einssein« haben viele der großen religiösen und spirituellen Lehrer und Lehrerinnen und Propheten hingewiesen, aber auch Philosophen wie Immanuel Kant (»eine gemeinsame Menschheit«): Wir sind eins mit allen anderen in unserer Natur und biologischen Konstitution, in unserer körperlichen Sterblichkeit, eins in unserer menschlichen Unvollkommenheit und Emotionalität, eins mit allen anderen in unserem Streben nach Glück. Und – wenn man sich dafür öffnen kann – eins in unserem Sein, als untrennbarer und zeitüberdauernder Teil eines kollektiven Bewusstseins, dem einen göttlichen Selbst, dem die göttliche Liebe (griechisch: *Agape*) entspringt.[103]

Die Liebe ist somit das Göttliche in uns. So heißt es auch im Evangelium des Johannes: *»Gott ist die Liebe, wer in der Liebe bleibt, der bleibt in Gott und Gott in ihm« (Joh 4, 16),* und weiter: *»Wenn jemand spricht: ›Ich liebe Gott‹ und hasst seinen Bruder, der ist ein Lügner. Denn wer seinen Bruder nicht liebt, den er sieht, der kann nicht Gott lieben, den er nicht sieht.« (Joh 4, 20)* Gott bzw. »das Göttliche« ist daher die Liebe selbst.

Nachhaltige Unterstützung für die Sichtweise des »Einsseins« kommt seit ungefähr einem Jahrhundert auch aus der Physik, die ich schon weiter vorn bemüht habe und die hinsichtlich vermeintlich »esoterischer Vorstellungen« vollkommen unverdächtig ist: So sind wir auch eins in unserer physikalischen Beschaffenheit als reine, sich ständig mit allem anderen im Austausch befindende Energieform, letztlich sogar als Muster reiner Information. Auf der atomaren und subatomaren Ebene gibt es keinerlei Begrenzungen, dafür aber vielfache energetische Wechselwirkungen zwischen all dem, was wir mit unseren Sinnesorganen und auf der Objektebene als getrennt erleben.[104] Die Quantentheorie beschreibt die Welt statt aus Objekten und Materie bestehend, vielmehr als eine Welt von Potenzialität, Beziehungen und Wechselwirkungen von Energie. Interessanterweise haben sich auch viele Physiker, wie etwa Schrödinger, Einstein, Bohm und Dürr im Laufe ihres Lebens für Spiritualität geöffnet.[105] Leider haben sich die Sichtweise und das Weltbild der Quantenphysik, wie schon erwähnt, in unserem Alltagswissen und -bewusstsein wie auch in vielen anderen Wissenschaftsdisziplinen noch nicht durchgesetzt.

Alle Menschen haben in dieser Sichtweise natürlich auch eine Verbindung miteinander, damit auch zum Ganzen und somit auch zum Göttlichen, einer tieferen Quelle oder wie auch immer man es ausdrücken mag. Aber dies entzieht sich der äußeren Wahrnehmung über unsere Sinne und ist auch weder Teil des Unterbewusstseins bzw. Unbewussten noch Teil des bewusst denkenden, rationalen Verstands. Diese Verbindung zum Göttlichen nennt Sorokin »Überbewusstsein« *(Supraconscious)*, der Hinduismus nennt es »Atman«, das Christentum die »Seele«, die Chinesen nennen es »das Tao« (der Weg), andere den »Wesenskern« und die Vertreter der Existenzphilosophie das »Sein«.[106] Es ist die Schnittstelle zum Ganzen, dem kollektiven Bewusstsein, dem einen göttlichen Selbst, der Urquelle, der »universalen Kraft, durch die alles in der Welt mit Leben erfüllt wird«. Graf Dürckheim beschrieb diese Kraft mit den Worten »Immanenz« (die Kraft wohnt uns inne) und »Transparenz« (die Kraft wirkt durch uns hindurch).[107]

Das Überbewusstsein ist bislang wissenschaftlich nur recht wenig erforscht, auch in der psychologischen Literatur findet man kaum etwas darüber – jedoch finden sich bei Levine deutliche Hinweise auf den medialen, präfrontalen Kortex, der bei den Zuständen des »reinen Gewahrseins« involviert ist und nach seinen Worten »die einzige Region des Neokortex ist, die das limbische System und damit die Emotionalität verändern kann«. Hierauf werde ich später nochmals zu sprechen kommen.[108] Ebenso sei dieser Bereich des Gehirns nach Levine involviert in den typischerweise auftretenden spirituellen und transpersonalen Erfahrungen von Ganzheit und des Einsseins seiner Klienten bei den Auflösungen von Traumen.[109] Auch die Hirnforscherin Jill Taylor beschreibt ähnliche Zustände des Erlebens nach ihrem eigenen Schlaganfall, durch den die linke Hemisphäre ihres Gehirns, welche für das logisch-rationale und sprachliche Denken zuständig ist, fast vollständig ihre Funktion verlor und ihr subjektives Erleben und Bewusstsein zeitweise nur noch durch die rechte Hemisphäre geprägt waren.[110]

Es gibt auch andere Hypothesen darüber, wo und wie sich das Überbewusstsein und diese »Schnittstelle« (ggf. zusätzlich zum Gehirn) in unserem Körper manifestieren – beispielsweise in unserem Herzen[111] oder in unserem Wesenskern.[112]. Aber vielleicht ist diese Diskussion müßig, da sie letztlich wieder einen klassischen Objektbezug herzustellen sucht, denn noch einmal: *»Wir Menschen sehen so aus, als wären wir physische Substanz, aber es ist eine Illusion, eine Lichttäuschung. Wir bestehen ganz und gar aus Energie!«*[113] Dies sagt der bereits erwähnte Bruce Lipton mit Bezug auf die Quantenphysik. Es gibt auch nach meinem persönlichen Kenntnisstand bislang noch keinerlei brauchbare wissenschaftliche Theorie darüber, wie genau das Gehirn *(brain)* den Geist *(mind)* und vor allem Bewusstsein erzeugt. [114] Es gibt sogar viele Anhaltspunkte dafür, dass das Bewusstsein nicht vom menschlichen Gehirn erzeugt wird, sondern umgekehrt außerhalb und zeitlich unabhängig von ihm existiert.[115] Interessante Ansätze hierzu und zur Verbindung der inneren Welt des Bewusstseins und der äußeren Welt über die Quantenmechanik finden sich auch in den Forschungsarbeiten von Thomas und Brigitte Görnitz.[116]

Die achtsame Grundhaltung der Liebe

Das Gewahrsein eröffnet uns den Weg zu unserem Überbewusstsein und damit den inneren Zugang zur Welt (bzw. zum Ganzen) und wird in Form der »Achtsamkeit« als eine der positiven

Geisteshaltungen im Buddhismus gelehrt (derzeit in seiner säkularisierten Form, der »Mindfulness«[117] auch zunehmend in Unternehmen).[118] Achtsamkeit als Geisteszustand und Bewusstseinsqualität ist vereinfacht ausgedrückt dann gegeben, wenn der jetzige Moment, die Gegenwart, vollkommen präsent wahrgenommen und bewusst erlebt wird. Die Praxis der Achtsamkeit trägt maßgeblich dazu bei, zunehmend zu einem solchen Zustand des reinen Gewahrseins, einem Zustand der bewussten inneren Leere, zu finden.

Doch Achtsamkeit bzw. bewusste Gegenwärtigkeit – bei Kindern noch der »Normalzustand« – fällt der Mehrzahl der erwachsenen Menschen ausgesprochen schwer. Regelmäßige Meditationspraxis und andere (vor allem auch körperbetonte) Achtsamkeitspraktiken wie Yoga, Tai-Chi und Feldenkrais[119] helfen daher dabei, öfter und dauerhafter in einem solchen achtsamen Zustand reinen Gewahrseins zu sein. Achtsamkeit (für mich auch ein Synonym für »Gegenwärtigkeit«) ist somit zentrale Grundlage für die spirituelle/göttliche Liebe, die nur im gegenwärtigen Moment, im Jetzt, stattfinden kann. Daher sieht die buddhistische Psychologie »Achtsamkeit« gleichsam auch als »Mutter« aller positiven Geisteshaltungen an.[120]

Liebe geht jedoch über reine Achtsamkeit hinaus, denn die Fähigkeit zu Achtsamkeit und Gegenwärtigkeit kann einen Menschen auch zu einem furchtloseren und damit besseren Krieger machen. Nicht zuletzt wird sie deshalb nicht nur von den traditionellen asiatischen Kampfsportarten, sondern auch in Armeen kultiviert.

Damit Liebe sich einstellen kann, bedarf es *zudem* auch der (Grund-)Haltung der Liebe, die in der buddhistischen Lehre auch sehr ähnlich als *Metta* (= Mitgefühl bzw. liebevolle Güte) bezeichnet wird. Nach Viktor Frankl liegt in dieser Wahl der Haltung bzw. Einstellung eine große Freiheit, denn »die letzte der menschlichen Freiheiten besteht in der Wahl der Einstellung zu den Dingen«.[121]

»Unsere Einstellung bestimmt, ob wir Frieden erleben oder Angst, Freiheit oder Einschränkung, und sie bestimmt weitgehend, ob wir gesund oder krank sind«, drückt es der Arzt und spirituelle

Lehrer Gerald Jampolsky aus.[122] Die Einstellung bzw. Haltung der Liebe beinhaltet Fürsorge, Verantwortungsgefühl und Verbundenheit,[123] die vollkommene Annahme dessen, was ist, von sich selbst und von anderen, frei von Erwartungen, Vorstellungen und Beurteilungen. Sie ist ein vollkommenes Geben, ohne Grenzen und Vorbehalte.[124] Das sind sicherlich keine »kleinen Forderungen«, daher möchte ich später hierauf noch einmal zurückkommen.[125] Jack Kornfield bezeichnet diese Haltung als »liebendes Bewusstsein«[126]; ich möchte sie im Folgenden immer als die *achtsame Grundhaltung der Liebe* bezeichnen und referenzieren.

Mit dieser achtsamen Grundhaltung der Liebe kann aus unserem Überbewusstsein heraus alles Große und Wichtige in unser Leben einfließen – oder eben auch nicht, denn das »Sich-Einstellen« von Resonanz bzw. von Liebe aus einer tieferen Quelle ist jenseits unserer eigenen Kontrolle. *Die göttliche Liebe selbst kommt somit wortwörtlich aus dem (schöpferischen) Nichts*[127]*; sie tritt über das Überbewusstsein in Form von Liebesenergie, für uns unkontrollierbar, hinzu und bewirkt dann das, was ihr entspricht.*[128] Daher ist das Wesentlichste, was man aktiv für das Einfließen von Liebe »tun« kann, sich hier und jetzt in eine achtsame Grundhaltung der Liebe zu begeben.[129]

Der Kartäuser Hugo de Balma fasste dies bereits Ende des 13. Jahrhunderts wie folgt sehr schön zusammen:

> »Es gibt eine erfahrungsmäßige Erkenntnis Gottes – notitia experimentalis dei. Um diese zu erlangen, benötigt man keine Vorbildung. Man muss nicht studieren, man muss nicht mal Kleriker sein. Ja, Denken und Vorstellungen sind sogar hinderlich auf diesem Weg. Man muss nämlich nur Denken, Imagination und andere Verstandestätigkeiten aufgeben, sich ganz der Liebe Gottes öffnen und mit allem Wollen und Sehnen danach streben, mit ihm vereinigt zu werden, und dann kann es gar nicht anders sein, als dass sich die göttliche Natur, die ja überquellende Liebe

und Gnade ist, mit der Seele vermählt. Diese Erfahrung der Vereinigung findet im Seelengrund bzw. in der Spitze des Geistes statt, dort wo keinerlei Denken, keinerlei Verstandesaktivität mehr statthat. Als Relikt dieser Erfahrung bleiben umfassende, tiefgreifende Weisheit und Wissen um Gott und die Welt zurück. Das Nebenprodukt einer vertieften Erfahrung ist außerdem umfassende Liebe zu allen Menschen und Geschöpfen, auch und gerade gegenüber Andersgläubigen, Verfolgten und Ausgestoßenen bzw. solchen, die sich selber aus der Gemeinschaft der Gläubigen ausstoßen.«[130]

Auf diese Weise ist die Liebe der einzige Weg zu einem erfüllten Leben, sie ist die Erkenntnis und die Verwirklichung des »Einsseins« in einer vermeintlich getrennten Welt. Sie führt zu der tiefen Erkenntnis der All-Einheit des »ich bin (so wie) Du«.[131]

SELBSTLIEBE UND LIEBESFÄHIGKEIT

Das »Selbst« ist ein ähnlich interessantes Phänomen wie die Liebe – das Wort begegnet uns fast täglich, und doch ist unser Verständnis vom Selbst sehr unscharf. In unterschiedlichsten Ratgebern, auch in solchen zu Führung, ist sehr viel über das Selbst zu lesen – in Form von *Selbst*vertrauen, *Selbst*bewusstsein, *Selbst*sicherheit, *Selbst*wertgefühl, *Selbst*achtung usw. –, vor allem aber über die Notwendigkeit und Sinnhaftigkeit, die Fähigkeit und Eigenschaften das Selbst betreffend zu stärken und auszubauen. Dies gilt sowohl für Kinder, für Heranwachsende und für Erwachsene, und eben auch für Führungskräfte, um sich beispielsweise anderen gegenüber selbst behaupten und durchsetzen zu können. Personalchefs, Vorgesetzte, Aufsichtsräte und Head-Hunter schauen sich Kandidaten bei der Besetzung von (Top-)Führungspositionen im Hinblick auf Indizien an, die auf (vermeintlich) hohes *Selbst*vertrauen, *Selbst*sicherheit und *Selbst*bewusstsein schließen lassen – wobei diese Begriffe zum Teil unscharf und fast synonym verwendet werden.

Der Unterschied zwischen Narzissmus und Selbstliebe

Nicht selten werden dann Kandidaten ausgewählt, die nicht nur äußerlich ein hohes Maß an *Selbst*bewusstsein und *Selbst*vertrauen ausstrahlen, sondern auch einen gewissen Grad an »*Selbst*verliebtheit« aufweisen, sprich narzisstische Charakterzüge. Die Neigung zur narzisstischen Persönlichkeitsstruktur, einhergehend mit Egoismus und *Selbst*sucht, scheint nach meiner persönlichen Erfahrung geradezu ein Garant zum Aufstieg in der heutigen hierarchie- und statusorientierten Wirtschafts- und Berufswelt zu sein. Hier nämlich kann der eigene Narzissmus perfekt ausgelebt werden; er wird sogar besonders honoriert. So schätzen andere nicht nur die (vermeintlich hohe) *Selbst*sicherheit einer Führungskraft mit einer narzisstischen Persönlichkeitsstörung, sondern auch ihren oftmals perfektionistischen Arbeitseifer.[132] Ich weiß vor allem deshalb, wovon ich rede, weil auch ich eine solche narzisstisch geprägte Führungskraft war.

Ein weiteres Wort mit »Selbst«, nämlich die *Selbst*liebe, hört man auch regelmäßig, aber weniger bis gar nicht im Kontext der Unternehmensführung. Sie wird von vielen als notwendig angesehen, um andere lieben zu können: »Nur wer sich selbst liebt, kann auch andere lieben«, heißt es oft. Doch was ist denn eigentlich *Selbst*liebe? Das habe ich mich vor einigen Jahren in einer Coaching-Sitzung auch erstmals gefragt. Hat Selbstliebe etwas mit Egoismus zu tun? Egoismus ist aber eher negativ besetzt – kann er etwas mit der sehr positiv besetzten Liebe zu tun haben? Ist Selbstliebe so etwas wie »gesunder Egoismus«, d. h., verbunden mit der Fähigkeit, auf sich selbst achten zu können (*Selbst*achtung) bzw.

sich von anderen abgrenzen zu können (*Selbst*schutz), oder ist er zumindest ein Teil davon? Klingt das nicht auch wieder irgendwie sehr nach Narzissmus ...?

Und wenn ich mich selbst liebe – wo hört dann die Liebe zu einem anderen auf und wo fängt die Selbstliebe an? Wann muss ich auf mich selbst aufpassen, damit ich mich nicht völlig für einen geliebten Menschen aufopfere? Die Verwirrung, was das Selbst und die *Selbst*liebe angeht, war für mich maximal – und so geht es sicherlich vielen Menschen, vielleicht auch Ihnen (natürlich nur dann, wenn es für Sie überhaupt ein Thema ist). Das ist auch nicht verwunderlich, denn leider lernen wir hierüber in der Schule und auch in der Erziehung so gut wie nichts.

Ich möchte hier einen Versuch wagen, aus meiner persönlichen Erkenntnis und eigener Erfahrung ein wenig Licht in die Verwirrung zu bringen, ohne mir allerdings anmaßen zu wollen, ein Experte auf diesem Gebiet zu sein. Insofern möchte ich die geneigten Leser und Leserinnen bitten, sich ein eigenes Bild zu machen, u. a. auf Basis der hier zitierten Literatur, die die tiefen Zusammenhänge viel umfangreicher schildert. Und zunächst möchte ich an dieser Stelle umfangreich aus berufenerem Munde, aus dem Werk von Erich Fromm, zitieren, da er den Zusammenhang von Liebe, Selbstliebe und Selbstsucht meines Erachtens sehr schön zusammengefasst hat:

> »Die Liebe wird nicht primär durch ein bestimmtes Objekt ›hervorgerufen‹, sondern es handelt sich um eine im Menschen bereitliegende Eigenschaft, die durch ein bestimmtes ›Objekt‹ aktualisiert wird. Hass ist der leidenschaftliche Wunsch zu zerstören; Liebe ist eine leidenschaftliche Bejahung eines ›Objekts‹. Sie ist kein Affekt, sondern ein tätiges Streben und eine innere Bezogenheit, deren Ziel das Glück, das Wachstum und die Freiheit ihres Objekts ist. Sie ist eine Bereitschaft, die

sich grundsätzlich jeder Person und jedem Objekt einschließlich unserer selbst zuwenden kann.
Ausschließliche Liebe zu einer bestimmten Person ist ein Widerspruch in sich selbst. (...) Die Art von Liebe, die man nur einer einzigen Person gegenüber empfinden kann, ist eben aus diesem Grund keine wirkliche Liebe, sondern eine sadomasochistische Bindung. (...) Die Liebe zu einer bestimmten Person impliziert die Liebe zum Menschen als solchem. (...) Hieraus folgt, dass mein eigenes Selbst grundsätzlich ebenso sehr ein Objekt meiner Liebe ist wie eine andere Person. Die Bejahung meines eigenen Lebens, meines Glücks, meines Wachstums und meiner Freiheit wurzelt in meiner grundsätzlichen Bereitschaft und Fähigkeit zu einer solchen Bejahung. Besitzt ein Mensch diese Bereitschaft, dann besitzt er sie auch sich selbst gegenüber; wenn er nur andere ›lieben‹ kann, dann kann er überhaupt nicht lieben.
Selbstsucht ist nicht dasselbe wie Selbstliebe, sondern deren genaues Gegenteil. Selbstsucht ist eine Art Gier. Wie jede Gier ist sie unersättlich und daher nie wirklich zu befriedigen. Die Gier ist wie ein Fass ohne Boden. Der Gierige erschöpft sich in der nie endenden Anstrengung, seine Bedürfnisse zu befriedigen, ohne dass ihm dies je gelingt. (...) Wenn wir noch etwas genauer hinsehen und besonders die unbewusste Dynamik beachten, so finden wir, dass sich solche Menschen im Grunde selbst nicht ausstehen können. (...) Die Selbstsucht beruht genau darauf, dass man sich selbst nicht leiden kann. Wer sich nicht leiden kann, wer mit sich nicht einverstanden ist, befindet sich in einer ständigen Unruhe in Bezug auf das eigene Selbst. Er besitzt nicht die innere Sicherheit, die nur auf dem Boden einer echten Liebe zu sich selbst und in der Bejahung der eigenen Person gedeihen kann. (...) Dasselbe gilt für einen sogenannten narzisstischen Menschen, dem es nicht so sehr darauf ankommt, etwas für sich zu bekommen, sondern der sich vor allem selbst bewundern möchte. Während solche Menschen – oberflächlich gesehen –

stark in sich verliebt scheinen, können sie sich in Wirklichkeit nicht leiden, und ihr Narzissmus ist – genau wie die Selbstsucht – eine Überkompensation des Mangels an Selbstliebe.«[133]

Und weiter:

»Das ›Selbst‹, in dessen Interesse der moderne Mensch handelt, ist das gesellschaftliche Selbst; ein Selbst, das sich im Wesentlichen mit der Rolle deckt, die der Betreffende nach dem, was die anderen von ihm erwarten, zu spielen hat und die in Wirklichkeit nur eine subjektive Tarnung seiner objektiven Funktion in der Gesellschaft ist. Die moderne Selbstsucht ist die Gier, die auf der Frustration des wahren Selbst beruht und deren Objekt das gesellschaftliche Selbst ist. Während sich der moderne Mensch durch eine nicht mehr zu übertreffende Bejahung seines Selbst auszuzeichnen scheint, ist dieses Selbst in Wirklichkeit geschwächt und auf ein Segment seines totalen Selbst reduziert – nämlich auf seinen Intellekt und seine Willenskraft – unter Ausschluss aller anderen Bestandteile seiner Gesamtpersönlichkeit.«[134]

Dem ist wenig hinzuzufügen. Ich möchte jedoch was das Erkennen des Selbst angeht noch etwas weitergehen: Schon weiter vorn habe ich über die Fähigkeit des Menschen gesprochen, sich selbst zu reflektieren, d. h., sich seiner selbst bewusst zu werden. Dies führt zu einer grundlegenden, gedanklichen Trennung dessen, was eigentlich eins ist – nämlich das »Ich«. Es wird aufgeteilt in zwei: das »Ich« und das »Mich«, wodurch eine dualistische Subjekt-Objekt-Beziehung zu sich *selbst* entsteht.[135]

»Nicht-Selbst«

Dieses gedanklich geschaffene Selbst ist jedoch ebenso eine Illusion wie alle polarisierten Aufspaltungen. Dies zeigt auch seine Heiligkeit der Dalai Lama eindrücklich und logisch nachvollziehbar auf: Entweder ist das Selbst identisch mit der Einheit aus Körper und Geist, die wir als Mensch bilden – dann hat es keine eigene Qualität –, oder es ist etwas anderes. Dann aber müsste es außerhalb und vollkommen getrennt von dieser »Körper-Geist-Einheit« existieren können, was aber wiederum unmöglich ist.[136]

Das gedanklich konstruierte Selbst bzw. unsere Identität, welche wir so intensiv zu schützen versuchen, hat also keine inhärente eigene Existenz. Es existiert nicht aus sich selbst heraus, da es in Abhängigkeit von etwas anderem entsteht – nämlich abhängig von einem Organismus und gleichzeitig von einem denkenden Verstand, der das »Selbst« identifiziert und so als »Mich« in Eigenreflexion durch Aufspaltung erschafft. Es beruht auf einer Fehlwahrnehmung, die der Buddhismus »Unwissenheit« *(engl.: ignorance)* nennt und die nach der buddhistischen Lehre ein charakteristisches Merkmal des Menschseins ist.[137] Dieses Selbst ist unser Ego, welches wir im Zustand der Unwissenheit bzw. Ignoranz unablässig schützen und nähren wollen, um seine Einheit zu erhalten, beispielsweise durch Verteidigung, Rechtbehalten-Wollen, Abgrenzung etc. Milliardenfache Konflikte in zwischenmenschlichen Beziehungen, unzählige Kriege und Auseinandersetzungen zwischen Menschen und Nationen waren und sind die direkten und indirekten Folgen der Fehlwahrnehmung eines Selbst. Und nicht nur das: Gleichzeitig verurteilen und kritisieren wir uns selbst, sind stolz auf uns selbst, sorgen uns um uns selbst usw. Welch ein Wahnsinn bei genauerer Betrachtung!

Wahre *Selbst*erkenntnis beginnt daher mit dem Erkennen, dass es dieses gedachte und von allem getrennte Selbst in Wahrheit nicht gibt, unsere eigene auf Trennung basierende Schöpfung ist und folglich auch nicht geschützt werden muss. Doch auch mit dieser *Selbst*erkenntnis und dem Wissen um die Fehlwahrnehmung eines Selbst ist die Überwindung des eigenen Selbst bzw. Egos ausgesprochen schwer. Denn die rein intellektuelle Erkenntnis der »Ignoranz« bleibt letztlich inhaltsleer und folgenlos, wenn die Überwindung des Selbst nicht handlungsleitend wird – und somit nicht gelebt werden kann, z. B. dann, wenn das eigene Handeln in konkreten Situationen auf die Erhaltung des eigenen Selbst in Form von Egoismus abzielt.

Wie kann ich also mit diesem gedanklich erschaffenen Selbst, wenn ich seine Nicht-Existenz erkannt habe, sinnvoll umgehen bzw. es in seiner so sehr handlungsbestimmenden Kraft reduzieren, möglicherweise letztendlich sogar »loswerden«?

Zuerst die vermeintlich gute Nachricht: Die Loslösung vom eigenen Selbst ist für jeden unvermeidlich, denn ausnahmslos alle Menschen werden diesen Zustand im Zeitpunkt ihres Todes erleben. Im Moment des Todes stirbt vor allem dieses Selbst, da der Tod mit dem Loslassen von allem verbunden ist, was weltlicher Natur ist: die eigenen Ansichten, Identifikationen, Wissen, angesammelten materiellen Güter und eben auch »sich selbst«. Wahrscheinlich erscheint uns deswegen der Tod so bedrohlich und unsicher, auch wenn er als dualistischer Gegenpol zur Geburt das Einzige ist, was uns sicher ist.

Die schlechte, aber auch in unserem Menschsein beruhigende Nachricht ist, dass es nur sehr wenige Menschen bislang geschafft haben, wahre *selbst*lose Altruisten zu sein bzw. zu werden. Pitirim Sorokin hat Umstände der Verwandlung von Menschen zu selbstlosen Altruisten sehr ausführlich untersucht und beschrieben – Buddha und Jesus waren sicherlich solche Menschen, wohl auch Mahatma Gandhi.[138] Aber sehr viele, die versucht haben das Selbst zu überwinden, beispielsweise durch alle möglichen Formen der *Selbst*überwindung (wie der der Askese, der vertieften Meditation, des Eremitentums usw.) sind doch eher ewig Suchende nach der endgültigen Befreiung, der Erleuchtung, geblieben. *»Das größte Problem ist man selbst«*, betont auch der Arbeitspsychologe Mihály Csíkszentmihályi.[139]

»Auflösung« des Selbst

Meiner Überzeugung nach ist diese »Befreiung vom (erdachten) Selbst« nicht durch eine Form von Widerstand möglich. Es geht wahrscheinlich nur durch zunehmende Selbstliebe, d.h. durch die Begegnung mit »uns selbst« in der gegenwärtigen und achtsamen Grundhaltung der Liebe, über die ich schon weiter vorn gesprochen habe. Wie sollte es auch anders sein? Da das Selbst durch gedankliche Trennung bzw. polarisierte Aufspaltung erschaffen wurde, kann es nur durch Transzendenz und die Überwindung von Trennung, d.h. durch die Wiederherstellung von Einheit, also durch Liebe, aufgelöst werden. Gedanklicher Widerstand gegen eine Trennung verstärkt die Trennung, da dieser ja letztlich die Trennung als solche anerkennt und man so auf der Ebene der Trennung verbleibt – denn wie könnte man gegen etwas sein, was es gar nicht gibt?

Wenn wir uns also dem Selbst (bzw. uns selbst) statt mit Widerstand mit vollkommener Akzeptanz, liebevoller Güte und Mitgefühl zuwenden, ohne den Wunsch, irgendetwas verändern zu wollen, dann kann das Selbst transzendiert werden und so seine überbordende Kraft zunehmend aufgelöst und die Trennung letztlich vielleicht sogar aufgehoben werden. D.h., wenn wir uns voll und ganz annehmen und damit leben, dass wir jetzt so sind, wie wir sind, dass wir mit Fehlern behaftet und inkonsistent sind, wir heute vielleicht etwas anderes für gut und richtig befinden als noch gestern, und wir jegliche *Selbst*verurteilung und *Selbst*unterdrückung komplett aufgeben – nur dann besteht eine Chance, dass sich das Selbst auflösen und wirkliche Veränderung stattfinden kann.[140]

Auch wenn dies zunächst keineswegs bedeutet – wie auch Jack Kornfield betont –, dass wir dann schon kein gedanklich geschaffenes Selbst mehr hätten, aber es verliert zunehmend seine *Bedeutung und seinen Automatismus.* Und dies kann – wie ich es selbst schon ab und an erleben konnte – zu einer enormen Befreiung von Schuldgefühlen und von Leid führen.

Paradoxerweise besteht also der einzige Weg, sich selbst zu verändern, darin, sich vollkommen so anzunehmen, wie man ist – hierauf verwies nicht nur Jiddu Krishnamurti, sondern auch Fritz Perls, Vater der Gestalttherapie.[141] Durch die Selbstliebe stärken wir also nicht unser egoistisches Selbst, sondern ganz im Gegenteil führt sie zur Auflösung desselben: *»Liebe transzendiert unser Ego.«*[142]

Sollten Sie in zunehmender Selbstliebe eines Tages sich nicht mehr selbst verurteilen, weil Sie die Selbstbeurteilung beobachten und transzendieren können, ist die Identifikation mit dem erdachten Selbst aufgehoben. Da es kein gedanklich geschaffenes Selbst mehr gibt, das beurteilt, ist die dualistische Subjekt-Objekt-Beziehung aufgelöst. Dann ist nur noch das Subjekt, das reine Bewusstsein, unser *wahres Selbst,* das »Ich bin«, übrig, das ungetrennter Teil des einen göttlichen Selbst ist.[143] Dann erfüllt sich die Selbstliebe, dann hat die Liebe kein Objekt mehr, sondern ist zu einer »bereitliegenden Eigenschaft« geworden, wie es Fromm ausdrückt, und dann bin ich gleichsam »die Liebe selbst geworden«. Das ist die Einsicht in die Weisheit des »Nicht-Selbst« bzw. der »*Selbst*losigkeit« (Pali: *Anatta*), die nach der buddhistischen Lehre alles Leiden vertreibt.

Nur wer in der Lage ist, sich selbst in Liebe zuzuwenden, kann auch Liebe zu anderen haben. Im Grunde liebt man sich selbst in der Resonanz der anderen und spürt dann die Liebe, die man selbst in sich hat, nicht umgekehrt. Insofern wäre es »richtiger« zu sagen, »ich bin dankbar, dass ich durch dich die Liebe zu mir selbst spüre«, statt »ich liebe dich!«. Dies fasst Jiddu Krishnamurti wie folgt wundervoll zusammen: *»Liebe ist nicht etwas, um das man bittet. Du streckst nicht deine Hand aus, um geliebt zu werden! Das bedeutet, dass du von jemandem abhängig bist. Das bedeutet, dass du überhaupt* *nicht liebst. Wenn du darum bittest, von einem anderen geliebt zu werden, bedeutet das, dass du keine Liebe in dir selbst hast. Wenn du Liebe hast, verlangst du von niemandem, dich zu lieben.«*[144]

Wahrhaftigkeit und Authentizität

Aus unserem wahren Selbst heraus zu handeln, d. h., wirklich wir selbst zu sein, ist das, was wir verloren haben, *»Wir erlauben uns selbst nicht – oder es wird uns nicht erlaubt –, vollkommen wir selbst zu sein«, wie es Fritz Perls ausdrückte.* Ja, oftmals wissen wir noch nicht einmal mehr, was es bedeutet, wirklich jenseits aller Konditionierungen und Moralvorstellungen wir selbst, d. h. wahrhaftig, zu sein. Wahrhaftig zu sein bedeutet laut Safi Nidiaye, *»dass ein jeder zu dem steht, was er ist. Liebe, Freude, Brüderlichkeit, Harmonie, Schönheit – das alles kommt später. (...) Präsentiert euch so, wie ihr seid. (...) Je wahrhaftiger ihr seid, desto freier seid ihr.«*[145]

Doch dass dies für viele nicht so einfach ist, kenne ich selbst nur zu gut. Auch Erich Fromm beschreibt die Schwierigkeit, die darin liegt:

> »*Der heutige Mensch* möchte die Freiheit haben, nach seinem eigenen Willen zu handeln – wenn er nur wüsste, was er will, denkt und fühlt. Aber eben das weiß er nicht. Er richtet sich dabei nach anonymen Autoritäten und nimmt ein Selbst ein, das nicht das seine ist. Je mehr er das tut, umso ohnmächtiger fühlt er sich, umso mehr sieht er sich gezwungen, sich anzupassen. (...) Oberflächlich gesehen funktionieren die Menschen im wirtschaftlichen und gesellschaftlichen Leben recht gut. Aber es wäre gefährlich zu übersehen, wie tief unglücklich sie unter dieser beruhigenden Tünche sind.«[146]

So finden wir wahrscheinlich auch nur durch die Selbstliebe zu unserem wahren Selbst zurück und nehmen nicht mehr »ein Selbst ein, dass nicht das unsere ist«. Dies ist der wirkliche Weg zu Authentizität – nicht ein erlerntes, geschultes oder irgendwie aufgesetztes Verhalten – auch und vor allem für eine Führungskraft. Wenn wir aus dieser Wahrhaftigkeit handeln, handeln wir nicht nur aus unserer Wahrheit, sondern aus *der einen Wahrheit,* die für alle das Beste will.

Liebesfähigkeit

Wenn Menschen sagen, dass echte Liebe »bedingungslos« sei, verkennen sie, dass die Liebe zu ihrem Entstehen und Gelingen sehr wohl an Bedingungen bzw. genauer gesagt Fähigkeiten geknüpft ist. Unter anderem Peter Lauster, Erich Fromm und Barbara Fredrickson nennen diese Fähigkeit auch »Liebesfähigkeit«. Fritz Riemann hat ihr sogar eigens ein ganzes Buch gewidmet.[147] Auf rein intellektueller oder sexueller Ebene »liebesfähig« zu sein und anderen Menschen zu begegnen, fällt vielen Menschen leicht. Dies ist nicht verwunderlich, da sonst die Eigen- und Arterhaltung stark gefährdet wäre, wie wir weiter vorn schon gesehen haben. Wirkliche Liebesfähigkeit beinhaltet jedoch, mit anderen Menschen in tatsächlichen, präsenten und emotionalen Kontakt gehen zu können, ihnen mit eigener Wahrhaftigkeit und authentischer Herzlichkeit begegnen zu können. Zwischenmenschliche Liebe auf allen Ebenen kann nur aus einer achtsamen Grundhaltung der Liebe und der Bereitschaft zur Öffnung bzw. zur Hingabe im Hier und Jetzt stattfinden.[148] Durch diese Öffnung kann sich eine Verbindung zwischen den Wesenskernen, eine »zwischenmenschliche Brücke«, einstellen.[149]

Sich in dieser Weise zu öffnen ist jedoch für viele Menschen zumeist eine große Herausforderung, da sie aufgrund von gemachten Erfahrungen »Schutzschilde« um sich und ihren Wesenskern gebildet haben. Um sich für andere Menschen wirklich in

Liebe öffnen und hingeben zu können, ist es notwendig, daran zu arbeiten, zu eigener Sicherheit (d. h. Selbstsicherheit) zu finden und diese unbewussten Schutzmechanismen aufzugeben.[150] Diese »allmähliche Stabilisierung der Selbstsicherheit, aus Selbsterkenntnis und Selbstakzeptanz wachsend, lässt letztlich ein besser integriertes Selbst entstehen, die ›Stärke des Herzens‹. Und die ist ansteckend.« fasst es der Professor für Psychologie und Psychotherapie Willi Butollo zusammen.[151]

Hierzu gehören meiner Erfahrung nach nicht nur Meditation und Achtsamkeitspraxis zur Schulung des Gewahrseins, sondern insbesondere auch körperlich-emotionale Arbeit, um uns selbst wieder spüren zu können.[152] Ohne eine Berücksichtigung *aller* Ebenen – nicht nur der kognitiven, sondern auch der körperlich-emotionalen und insbesondere der spirituellen Ebene – kann sehr wahrscheinlich keine wirkliche Heilung (d. h. Ganzwerdung) und grundlegende Transformation stattfinden.[153] Denn nicht nur bei Traumapatienten, sondern auch bei vielen anderen Menschen in der westlichen Welt ist das innerliche, d. h. körperliche Gefühls- und Empfindungsleben durch vielfache äußere Einflüsse, unter anderem auch aufgrund unserer sehr einseitig kognitiven Erziehung ganz oder teilweise abgespalten und/oder unterdrückt.[154] Diese Abspaltung oder Dissoziation bezeichnet Christian Felber auch als »die große Tragödie der abendländischen Kultur.«[155]

Wir sollten also wieder wie die Kinder werden: Denn Kinder besitzen in der Regel noch eine ganz natürliche Liebesfähigkeit, verlieren sie aber oftmals im Laufe ihrer weiteren Adoleszenz – nicht zuletzt aufgrund vielfacher Enttäuschungen und auch falscher Glaubenssätze, die man ihnen in der Erziehung eintrichtert. Als Erwachsene – und daher auch als Führungskraft – wahrhaft und dauerhaft fähig zu lieben, sind daher nur diejenigen, die im wahrsten Sinne des Wortes (wieder) »zu sich selbst« gefunden haben. Denn nur wer erkennt, dass in allen äußeren Identifikationen und Verbindungen letztlich keinerlei wirkliche Sicherheit zu finden ist, findet zu der Erkenntnis und gemachten Erfahrung, dass die gesuchte Sicherheit nur in sich *selbst* zu finden ist.[156] Nur wer die Fähigkeit entwickelt hat, *allein und er selbst* (im Sinne seines wahren Selbst) zu sein, ist tatsächlich fähig, sich für umfassende Liebe auch anderen gegenüber zu öffnen.[157]

Körperliche Präsenz, hohe Gegenwärtigkeit, Wahrhaftigkeit, sich aus eigener Sicherheit zu öffnen und hingeben zu können, mit sich allein sein und sich selbst in Liebe ohne Selbstverurteilung zuwenden zu können sind somit notwendige Fähigkeiten bzw. die Bedingungen für das Gelingen von vollkommener Liebe auf allen Ebenen. Ist Lieben damit leicht oder bedingungslos? Keineswegs, ganz im Gegenteil! Wie viele Menschen kennen Sie, die in der Lage sind, in dieser vollkommenen Form zu lieben? Ich persönlich kenne keinen und zähle mich selbst ebenso wenig zu diesen wahrhaft liebenden Menschen, so sehr ich mich bisher um die Entwicklung dieser Fähigkeit bemüht habe. *»Menschen, die unter dem gegenwärtigen System zur Liebe fähig sind, bilden auf jeden Fall die Ausnahme«*, sagt auch Erich Fromm.[158]

Notwendigkeit des Überbewusstseins

Dessen ungeachtet ist jeder dazu aufgerufen, immer weiter an der Fähigkeit zu arbeiten, sich in diese achtsame Grundhaltung der Liebe zu begeben. Denn sich auf den »Weg zur Liebe« zu machen, ist willentlich entscheidbar. Diese im wahrsten Sinne des Wortes sehr »bewusste« Entscheidung und Einstellung immer wieder (und bestenfalls immer und unabhängig von der äußeren Situation) wählen zu können – statt unbewusst und konditioniert zu handeln –, erfordert jedoch für die meisten Menschen ein Sich-Einlassen auf einen grundlegenden Reife- und Transformationsprozess, der alle zuvor beschriebenen Ebenen umfasst.[159] Denn wir alle sind auf signifikante Weise von pränatalen und frühkindlich geprägten emotionalen Mustern und konditionierten Programmierungen geprägt, die von einem Unterbewusstsein gesteuert werden, dessen

Aktivitäten nach Lipton mit dem bei Weitem größten Teil des Gehirns verbunden sind (90 Prozent).[160] Und aufgrund seiner vielen frühkindlichen Erfahrungen und Konditionierungen empfindet das Unterbewusstsein der meisten Menschen den Satz »Ich liebe mich« als unwahr.[161]Die grundlegendste Verwandlung, die ein Mensch durchlaufen kann, nämlich die zur wahren Selbstliebe und Liebesfähigkeit, umfasst alle Ebenen und ist wahrscheinlich nicht möglich, ohne die Akzeptanz und Kultivierung des Überbewusstseins, wie auch Sorokin schreibt:

> »Die Selbstidentifikation mit dem Überbewusstsein als dem höchsten und wahrsten Selbst ist der erste entscheidende Schritt der altruistischen Verwandlung des Menschen. Wenn die Selbstidentifikation auf einer rein ideologischen oder sprachlich/intellektuellen Ebene bleibt, führt sie nicht zu einer radikalen Veränderung der gesamten Persönlichkeit und des gesamten Verhaltens.
> Wir haben gesehen, dass es in allen Gesellschaften immer viele selbstbestimmte und selbsternannte ›Söhne Gottes‹ gegeben hat, die sich wie Bestien verhielten. Glücklicherweise entwickelt sich jedoch bei vielen anderen Menschen die einmal begonnene Selbstidentifikation weit über die sprachliche oder ideologische Ebene hinaus und umfasst nach und nach ihre emotionalen, willens- und verhaltensbezogenen Seinsbereiche. Sobald die Selbstidentifikation mit dem Überbewusstsein diese Tiefen erreicht, beginnt sie, die Gesamtpersönlichkeit und das Verhalten der jeweiligen Individuen zu verändern. Das Überbewusstsein beginnt, sie nach seinem eigenen Bild zu formen, erwirbt eine zunehmende Kontrolle über ihr bewusstes und unbewusstes Verhalten, aktiviert ihr kreatives Potenzial im Allgemeinen und ihre altruistische Kreativität im Besonderen.«[162]

Und Sorokin weiter:

> »Der wesentliche Teil dieses Prozesses, der in Form und Details sehr unterschiedlich sein kann, besteht in einem zunehmend wachsenden Bewusstsein der reifenden Liebenden, dass ihr wahres Selbst weder ihr Körper ist, noch ihre unbewusste, unterbewusste oder vorbewusste Energie, noch ihr bewusstes oder soziales Ego mit all seinen Fesseln, sondern das Überbewusstsein – welchen Namen sie ihm auch immer geben.«[163]

Daher wäre es – wie im zweiten Teil noch weiter ausgeführt werden soll – sinnvoll und überaus notwendig für Unternehmen und Ausbildungseinrichtungen aller Art, dies zu erkennen und alles dafür zu tun, diese bewusste Liebesfähigkeit, die achtsame Grundhaltung der Liebe zu fördern und zu vermehren, und zwar schon ab dem frühesten Kindesalter.

Teil II: Liebe im Führungs-Kontext

LIEBE ZUR EIGENEN ARBEIT

»Arbeit ist sichtbar gemachte Liebe. Und wenn ihr nicht mit Liebe, sondern nur mit Unlust arbeiten könnt, dann ist es besser, eure Arbeit zu verlassen und euch ans Tor des Tempels zu setzen, um Almosen zu erbitten von denen, die mit Freude arbeiten. Denn wenn ihr das Brot gleichgültig backt, so backt ihr ein bitteres Brot, das den Hunger der Menschen nicht einmal zur Hälfte stillt. Und wenn ihr mit Widerwillen die Trauben presst, so mischt euer Unwille ein Gift unter den Wein. Wenn ihr auch wie Engel singt, ohne den Gesang zu lieben, so macht ihr der Menschen Ohren taub für die Stimmen des Tages und die Stimmen der Nacht.«

KHALIL GIBRAN, AUS »DER PROPHET«

Lieben Sie das, was Sie tun? Lieben Sie Ihre Arbeit? Gehen Sie in Ihrer Arbeit auf? Spüren Sie Freude an Ihrer Arbeit? Sehen Sie einen tieferen Sinn in dem, was Sie tun, der Sie motiviert und antreibt? Würden Sie Ihrer Arbeit auch dann nachgehen, wenn sie nicht bezahlt wäre? Ich glaube, es gibt sehr viele Menschen, die diese Fragen mit Ja beantworten. Aber gehen diese Menschen auch zur Arbeit? Oder beantworten nicht gerade diejenigen diese Fragen mit Ja, die entweder ohnehin nicht bezahlt werden und/oder ihre Erfüllung im Tun außerhalb eines klassischen Berufs gefunden haben? Etwa Eltern, die ihre Kinder aufziehen, ehrenamtliche

Helfer und Helferinnen und Aktive in Vereinen, Kirchen und wohltätigen Vereinigungen oder einfach nur Menschen, die ihren Hobbies nachgehen?

Selbst die Vertreter der Generation Y, der man nachsagt, dass sie sich nicht mehr so konformistisch wie ihre Vorgänger-Generationen (unter anderem meine) an Unternehmen »verkaufen«, suchen meiner Erfahrung nach vor allem nach ausreichend Flexibilität und Freiheit, um das tun zu können, was sie außerhalb ihrer beruflichen Tätigkeit (eigentlich) tun möchten. So wurde in den zuletzt von mir geführten Einstellungsinterviews vonseiten der Bewerber und Bewerberinnen die Frage nach den Möglichkeiten und Freiheiten – flexible Elternzeit, längere Urlaube und Sabbaticals nehmen sowie von zu Hause aus arbeiten zu können – bald zur meistgestellten Frage.

Was aber ist mit der Arbeit, die in Unternehmen und anderen Organisationen stattfindet? Wie in der Einführung schon erwähnt, sagen dort 85 Prozent (!) der Mitarbeiter und Mitarbeiterinnen nach der Gallup-Studie, dass sie entweder schon innerlich gekündigt haben oder sich nur noch gering bis gar nicht an die Arbeit gebunden fühlen und nur noch »Dienst nach Vorschrift« machen. Angesichts dieser und der anderen oben bereits genannten Zahlen hinsichtlich der Zunahme von Burn-out und Mobbing, stressbedingten Ausfall- und Krankenzeiten liegt die Annahme nahe, dass die meisten Menschen ihre Arbeit nicht lieben und als sinnlos empfinden. Und »Arbeit, die Menschen als sinnlos empfinden, macht krank«[164]. Um diesen Eindruck bestätigt zu finden, muss man nur am Montagmorgen das Radio einschalten.

Arbeiten bis zur Selbstaufgabe

Die überwiegende Mehrheit gibt sich im Arbeitsleben – so scheint es – (früher oder später) selbst auf und verkauft sich, um im Dienste anderer Geld für den Broterwerb zu verdienen und/oder Karriere zu machen. Viele erbringen ihre Arbeit, weil sie einfach das notwendige Übel ist, um Geld zum Leben und für den eigenen Lebensunterhalt zu haben; und dies weitgehend unabhängig davon, wie hoch das tatsächliche Gehalt ist – denn wenn man Karriere macht, steigen die Lebenshaltungskosten oftmals genauso schnell (oder sogar noch schneller) als das Einkommen. Viele begeben sich so in einen ständigen Kreislauf von »mehr arbeiten – mehr verdienen – mehr besitzen wollen – mehr Geld benötigen – mehr arbeiten« und nichts scheint auf Dauer gut genug. Gerade bei den »Besserverdienenden« ist dies gut zu beobachten: Geld, Prestige und der materielle Wohlstand werden da oft auf der Suche nach persönlichem Glück zum Primärziel erhoben. Doch viele Studien zeigen, dass dies ein Trugschluss ist: Ab einem bestimmten Einkommen – das ausreicht, um die notwendigen menschlichen Bedürfnisse zu decken – steigt das wahrgenommene Glück nicht mehr durch ein Mehr an Geld. Im Gegenteil: Prestige- und Konkurrenzdenken sowie Missgunst führen sogar zu einem messbaren Rückgang an Glück, und daher leiden auch viele Top-Manager trotz ihres hohen Einkommens und vermeintlichen äußeren Erfolgs an innerer Leere, den zum Teil unmenschlichen Umfangsformen und einem Gefühl tiefer Sinn- und Freudlosigkeit in ihrer Arbeit.[165] Auf diese Weise führt der Materialismus nicht zum Glück, sondern beraubt den Menschen um seinen primären Antrieb – seine Empathie und Liebe.[166] Andere wiederum erbringen ihre Arbeit gerade deshalb, um Wertschätzung und Bestätigung zu erfahren, sprich um zumindest ein bisschen der Liebe zu bekommen, die sie sonst nicht finden.

Konformität und Selbstentfremdung

So ist das (Berufs-)Leben letztlich zu einem Investment geworden, bei dem sich ein Mehr an Fleiß, Bildung und Egoismus durch bessere Entlohnung, Status und Macht bezahlt macht – freilich stets mit der Gefahr des eigenen Scheiterns und der (Privat-)Insolvenz der »Ich-AG« verbunden. Auch ich fand mich im Konkurrenzkampf mit meinen ehemaligen Studienkollegen wieder – um die beste Position, die schnellste Karriere, das höchste Einkommen, den ersten Porsche. In Vorstellungsrunden beschrieb ich mich nicht mehr als Mensch, der ich bin, sondern vor allem auf Basis meiner bisherigen und derzeitigen Positionen und Rollen. So machte ich mich selbst – wie auch viele meiner Kollegen – zu einer Ware, die auf sozialen (Arbeitsplatz-)Medien im Selbstmarketing gleichsam wie ein Produkt beworben wurde.

Gerade in Bezug auf die derzeit geltenden Erwartungshaltungen, welche Eigenschaften eine Führungskraft mitzubringen habe, ist der Grad an Konformität enorm gewachsen und geradezu zu einem zentralen Wert geworden. Auch wenn diese Konformität gut versteckt wird hinter vermeintlicher Individualität und Freiheit, die sich primär auf die Wahl des Auto- und Smartphone-Herstellers oder des Urlaubsziels reduziert. Deshalb richten sich viele (so wie auch ich früher) in ihren berufsbezogenen Entscheidungen eher nach den Erwartungen anderer als nach den eigenen Neigungen. Dies geschieht vielmals auch, um einen »sauberen und konsistenten« Lebenslauf vorweisen zu können, um weiterhin Karriere zu machen, Bestätigung zu bekommen und immer mehr zu verdienen. Ich habe es selbst nicht anders getan und habe meine Arbeit zum unhinterfragten Lebensmittelpunkt gemacht. Denn Abweichungen von der Norm können im Haifischbecken der Wirtschaftswelt schnell das »Aus« für das eigene Weiterkommen bedeuten.

Dass der Mensch sich selbst zu einer Ware oder einer Marke macht, ist ein Prozess, der zur vollkommenen Selbstentfremdung des Menschen von seiner wahren Natur führt. Diesen Prozess beschreibt Erich Fromm sehr treffend in seinem Buch »The Sane Society« als Massenphänomen seiner Zeit, mit aus meiner Sicht unveränderter Gültigkeit:

»Die ›notwendige‹ religiöse Haltung ist, dass sich der Mensch leer und verarmt fühlt und auf die Gnade Gottes vertraut. Das heißt, er lebt in der Hoffnung, dass Gott einen Teil seiner eigenen Eigenschaften, die er in Gott gesetzt hat, zu ihm zurückbringen kann. Jeder Akt der submissiven Anbetung ist eine aktive Entfremdung und Götzendienst in diesem Sinne. Was oft als Liebe bezeichnet wird, ist oft nichts anderes als dieses götzendienerische Phänomen der Entfremdung – nur dass nicht Gott oder ein Götzenbild, sondern ein anderer Mensch auf diese Weise verehrt wird. (...) Der Prozess der Entfremdung, wie wir ihn in der modernen Gesellschaft finden, ist fast vollständig. Sie stellt das Verhältnis des Menschen zu seinem Werk, zu den Dingen, die er konsumiert, zum Staat, zu seinen Mitmenschen und zu sich selbst dar.«[167]

Wie aber kann man diesem Prozess der Selbstentfremdung entfliehen? Zunächst ist es meiner Ansicht nach notwendig, diese Selbstentfremdung und die damit verbundene Unfreiheit überhaupt erstmal als solche zu erkennen, um dann auf Basis dieser Erkenntnis einen eigenen Veränderungsprozess einleiten zu können. Denn schon Goethe wusste: *»Niemand ist hoffnungsloser versklavt als jene, die fälschlicherweise glauben, frei zu sein.«* Ich selbst war viele Jahre ohne jedes oder zumindest ohne ausreichend starkes »Störgefühl« in meinem Berufsleben aktiv, habe meine Zeit, Kraft und Anstrengungen klassischen Karrierezielen geopfert, wollte unbedingt bestimmte Positionen erreichen und habe mich den geltenden Spielregeln unterworfen. Sehr oft habe ich bei wichtigen Entscheidungen, die mein eigenes berufliches Weiterkommen betrafen, andere um Rat gefragt – wohlmeinende Freunde, Kollegen, Personalberater und Mentoren – oder mich sogar an ihnen im Sinne eines direkten Vorbilds, dem ich nachgeeifert habe, orientiert.

Wie oft habe ich aber über meine Arbeit und ihre Rahmenbedingungen geklagt, war voller innerem Widerstand, wenn beispielsweise das nächste Angebot geschrieben werden musste oder andere berufliche Herausforderungen anstanden. Sehr selten habe ich da wirklich tief in mich selbst hineingehört und mich gefragt, was ich »eigentlich« (wirklich) will und was mir beruflich Freude macht. Und wenn ich ehrlich bin, habe ich – selbst wenn ich hin und wieder mal in mich gehorcht habe – in der Regel keine wirkliche »innere Stimme« vernommen, die mir einen brauchbaren Ratschlag geben konnte. Stattdessen waren dort immer ganz viele konkurrierende Stimmen: Vor- und Nachteile, Gründe für und wider diese oder jene berufliche Entscheidung, die mich mitunter sehr unschlüssig gemacht haben. Oftmals standen auch nicht nur mein Egoismus und Narzissmus, sondern auch meine Loyalität diversen Vorgesetzten und anderen Autoritätspersonen gegenüber im Mittelpunkt meiner Überlegungen: Wie kann ich es wagen, diese durch meine eigene Entscheidung zu enttäuschen oder (vermeintlich) im Stich zu lassen?

Der Weg zur Liebe an der eigenen Arbeit

Der »Umbruch«, mein Drang zur Befreiung aus den klassischen Spielregeln, kam erst in den letzten beiden Jahren, auch im Kontext einer privaten Lebenskrise. Er kündigte sich vor ca. drei Jahren schon an, als ich aus der Unternehmensberatung auf die andere Seite des Schreibtischs gewechselt hatte. Schon bei diesem Wechsel hatte ich das Gefühl, dass ich dem System lieber ganz entfliehen möchte – zu diesem Zeitpunkt war die Zeit dafür allerdings noch nicht reif. Noch hatte ich nicht den Mut und die Entschlusskraft, den mir damals angebotenen Vertrag abzulehnen; dafür waren die Unsicherheit und auch die Angst, ein regelmäßiges Einkommen und die Chance auf ein berufliches Weiterkommen zu verlieren, einfach noch zu groß. »Wer bin ich denn, einen solchen Vertrag und eine solche Rolle abzulehnen?« – so hatte ich gedacht. Und im Nachhinein war es auch gut so, denn ich glaube, dass es erst dann möglich ist, etwas hinter sich zu lassen, wenn die Zeit dazu gekommen ist. Und dies ist erst dann der Fall, wenn man das, was man zurücklässt, wirklich kennengelernt hat; erst dann ist es auch möglich, es zu transzendieren.

An dieser Stelle habe ich bewusst einen etwas längeren »Ausflug« in meine eigene Biografie unternommen. Auf den ersten Blick erscheint es nämlich als vollkommen trivial, zu sagen, dass man seine Arbeit lieben bzw. mit Liebe verrichten sollte oder man sich einen Beruf suchen sollte, in dem man einen tieferen Sinn sieht und/oder bei dem man wahre Freude empfindet. Dies tatsächlich auch umzusetzen, ist jedoch weitaus schwieriger. Bei mir hat dieser Weg mehr als zwei Jahrzehnte gedauert.

Mir scheint, dass vor allem unsere Angst vor dem Unbekannten – genau wie auch vor unserer eigenen Freiheit (und die mit ihr verbundenen Verantwortung) – sowie der Konformismus, der uns anerzogen wurde und auf den wir konditioniert sind, dem im Wege stehen. Natürlich gibt es da auch die Angst davor, ohne das gewohnte Einkommen dazustehen und dennoch seinen Rechnungen bezahlen zu müssen. Aber sind wir mal ehrlich: Wie groß ist das Risiko in Deutschland, in eine wirklich existenzbedrohliche Krise zu geraten, wenn man eine nicht erfüllende Arbeit hinter sich lässt und sich in bester Absicht um eine Alternative bemüht? Und wie wahrscheinlich ist es, dass, wenn man sich ein Herz fasst und engagiert einen Beruf sucht, der einem wirkliche Freude und Sinn beschert, nicht fündig wird und dann auch wieder ausreichend verdient? Ist es nicht eher so, dass viele eher eine gewisse Phase der Unsicherheit sowie der Einschränkungen im eigenen Konsum scheuen und daher dort unerfüllt verharren und die Zeit absitzen, wo sie sind?

Sicherlich könnte ein würdevolles, bedingungsloses staatliches Grundeinkommen hier maßgeblich helfen, um den Druck, ein bestimmtes Einkommen erzielen zu müssen, zu reduzieren. Damit könnten Mitarbeiter und Mitarbeiterinnen vermutlich viel gelassener und mehr auf Augenhöhe mit Arbeitgebern entscheiden, ob sie die Arbeit wechseln möchten. Auch um ggf. sogar öfter zu wechseln und jeweils erfahren zu können, ob ihnen eine neue Arbeit zusagt bzw. sie diese mit Liebe verrichten können. Ich wäre sehr gespannt zu sehen, wie die Verhaltensauswirkungen eines solchen Grundeinkommens aussehen würden.

Der Weg zur Liebe an der eigenen Arbeit entpuppt sich so selbst als ein Weg der Liebe – und zwar vor allem auch der *Selbstliebe*. Ich bin fest davon überzeugt, dass sich, wenn sich Menschen immer mehr auf ihr wahres Selbst besinnen und sich selbst in der achtsamen Grundhaltung der Liebe begegnen, dreierlei grundlegend verändern würde:

- Erstens fänden wir durch eine so veränderte Grundhaltung der Liebe selbst mehr zu Freude und Sinn an der Arbeit. Sinn, Freude und Begeisterung an der eigenen Arbeit resultieren nämlich primär nicht aus dem, *was* wir äußerlich tun und verfolgen, sondern *aus welcher inneren Haltung* wir es tun. Dies wird sehr oft verwechselt: Denn egal, welche Arbeit man verrichtet, kann man sie (selbst die anspruchsvollste und spannendste Aufgabe) entweder aus einer Haltung der inneren Ablehnung und Abwehr heraus erfüllen oder (selbst die äußerliche stupideste und monotonste Arbeit) aus einer Haltung der präsenten Annahme und Hingabe tun.
  Dies ist sehr schön zu beobachten bei den umfangreichen Tätigkeiten, die Eltern, und vor allem Mütter, bei der Versorgung und Erziehung ihrer kleinen Kinder verrichten müssen. Die Tätigkeiten als solche (Windeln wechseln, umziehen, sauber machen, füttern) sind oftmals alles andere als angenehm, eher monoton und repetitiv, und die »Arbeitstage« sind weitaus länger als acht Stunden, inklusive unbezahlter Wochenendarbeit. Es ist also eine Arbeit, die nach allen Kriterien weder attraktiv noch gut bezahlt ist. Und dennoch wird diese Arbeit von den

meisten Eltern aus Liebe zu ihren Kindern und dem sich hieraus ergebenden Sinn oftmals sogar mit Freude erledigt – zumindest war es bei mir so. Wenn man also seine Arbeit lieben möchte, heißt das nicht (notwendigerweise), dass man eine andere Arbeit suchen sollte, die »mehr Sinn macht«. Denn die Liebe selbst ist der Sinnstifter – nur wenn es uns gelingt, eine Arbeit in der achtsamen Grundhaltung der Liebe zu verrichten, können wir lieben, was wir tun, und hierin Erfüllung finden. Dies kann durch äußere Umstände der Arbeit sicherlich beeinflusst werden – aber der Sinn entsteht nicht primär durch die äußeren Umstände, sondern den Grad der Präsenz und der Einstellung im Moment der Verrichtung der Arbeit. Dies zeigen auch die Ergebnisse der Arbeitsforschung, u.a. des bereits erwähnten Arbeitspsychologen Csíkszentmihályi: Die von ihm beschriebenen Flow-Zustände intensivster Freude und Motivation an der Arbeit korrelieren nicht mit der Art der Tätigkeit.[168] Genau in diesem Sinne sind für mich *»Liebe und Arbeit nicht voneinander zu trennen (...). Man liebt das, wofür man sich müht, und man müht sich für das, was man liebt.«*[169] *»Das Wesen der Liebe besteht darin, für etwas ›zu arbeiten‹ und ›etwas aufzuziehen‹.«*[170]

- Zweitens fänden wir, wenn wir in einer achtsamen Grundhaltung der Liebe unsere Arbeit verrichten, viel eher auch den äußeren Sinn unseres irdischen Daseins und Arbeitslebens (wenn wir an eine solche Zwecksetzung glauben). Doch von diesem Sinn kann unser Ego und Denken nichts wissen – daher ist auch der »Sinn des (Arbeits-)Lebens« nicht mit gedanklichen Abwägungsspielchen zu finden. Pro- und Kontra-Listen bei der Suche nach einer sinnerfüllenden Arbeit helfen nur wenig weiter, im Gegenteil hält uns das ständige Nachdenken um die bestmögliche Zukunft und den eigenen Zweck vielmehr im Status quo und in der Unsicherheit gefangen. Meine Erfahrung ist vielmehr die gewesen, dass man sich, wenn man sich zeitlich nicht unter Druck setzt und sich nicht von äußeren Erwartungshaltungen leiten lässt, verschiedene Rollen ausprobiert und so unterschiedliche Erfahrungen macht, immer mehr seinen eigenen Stärken und Neigungen und letztlich seiner wahren »Berufung« bewusst wird. Als ich mich auf einen solchen Erfahrungsprozess bewusst und in einer annehmenden Grundhaltung aufgemacht habe, stellte sich zunehmend für mich eine innere Klarheit darüber ein, welche Arbeit ich zukünftig (im Äußeren) verrichten und was ich aus einer tiefen inneren »Begeisterung« für die Sache selbst erledigen möchte, ohne äußeren Antrieb (beides untrügliche Indikatoren für Sinnerfüllung).[171] Und dies kann bei Ihnen die bisherige Tätigkeit, nur eben in einer anderen Qualität und Haltung, sein – oder eine ganz andere Tätigkeit. Und ich glaube, dies gilt unabhängig davon, ob man ein Buch schreibt oder als Berater, Buchhalterin, Führungskraft, Pflegekraft oder Verkäufer arbeitet.

- Drittens werden es in dem Maße, wie sich Menschen mit Selbstliebe begegnen, Unternehmen, die entmenschlichte Abläufe und Verhaltensweisen sowie negative Grundhaltungen und entsprechende Führungskulturen pflegen, immer schwerer haben, noch für Mitarbeiter und Führungskräfte attraktiv zu bleiben. So gibt es mittlerweile schon eine Reihe von Unternehmen, die trotz nachgefragter Produkte, mehr als ausreichender Finanzierungsbasis, und somit auch ausreichender Möglichkeit zur Bezahlung, Schwierigkeiten haben zu wachsen und so möglicherweise mittelfristig den eigenen Exitus befürchten müssen. Und zwar deshalb, weil ihnen immer mehr mündige und talentierte Mitarbeiter und Führungskräfte abhandenkommen und sie keinen Nachwuchs mehr finden – auch dank Arbeitgeber-Bewertungs-Plattformen wie Kununu.[172] Immer mehr talentierte Führungskräfte und Mitarbeiter entziehen sich den klassischen Positionen, dem überzogenen, kurzfristigen Gewinnstreben, der innerbetrieblichen Politik und dem typischen »Hamsterrad« gerade von Großunternehmen. Immer mehr hochqualifizierte und authentisch handelnde Menschen entfliehen – frustriert über die derzeitigen Rahmenbedingungen und Ego-Spielchen auf allen Ebenen – der heutigen Arbeits- und Unternehmenswelt. Gerade die Protagonisten der New-Work-Bewegung[173] legen hier zurecht den Finger in die Wunde der aktuellen Arbeits- und Führungsprozesse sowie der tayloristisch geprägten, stumpfsinnigen Arbeitsgestaltung.

Daher sehe ich im Interesse des eigenen Erfolgs Unternehmen aufgefordert, sich auf Menschen vorzubereiten, die immer weniger konformistisch und statusorientiert, sondern zunehmend authentisch und in Selbstliebe auf der Suche nach wirklich sinnvollen (äußeren) Zwecksetzungen und Arbeitsinhalten sind. In demselben Maße ist auch auf eine Arbeitsgestaltung zu achten, die Menschen mehr Möglichkeiten zur Sinnfindung, Eigenständigkeit und Selbstwirksamkeit im Unternehmen geben. Motivationsstudien, wie die des Massachusetts Institute of Technology (MIT) in Cambridge, haben gezeigt, dass, wenn das Überleben ausreichend gesichert ist, nicht mehr Geld, sondern Sinn der maßgebliche Motivationsfaktor ist, gefolgt von Autonomie (im Sinne von Eigenständigkeit und Handlungsspielräumen bei der Arbeitsgestaltung)[174] und Meisterschaft (im Sinne des intrinsischen Wunsches in einer bestimmten Profession immer besser zu werden bzw. der oder die Beste zu sein).[175]

Erfolgreiche Unternehmen wie Buurtzorg, eine niederländische Organisation für häusliche Altenpflege, die Hotelkette Upstalsboom, die Gutmann Aluminium Draht und der IT-Berater Maiborn-Wolff weisen hier den Weg.[176] Sie allesamt stellen den Menschen (wieder) in den Mittelpunkt des Unternehmens – und werden so nicht nur immer wieder von ihren Mitarbeitern und Mitarbeiterinnen zu den beliebtesten Unternehmen ihrer Branche gewählt, sondern sind auch stark wachsende und wirtschaftlich sehr erfolgreiche Unternehmen mit niedriger Fluktuation, deutlich niedrigerem Krankenstand und hohen

Bewerberzahlen. Dies ist umso wichtiger angesichts des demografischen Wandels und der veränderten Wertvorstellungen der Generation Y und der sogenannten Millennials. Dies hat unter anderem auch eine kürzlich von der Unternehmensberatung Deloitte durchgeführte Umfrage ergeben: Als Millennials gefragt wurden, was der Hauptzweck der Unternehmen sein soll, sagten 63 Prozent von ihnen, »die Gesellschaft verbessern« anstelle von »Gewinne generieren«.[177]

Ich bin davon überzeugt, dass auf diese Weise ein grundlegender Bottom-up-Transformationsprozess stattfinden wird, bei dem Unternehmen die Notwendigkeit erkennen, so zu wirtschaften und so Arbeit zu gestalten, dass sie von zunehmend achtsamen und sich selbst liebenden Menschen überhaupt noch für sie verrichtet wird. Und ich denke, dass gleichzeitig und spiegelbildlich der Einzelne aus einer achtsamen Grundhaltung der Liebe heraus zu mehr Sinn in der eigenen Arbeit und zu seinem äußeren Lebenszweck finden wird und kann. Die unweigerliche Zunahme an Arbeitsqualität und Produktivität wäre immens. Hierin sehe ich die Chance für einen grundlegenden Wandel der Unternehmenswelt, der meines Erachtens auch schon in vollem Gange ist. In diesem Sinne verstehe ich auch Butollo, wenn er schreibt: *»Die stille Veränderung der Denkform im Einzelnen ist es, was heute die Zivilisation vermutlich stärker beeinflusst als die Revolution der Denkinhalte. Die Anzeichen dafür sind kaum zu übersehen.«*[178] Auch baue ich darauf, dass sich diese Erkenntnis immer mehr auch bei Investoren und Aufsichtsgremien, insbesondere auch bei ihren Besetzungsentscheidungen von Vorstands- und Geschäftsführungsteams, durchsetzt.

LIEBE ZU MITARBEITERN, KOLLEGEN UND KUNDEN

»Das Gefühl der Isolierung und der Ohnmacht des heutigen Menschen wird durch den Charakter seiner menschlichen Beziehungen noch verstärkt. Die konkreten Beziehungen zwischen Menschen haben ihren unmittelbaren und humanen Charakter verloren. Stattdessen manipuliert man einander und behandelt sich gegenseitig als Mittel zum Zweck. In allen persönlichen und gesellschaftlichen Beziehungen gelten die Gesetze des Marktes. (…) Arbeitnehmer und Arbeitgeber benutzen sich gegenseitig zur Erreichung ihrer wirtschaftlichen Interessen; sie sind sich in ihrer Beziehung beide Mittel zum Zweck. Es handelt sich nicht um eine Beziehung zwischen zwei menschlichen Wesen, die an einander Interesse haben, abgesehen davon, dass sie sich gegenseitig von Nutzen sind. Die gleiche Instrumentalität beherrscht auch die Beziehung zwischen dem Geschäftsmann und dem Kunden. Der Kunde ist ein Objekt, das manipuliert werden muss, und keine konkrete Person, deren Wünsche der Geschäftsmann befriedigen möchte.«[179]

ERICH FROMM

Die hier von Erich Fromm sehr treffend beschriebene und gleichzeitig erschreckende Beziehungsqualität ist für das derzeitige Wirtschaftssystem charakteristisch, in dem Menschen ihre Arbeitskraft an andere Menschen und Unternehmen verkaufen. Nicht viel anders ist es in der Beziehung zu Kunden. Zugespitzt ausgedrückt nutzen sich Arbeitgeber und Arbeitnehmer sowie Kunde und Lieferant gegenseitig so gut wie möglich aus. Dabei ordnen sie sich als Arbeitnehmer und Arbeitnehmerinnen freiwillig gegen monetäre Entlohnung »unter« und setzen sich für einen Teil ihrer Lebenszeit der Weisung anderer Menschen aus, um sodann als Kunde oder Kundin das so Verdiente wieder konsumieren zu können – beide Rollen bedingen sich gegenseitig.[180]

Rollen und Beziehungen am Arbeitsplatz

Nachdem sich Menschen in Form von Arbeits- und Anstellungsverträgen »verkauft« haben, besetzen sie »Arbeitsplätze« und nehmen auf dieser Basis spezifische, unternehmensinterne Stellen und Rollen ein. Diese Stellen und Rollen innerhalb von Unternehmen beinhalten jedoch nicht nur ganz spezifische Erwartungshaltungen und Kompetenzzuweisungen, sondern auch kulturspezifische Glaubenssätze, moralisch-ethische Verhaltensnormen und vorgegebene Verhaltensmuster: beispielsweise die Rolle der »loyalen Mitarbeiterin für das Unternehmen«, des »kämpferischen Betriebsrats« oder des »eloquenten Verkäufers«. Die jeweiligen Rollen werden dabei sehr wesentlich durch innerbetriebliche Anweisungen sowie durch die spezifische Kultur des Unternehmens geprägt, in die neue Mitarbeiter und Mitarbeiterinnen im Prozess einer Sozialisierung »eingegliedert« werden.

Zum Teil gibt es sogar äußere Erkennungsmerkmale, die einzuhalten und mit bestimmten Rollen verbunden sind: so die »Uniform« oder auch »der dunkle Anzug«, der oftmals immer noch als notwendiger Kleidungszwang auf Führungsetagen vorherrscht. So existieren für fast alle Positionen in Unternehmen sehr konkrete Rollenvorstellungen, die zudem das Idealbild bzw. Normbild der Interaktionsbeziehungen vorgeben, mit dem sich die Menschen in ihren jeweiligen Rollen begegnen. Dieser Konformismus ist nach Fromm eine weitere psychologische Strategie, um mit der Angst aus dem Verlust primärer Bindungen – und der deshalb empfundenen Getrenntheit – umzugehen.

Dies drückt sich auch in den Beziehungen der Menschen untereinander aus, die, wie schon eingangs erwähnt, in unserer derzeitigen Unternehmenswirklichkeit im besonderen Maße einer

Zweck-Mittel- Rationalität unterliegen und letztlich in den schon einleitend erwähnten Zahlen – der hohen Rate an Unzufriedenheit mit der Arbeit, den hohen Fluktuationsraten, Fehlzeiten, Krankenständen und so weiter.

Auf Liebe basierende Beziehungen im Unternehmen

Ansatzpunkt für eine mögliche Veränderung dieser unzufrieden machenden Situation ist Verbesserung der Qualität der Beziehungen zwischen Menschen, die nach Sorokin von geradezu existenzieller Bedeutung sind; er unterscheidet drei verschiedene Formen der Beziehung und hebt dabei die besondere Bedeutung der *Liebesbeziehung* hervor:

> »Menschliche Beziehungen von miteinander interagierenden Individuen können auf Zwang basieren, wie die Beziehung von Meister und Sklave, (...), von Opfer und Sieger. Bindungen können auch vertraglich sein, wobei jede Partei auf freier Basis versucht, von den anderen Parteien so viel Vorteil wie möglich für so wenig Gegenleistung wie möglich zu erhalten – wie in der Beziehung zwischen Käufer und Verkäufer, freiem Arbeitnehmer und Arbeitgeber. Und es können soziale Bindungen aus Liebesbeziehungen bestehen, die um ihrer selbst willen gesucht und angestrebt werden. In einer Liebesbeziehung werden die Egos der Beteiligten frei zu einem ›Wir‹ verschmolzen. Jede Seite tut und gibt gerne alles für das Wohl der anderen Beteiligten. Es gibt weder einen Handel noch die Berechnung von Gewinnen, Freuden und Versorgungsleistungen.
> Es versteht sich von selbst, dass die feinste, edelste und glücklichste menschliche Gesellschaft eine durch Liebesbeziehungen verbundene Gesellschaft ist. Dies ist die freieste Gesellschaft, denn die eigentliche Bedeutung von ›Ich liebe es, hier zu sein‹ oder ›Ich liebe es, dies zu tun‹ oder ›Ich liebe es, ein Mitglied

davon zu sein‹ ist der höchste Ausdruck des freien Begehrens, Handelns und der Präferenz einer Person. Es ist die glücklichste Gesellschaft, weil das Lieben und Geliebtwerden die höchste Form des Glücks in menschlichen Beziehungen ist. Es ist die friedlichste und harmonischste Gesellschaft, es ist auch die kreativste, schönste und edelste. (…)
Eine Gesellschaft, die nur durch Zwangsbindungen miteinander verbunden ist, ist die schlimmste ›Gefängnisgesellschaft‹, durchdrungen von gegenseitigem Hass, der Freiheit beraubt, freudlos und trist. Die Gefangenen versuchen immer, vor ihr zu fliehen. (…) Die Vertragsgesellschaft ist viel besser als die Gefängnisgesellschaft, aber wenn sie der Liebesbeziehungen völlig beraubt ist, kann sie auch nicht lange erfolgreich überleben. Völlig egoistische Individuen, die sich gegenseitig ausnutzen, werden sich bald in einem gnadenlosen Existenzkampf, einer gemeinsamen Kalten und auch konventionellen Kriegsführung, dem Krieg aller gegen alle im Hobbesschen Sinne, wiederfinden. Im unbegrenzten freien Wettbewerb nutzen und unterwerfen die stärkeren Individuen bald die Schwächeren, die Gesellschaft ist gespalten in Reiche und Arme, die ›Vorgesetzten‹ und ›Untergebenen‹ hassen sich gegenseitig und die Gesellschaft verkommt früher oder später zu einem auf Zwang basierenden Gesellschaftstyp.
Nur die Stränge der Liebesbeziehung, die in die überwiegenden Vertragsbeziehungen verwoben sind, erwärmen die ansonsten kalte Gesellschaft, mäßigen ihren Existenzkampf und verhindern, dass sie zu einem Zwangsgefängnis wird. (…) Wenn die westliche kapitalistisch-vertragliche Gesellschaft derzeit in der Brandstiftung von Hass, Streben und Krieg zerbröckelt, ist einer der Gründe genau das Fehlen des notwendigen Minimums an Liebesbeziehung. (….) Die Liebesbeziehung ist nicht nur die höchste Form aller Beziehungen, sondern ist eine absolute Notwendigkeit für das harmonische Bestehen und Überleben einer sozialen Gruppe.«[181]

Dies kann ich auf Basis meiner eigenen Erfahrung nur unterstützen: Wie viel Potenzial steckt in jedem Unternehmen, das genutzt werden könnte, wenn es mehr Liebesbeziehungen (im hier definierten Sinne gäbe) und als Folge weitaus weniger Mitarbeiter und Mitarbeiterinnen gäbe, die bereits innerlich gekündigt haben! Einen um wie viel geringeren Krankenstand und wie viel weniger interne Grabenkämpfe um Macht und Einfluss würde es geben und außerdem weniger Vermeidungshaltung und Mobbing! Was hier mit Liebesbeziehungen gemeint ist, hat aber nichts mit den oftmals in Unternehmen anzutreffenden, beiderseits geheuchelten »Pseudo-Beziehungen« zwischen Mitarbeitern und Führungskräften oder zwischen Unternehmen und Kunden zu tun, die nach etablierten Verhaltensregeln, mit aufgesetzter Freundlichkeit und weitgehend unauthentischem Interesse am Gegenüber einhergehen. Wie aber soll man zu solchen Liebesbeziehungen in Unternehmen finden? Hierzu scheint mir neben dem, dass jeder Einzelne zu mehr Selbstliebe findet, zweierlei notwendig: zum einen, dass sich Menschen zunächst tatsächlich (wieder) als Menschen begegnen, und zweitens, dass sie sich mit Liebe begegnen – beides ist gerade mit Blick auf die heutige Unternehmensrealität beileibe keine Selbstverständlichkeit:

Dem anderen wirklich als Mensch begegnen, statt in Rollen und Projektionen zu verharren

Wie bereits ausgeführt, nehmen Menschen in ihren Interaktionsbeziehungen in Unternehmen verschiedene Rollen ein und begegnen sich auf dieser Basis in bestimmten Mustern, so zum Beispiel eine Mitarbeiterin der Personalabteilung im Kontakt mit einem Bereichsleiter, der sein Team verstärken will. Beide spielen ihre Rolle: Die Mitarbeiterin aus der Personalabteilung hinterfragt die Notwendigkeit der Stelle, hilft, nachdem sie mit ausreichend Argumenten versorgt ist, bei der Besetzung etc. Die Tatsache, dass diese Interaktion spezifischen, rollenbasierten Interaktionsmustern folgt, ist relativ leicht nachzuvollziehen. Grundlegender jedoch scheint mir, dass in diesen Interaktionsbeziehungen – unabhängig von den eigenommenen Rollen – regelmäßig und unbewusst das konstruierte *Bild* von einem anderen Menschen mit dem verwechselt wird, wer der andere Mensch seinem Wesen nach wirklich ist. Dies geschieht in fast allen zwischenmenschlichen Interaktionen, sowohl in Paarbeziehungen als auch im Kontext sämtlicher beruflichen Interaktionen – zwischen Mitarbeitern, Führungskräften und Kollegen genauso wie mit Kunden. Diese Verwechslung in der Tiefe zu verstehen, scheint mir für eine grundlegende Weiterentwicklung der Interaktionsqualität in Unternehmen hochgradig bedeutend:

Genauso wenig wie das Selbstbild, welches wir von uns »selbst« kreieren und das nur auf Basis unserer gedanklichen Trennung entsteht (dies hatte ich bereits weiter vorn ausgeführt), existiert das Bild, welches wir uns von einem anderen Menschen machen. Es ist eine ebensolche Konstruktion bzw. das Produkt unserer bewussten oder unbewussten Gedanken über einen anderen Menschen. Diese Konstruktion besteht zwar nur aus Vorstellungen über den anderen Menschen, diese kommen uns aber sehr »echt« vor, da es sich um unsere eigene Wahrnehmung der Wirklichkeit handelt, wie auch schon die sogenannten Konstruktivisten aufgezeigt haben – es ist ebenfalls eine *Illusion*.

Wir treten also nicht nur auf Basis von sozialen Rollen mit anderen in Kontakt, sondern zudem auch vor dem Hintergrund der von uns konstruierten Bilder unseres Gegenübers – unserer Partner, Mitarbeiter, Kollegen und Vorgesetzten. Das heißt, in der Regel sind wir mit unserem Gegenüber nie wirklich direkt in Kontakt, sondern immer nur mit dem Bild, das wir uns von ihm gemacht haben – und oftmals sagt das Bild, welches wir uns über eine andere Person machen, mehr über uns selbst als über die andere Person aus. Es seien die Bilder, die untereinander Beziehungen haben, nicht die wirklichen Menschen, drückte es Jiddu Krishnamurti aus.[182] Diese Konstruktion von Bildern findet statt, sobald wir einem anderen Menschen erstmals begegnen, d.h., wir kreieren in den allerersten Momenten der Begegnung sofort und fast reflexhaft ein Bild von ihm, zum Beispiel in der Situation eines Bewerbungs- oder Akquisegesprächs.

In den unzähligen Bewerbungsgesprächen, die ich bisher in meinen verschiedenen Rollen geführt habe, war es fast ausnahmslos so, dass ich meine Entscheidung über das »passt« oder »passt nicht« im Grunde bereits nach wenigen Momenten des Austauschs getroffen hatte. Da wir diese Bilder und Bewertungen von anderen automatisch und zum Teil in Sekundenbruchteilen konstruieren, ist es nicht verwunderlich, wenn diese Konstruktionen eine Vielzahl von unbewussten Annahmen, falschen Überzeugungen und eigenen Projektionen enthalten. Hierauf wies auch schon der Psychologe Daniel Kahnemann sehr eindrücklich hin: Er zeigte unter anderem auf, dass – entgegen der landläufigen Meinung – anonymisierte Verfahren in Bewerbungsprozessen überraschenderweise bessere Einstellungsentscheidungen produzieren als persönliche Bewerbungsgespräche.[183]

Oftmals ist es so, dass ein Gegenüber besonders dann anziehend auf uns wirkt, wenn er oder sie unbewusst vertraute Erinnerungen an eine andere Person (z. B. uns selbst, eine frühere Führungskraft, einen geschätzten Kollegen, einen Freund, den Vater oder die Mutter) weckt; und dies geschieht zum Teil sogar unabhängig davon, ob diese Erinnerungen positiv oder negativ sind – sie sind auf jeden Fall »vertraut«. Oftmals ziehen uns Menschen auch deshalb an, weil sie uns nicht nur die Vertrautheit, und damit die vermeintliche Sicherheit, einer bekannten Beziehung spüren lassen, sondern uns gleichzeitig auch die Möglichkeit geben, noch offene Themen dieser früheren Beziehung zu bearbeiten. Solche sich wiederholenden Muster nennt man in der Gestalttherapie auch eine »offene Gestalt«, die wir so oft wieder und wieder erzeugen, bis wir den Konflikt mit dieser früheren Person gelöst haben.

Meist nimmt die Bearbeitung dieses alten Konflikts darin seinen Anfang, dass wir früher oder später damit beginnen, die »negativen« Eigenschaften der anderen Person abzulehnen, und zwar genau diejenigen, die wir auch schon aus der früheren Beziehung mit einer anderen Person kennen.

Manchmal ist es aber auch so, dass uns Menschen anziehen, die genau unsere polare »Dualität leben«, d.h., das Gegenteil unserer eigenen Eigenschaften aufweisen (z. B. »zurückhaltend« vs. »weltoffen«, »rational« vs. »emotional«). Dies führt – da wir die Interaktion mit einem anderen Menschen mit unseren eigenen Bildern beginnen – so oder so mit der Zeit zu »Enttäuschungen«: Wir haben uns bei unserer Wirklichkeitskonstruktion getäuscht und haben falsche Annahmen über den anderen getroffen. Die Tatsache aber, dass wir uns in unserer Wirklichkeitskonstruktion in dem anderen Menschen »getäuscht« haben, lasten wir dann zumeist dem anderen statt uns selbst an (und fühlen uns obendrein von ihm »enttäuscht«); jener Mensch entsprach also nicht den eigenen Erwartungen. Noch schlimmer wird es, wenn wir eine andere Person für die Eigenschaften ablehnen, die wir selbst in sie hineinprojiziert haben – in der Regel Eigenschaften, für die wir uns selbst ablehnen.

An dieser Stelle will ich einhalten, weil schon sehr viel über das Thema Projektionen und seine Folgen geschrieben worden ist. Es bleibt aber festzuhalten, dass ein zentrales Problem unserer aktuellen Unternehmensrealität damit zu tun hat, dass sich Menschen nicht nur recht unreflektiert in ihrer jeweiligen Rolle begegnen, sondern diese Begegnung auch noch und auf noch weniger reflektierte Weise mit den von ihnen konstruierten Bildern stattfindet, was dann zu unzähligen Konflikten untereinander führt. So sind die Beziehungen und zahlreichen Konflikte in den Unternehmen letztlich Resultat der Begegnung (und oftmals auch des Kampfes) von Menschen, die beiderseits spezifische Rollen einnehmen und sich dabei gedankliche Bilder konstruieren: Ein konstruiertes »Selbstbild« steht in Kontakt mit dem konstruierten »Bild« eines anderen Menschen, auf der Basis von Rollenvorbildern, und genauso umgekehrt – das klingt ziemlich gruselig und wenig authentisch. Was aber wäre, wenn dies von den Beteiligten bewusst transzendiert werden könnte und sie beginnen würden, sich mit ihrem wahren Wesen zu begegnen? Wie könnte das gelingen?

Das Gegenüber annehmen (d.h. lieben)

Einen anderen Menschen zu lieben impliziert, ihm in seiner Ganzheit zu begegnen und ihn ganz anzunehmen. Dies hat aber nichts damit zu tun, das *Bild*, welches ich mir von dem anderen gemacht habe, durch einen willentlichen Entschluss anzunehmen – verbunden mit dem Ausruf: »Er ist halt so!« Innerlich würden wir den anderen dennoch ablehnen, da nützt auch keine Willensanstrengung. Ich glaube, wir alle kennen dies – und es hat nichts mit Liebesbeziehungen zu tun.

Es ist meiner Erfahrung nach auch nicht möglich, das gedanklich konstruierte und mit entsprechenden Emotionen aufgeladene Bild eines anderen durch einen »bewussten gedanklichen Entschluss« willentlich verändern zu wollen. Ein solcher willentlicher Entschluss bzw. Vorsatz würde nichts an den unbewussten Gedanken, Haltungen und vor allem den Emotionen verändern, die wir in der eigenen Interaktionshistorie mit einem anderen Menschen diesem gegenüber entwickelt haben. Wir können also nicht »so tun, als ob« wir einen anderen Menschen »okay« finden und ihn mögen, wenn dies auf Basis eigener Emotionen, Wirklichkeitskonstruktion und Bilder eben nicht so ist (genauso wie ich auch mich selbst nicht »okay« finden kann, wenn es in Wirklichkeit eben nicht so ist). *Genau in dieser Illusion, »so tun zu können, als ob«, leben viele Führungskräfte und wirken daher nicht authentisch, unglaubwürdig und letztlich nicht vertrauenswürdig.*

Die einzige Möglichkeit zur wahrhaften Annahme von anderen besteht – analog zu meinen Ausführungen zur Transzendenz des gedanklichen »Selbst« – darin:

- erstens die Täuschung, d.h. den eigenen Wirklichkeitskonstruktionsprozess und den damit verbunden »Tunnelblick«, zu transzendieren und damit die grundsätzliche »Nicht-Existenz« bzw. Illusion der von uns geschaffenen Bilder zu erkennen (sowie die darin enthaltenen Projektionen) und
- zweitens aus dieser Erkenntnis und dem Wissen, dass der andere mit uns auf vielerlei Ebenen letztlich eins ist, unser Gegenüber voll und ganz anzunehmen. Denn selbst in einem emotional aufgeladenen Konflikt in dem beide Seiten vehement jeweils eine Seite der Polarität vertreten, bilden beide stets eine Einheit in Zweiheit.

Aus diesem tiefen Verständnis des Einsseins und der wahren Natur unseres Gegenübers als eines nicht von uns getrennten, sondern im Menschlichen und Göttlichen verbundenen Wesens, können wir diesem Gegenüber mit Liebe statt mit Beurteilung begegnen – dies wird auch als *Vergebung* bezeichnet. Vergebung ist ein Akt der Liebe, sie ist das Gegenteil von Verurteilung.[184] Es ist, wenn Sie so möchten, die »Maximalausprägung« einer fehlertoleranten Kultur.

Nur so können wir zu dem Menschen, wie er oder sie wirklich ist, vordringen, die Bilder, die wir uns von anderen gemacht haben, hinter uns lassen und unserem Gegenüber, dem anderen Menschen, wirklich und in seiner Ganzheit begegnen. Auch unser Gegenüber hat ein wahres Selbst, das Teil des göttlichen Ganzen ist – seien es unsere Mitarbeiter, verhasste Kollegen oder Führungskräfte (und natürlich auch private Beziehungspartner).

Einen anderen Menschen so anzunehmen, wie er ist, und ihm zu vergeben erfordert, willens und in der Lage zu sein, diesem von Moment zu Moment in einer achtsamen Grundhaltung der Liebe entgegenzutreten – was wie schon weiter oben ausgeführt, weit mehr als eine rein kognitive Einsicht des Einsseins erfordert. Dann kann sich in der oben beschriebenen Weise nach Frederickson »Positivitätsresonanz« einstellen, »Mikromomente« der Liebe können stattfinden. Diese Form einer Liebesbeziehung kann zwischen allen Menschen stattfinden, und damit selbstverständlich auch zwischen Kollegen und Führungskräften sowie mit Kunden – sie hat nichts mit Verliebtheit oder romantischer Liebe zu tun. Sie ist vielmehr die Basis für eine wirklich produktive Beziehung zwischen Menschen, bei der in Freiheit ein Gefühl der Einheit entsteht, ohne den anderen in seinem »Sosein« verändern zu wollen.

Liebesfähige Führungskräfte

Dies impliziert, dass *authentische und glaubwürdige Führung notwendigerweise ein hohes Maß an Reflexion, Selbsterkenntnis und vor allem eigener Liebesfähigkeit* erfordert. Als Führungskraft kann ich einen anderen Menschen, eine Mitarbeiterin oder einen Kollegen, nur dann so annehmen, wie sie oder er »ist«, wenn ich *selbst* liebesfähig bin, d. h., die Fähigkeit habe, mir selbst in einer achtsamen Grundhaltung der Liebe zu begegnen. Wenn Führungskräfte hingegen diese Fähigkeit nicht besitzen, kann keine Liebesbeziehung entstehen. In diesen Fällen jedoch liegt die Ursache für das Ausbleiben der Liebesbeziehung und das »Nicht-Annehmen« bei der Führungskraft selbst, ihrem Mangel als Selbstliebe, nicht aber bei der anderen Person. Es ist nicht die »Schuld« des anderen, dass die Liebesbeziehung nicht gelingt und somit die produktivste aller Arbeitsbeziehungen nicht möglich ist.

Einen Mitarbeiter »so anzunehmen, wie er ist«, heißt im Übrigen nicht, ihm keine Vorgaben mehr zu machen oder sein Verhalten vollständig zu akzeptieren, ihm quasi alles »durchgehen« zu lassen. Dies wiederum wäre ein vollkommen falsches Verständnis des Annehmens. Vielmehr geht es darum, dem anderen achtsam und gegenwärtig in seinem Menschsein in der Grundhaltung der Liebe zu begegnen und ihn als Mensch zu achten, anstatt ihn aufgrund bestimmter Verhaltensweisen (bzw. Verhaltensfehler) oder fehlender Eigenschaften in seinem Menschsein abzulehnen oder zu beurteilen. Wenn es gelingt, den anderen mit Liebe in seiner

»Ganzheit« wahrzunehmen, fällt sogar oftmals schon ein Teil der Kritik an ihm ab (und entlarvt sich sogar oftmals ggf. als eigentliche Kritik an sich selbst – Projektion!). Aber natürlich kann ich und sollte ich dann ihm gegenüber immer noch das von mir als fehlerhaft oder unangemessen wahrgenommene Verhalten ausdrücken – bis hin zu dem Punkt, mich von dem Mitarbeiter zu trennen. In Liebe, respektvoll und in Würde aus der eigenen Wahrhaftigkeit und mit Klarheit andere auf ihr Fehlverhalten hinzuweisen, ist genau das Gegenteil von Harmoniebedürftigkeit und einer meist angstgetriebenen Konfliktscheu.

Wenn es mir jedoch als Führungskraft aufgrund fehlender Liebesfähigkeit nicht gelingt, andere wahrhaft anzunehmen, so wie sie sind, ihnen zu vergeben und ihnen auf vollkommen menschliche Weise mit eigener Wahrhaftigkeit zu begegnen, ist es Zeit, an der eigenen Selbsterkenntnis und persönlichen Weiterentwicklung zu arbeiten. Denn aktuelle Studien, u.a. von Google, belegen, dass diese Fähigkeit, »Coach« zu sein, der wichtigste Faktor ist, den eine erfolgreiche Führungskraft ausmacht. Mitarbeiter und Mitarbeiterinnen wünschen sich Führungskräfte, die nicht »mikromanagen«, sondern sich Zeit nehmen, sich für ihre Belange interessieren und sie aus einer authentischen, empathischen und mitfühlenden Haltung heraus, d.h. wie Menschen, behandeln. Klassisches »Expertenwissen« steht an letzter Stelle in diesem Ranking.[185] Reine Führungserfahrung ausgedrückt in Jahren macht nach einer empirischen Studie von Kanning/Fricke noch keine bessere Führungskraft – dies ist für viele sicherlich überraschend.[186]

Eine Kultur der Liebe in Unternehmen

Aus der Grundhaltung der Liebe heraus findet wirkliche Begegnung von Menschen in Unternehmen statt, das bedeutet auch achtsame Kommunikation und wirkliches Zuhören – »wahrhaftiges Reden« – in alltäglichen Konversationen, Meetings, Beurteilungs- und Entlassungsgesprächen. Dann herrschen tatsächlich Authentizität, Glaubwürdigkeit, Vertrauen und Wertschätzung, die sich aus einer tieferen Quelle speisen als aufgeschriebene Normen und Werte. Nur durch die Liebe gelingt es, eine wirklich produktive (Arbeits-)Beziehung aufzubauen, da nur sie es schafft, Getrenntheit zu überwinden und Einheit herzustellen, ohne den anderen in seiner Freiheit und in seiner Individualität zu beschränken. Liebe ist die Grundlage für gute und produktive Beziehungen in Unternehmen und sollte daher unbedingt also solche benannt und kultiviert werden.

Aus diesem Grund bin ich von der These überzeugt, dass der Grad der Liebesfähigkeit, und damit der Fähigkeit zur Vergebung, direkt positiv korreliert mit der »Effektivität« einer Führungskraft; und die hier zitierten Studien scheinen dies auch zu belegen. Wie viel produktiver könnten also Arbeitsbeziehungen von Führungskräften und Mitarbeitern sein, wenn es ihnen gelänge, sich stets in einer Grundhaltung der Liebe zu begegnen, ohne sich von den vielen konstruierten Bildern (von sich selbst und anderen) täuschen zu lassen? Und wie viel erfolgreicher wären dann die Unternehmen, für die sie arbeiten, wenn diese von Liebesbeziehungen im vordefinierten Sinne durchzogen wären? Ich glaube, hier gibt es noch ungeahnte Potenziale! Und gleichzeitig noch unendlich viele Hürden, wie mir scheint, auf dem Weg dahin – unter anderem dass dies, was ich gerade geschrieben habe, nicht mehr als esoterischer Blödsinn disqualifiziert wird.

Auf Liebe basierende Beziehungen zu Kunden

Auch in Bezug auf Kunden und Lieferanten gilt aus meiner Sicht dasselbe, was ich auch schon in Bezug auf Mitarbeiter und Kollegen ausgeführt habe: die Notwendigkeit, die vertraglichen Beziehungen zu Kunden zu Liebesbeziehungen im vordefinierten Sinne werden zu lassen oder doch zumindest diese mit Liebesbeziehungen zu »durchweben«.[187] Denn auch wenn »Kunden Unternehmen beauftragen« und »Unternehmen mit anderen Unternehmen in

Geschäftsbeziehungen stehen«, geht es letztlich doch immer um die *Beziehungen zwischen Menschen* – auch wenn diese sich hinter solchen abstrakten Formulierungen, Firmennamen und sonstigen äußeren Umständen verstecken mögen. Doch auch die Beziehungen und Interaktionen zwischen Lieferanten und Kunden sind derzeit – entgegen zum Teil anders lautender Werbeslogans – zumeist rein vertragsbasierte, *transaktionale Beziehungen,* bei denen beide Seiten auf Maximierung ihres »Profits« bei gleichzeitiger Minimierung der »Gegenleistung« hinarbeiten. In den B2B-Beziehungen, mit auf beiden Seiten hochoptimierten und geschulten Einkaufs- und Vertriebsabteilungen, gibt es hieran ohnehin keinen Zweifel.

»Kunden- und mitarbeiterorientiert« zu sein – was viele Unternehmen zumindest derzeit in der Außendarstellung von sich behaupten – darf nicht missverstanden werden. Ich glaube entgegen vieler Lippenbekenntnisse, dass viele Unternehmen weder den Kunden noch den Mitarbeiter wahrhaft in den Mittelpunkt stellen bzw. versuchen, dies in aller Konsequenz leben. Vielmehr sind in den meisten Unternehmen Kunden und Mitarbeiter letztlich Mittel zum Zweck. Und der eigentliche Zweck besteht darin, Umsätze und (kurzfristig) Gewinne zu maximieren, Börsenkurse zu stabilisieren, z.B., um »feindlichen Übernahmen« (englisch: *hostile takeovers*) zuvorzukommen, vorgegebene Wachstums- und Absatzziele zu erfüllen oder den Erwartungen von Investoren gerecht zu werden. Außerdem spielen die dahinter liegende Angst, Gier und der Wunsch des Machterhalts als emotionale Triebfeder der beteiligten Führungskräfte, Eigener und Investoren eine enorme Rolle. All diese Gründe führen nach meiner eigenen Erfahrung in unterschiedlichem Ausmaß und Kombination dazu, dass nicht der Kunde und auch nicht der Mitarbeiter wahrhaft im Mittelpunkt stehen, auch wenn es anders in Kulturstatements und Jahresberichten geschrieben steht.

Im Tagesgeschäft zeigt sich, ob zugunsten des Kunden oder zugunsten der Gewinnmaximierung entschieden wird bzw. ob

Produkt-, Wachstums- und Absatzziele wichtiger sind als die Belange der Kunden. Mitarbeiter beobachten sehr genau, wie sich das (Top-)Management im Zweifel entscheidet: Wird die Komplexitätsreduktion, um für Kunden ein übersichtlicheres Sortiments- oder Preisgefüge zu schaffen, aus Angst vor Umsatzverlust immer wieder hinausgeschoben? Wird im Konfliktfall dem Kunden der Vorrang gegeben oder ist die Einhaltung von internen Zielen, Regeln und Strukturen wichtiger? Setzen sich Einzelne und Subgruppierungen mit Partikularinteressen durch, die als wichtiger gelten als kundenrelevante Überlegungen? Wird kurzfristigen Maßnahmen aus Angst vor einem Quartalsverlust der Vorrang gegeben gegenüber mittel- und langfristigen Maßnahmen, die einen höheren Kundennutzen hätten? Dies sind nur einige, beispielhafte Fragen aus dem Unternehmensalltag, die bei genauerer Betrachtung sehr genau Aufschluss darüber geben, wie sehr der Kunde im Mittelpunkt steht – und oftmals tut er dies eben nicht. Gleiches gilt für Mitarbeiter.

Rückkehr zum primären Zweck eines Unternehmens

Aber sowohl in der gelebten Finanz- und Realwirtschaft wie auch in der Lehre wurde aus der Gewinnerzielungsabsicht der Zweck des Wirtschaftens gemacht, und entsprechend der Mensch zum Mittel. Das eigentliche Mittel, den »Gewinn«, zum zentralen Zweck zu erheben und die entsprechende Umsetzung in Form von gewinnorientierten Kennzahlen und monetären Ziel-KPIs[188], an denen der Erfolg von Unternehmen, Bereichen und Führungskräften in immer kürzeren Zyklen gemessen wird, führt meiner Ansicht nach zu unübersehbarem und zumeist kurzsichtigem Fehlverhalten. Dies ist insbesondere und gerade auch dann der Fall, wenn immer wieder das monetäre Quartalsergebnis im Vordergrund steht: Wenn der kurzfristige Gewinn (oder andere monetäre Kennzahlen) zum zentralen Ziel, zum ersten Zweck des Unternehmens und zum zentralen

Thema der Unternehmensführung gemacht werden, fördert dies automatisch ein Verhalten, das dem eigentlichen und primären Zweck eines Unternehmens – der Stiftung echten Nutzens für Menschen (Kunden und Mitarbeiter) – früher oder später widerspricht. Hierauf hat auch Erich Fromm schon 1955 in seinem Buch »The Sane Society« hingewiesen, ohne dass sich seitdem viel daran verbessert hätte – im Gegenteil![189] Aber dies war keineswegs schon immer so und muss daher natürlich auch nicht für immer so sein, wie Erich Fromm an anderer Stelle ausführt:

> »Im Mittelalter war das Kapital der Diener des Menschen, in dem neuzeitlichen System ist es zu seinem Herrn geworden. In der mittelalterlichen Welt war die wirtschaftliche Betätigung ein Mittel zum Zweck; dieser Zweck war das Leben selbst, oder – nach der Lehre der katholischen Kirche – das spirituelle Heil des Menschen. Eine wirtschaftliche Betätigung war notwendig, auch der Reichtum kann zu Gottes Zwecken dienen, aber alles weltliche Tun und Treiben hatte nur insoweit Bedeutung und Rang, als es diesen übergeordneten Zielen des Lebens diente. Die wirtschaftliche Betätigung und das Streben nach Gewinn um ihrer selbst willen wären dem mittelalterlichen Denken ebenso unvernünftig erschienen, wie es uns heute unvernünftig vorkäme, wenn sie nicht vorhanden wären. Im Kapitalismus wurde die wirtschaftliche Betätigung, der Erfolg und der materielle Gewinn zum Selbstzweck.«[190]

Und was hat das mit Liebe zu tun? Aus meiner Sicht sehr viel, denn die Intention der Liebe – so sie denn eine hat – besteht nach Luhmann genau darin, anderen »etwas zu geben«, »zu dienen«, »Menschen dienlich« und im besten Sinne »zu Nutzen« zu sein, ohne die eigenen Interessen in den Vordergrund zu stellen. So gesehen besteht der *ursprüngliche Zweck, der tiefere Sinn eines Unternehmens, letztlich darin zu lieben,* d.h. in diesem besonderen Sinne, Menschen und eben auch Kunden etwas zu geben, zu dienen, für sie daher einen wirklichen Nutzen zu erbringen bzw. etwas für sie zu leisten – dies steckt auch noch als Kern in dem alten Wort »Dienst-Leistung«.[191] Seine Kunden wahrhaft zu lieben und nicht nur darüber zu reden, würde unter anderem in aller Konsequenz für mich bedeuten:

- dass in Verkaufsgesprächen und anderen »Touchpoints« – sei es am Telefon, in Verkaufspräsentationen oder an der Ladentheke – Menschen mit Menschen interagieren und diese sich in einer achtsamen Grundhaltung der Liebe füreinander öffnen. Hierzu gehört (beiderseits), sich aufmerksam zuzuhören und in einer wertschätzenden und respektvollen Weise zu verhalten. Jedoch ist nicht damit gemeint, vorgefertigte Telefonscripts abzuarbeiten, ein aufgesetztes und geschultes Lächeln auf den Lippen zu haben und den anderen überreden zu wollen, ihn zu manipulieren oder nicht zu Wort kommen zu lassen. Oder würden Sie so mit ihren Freunden umgehen, wenn Sie etwas von ihnen wollen?
- dass anrufende Kunden nicht in telefonischen Warteschlangen ihre Zeit vergeuden und sich mit automatisierten Anruf-Computern herumschlagen müssen, sondern möglichst persönlich mit ihnen gesprochen wird, wenn dies gewünscht ist. Und dazu gehört auch, dies nicht zu unterschiedlichen Kosten abhängig zu machen davon, ob der Grund des Anrufs die Neukundengewinnung oder ein allgemeiner Service ist.
- dass Verkaufsgespräche nicht von der eigenen Bedürftigkeit getragen sind und mit dem eigennützigen Ziel, »etwas verkaufen zu wollen«. Vielmehr sollte dieses Gespräch mit der Vorstellung geführt werden, die eigenen Leistungen dem potenziellen Kunden möglichst objektiv zu präsentieren, damit er oder sie sich

selbst ein Bild davon machen kann, ob diese den eigenen Vorstellungen entsprechen. Wer etwas wirklich Nützliches anzubieten hat, der braucht im engeren Sinne nichts zu »verkaufen« – »es verkauft sich von selbst«. Alles andere führt über kurz oder lang zu Unzufriedenheit bei Kunden.

- dass Kunden nicht mit undurchsichtigen AGBs und Nutzungsverträgen, die schon allein aufgrund umständlicher und juristischer Formulierungen ohnehin niemand lesen und verstehen kann, darüber im Unklaren gelassen werden, worauf sie sich bei einer Zustimmung eigentlich einlassen (und sie so überrumpelt werden). Wissen Sie übrigens, welchen Nutzungsrechten an Ihren Daten Sie zuletzt zugestimmt haben?
- dass es natürlich genauso schnell und einfach gehen muss, einen Vertrag zu kündigen bzw. zu stornieren, wie ihn abzuschließen, und nicht Regularien und Szenarien aufgebaut werden, die es für Kunden fast unmöglich machen, aus einer eingegangenen Kundenbeziehung wieder herauszukommen (selbst wenn er oder sie die Leistung gar nicht mehr abruft/abrufen kann).
- dass Beschwerden und Reklamationen menschlich und mit der Grundhaltung der Liebe begegnet wird und man dabei genauso aufmerksam ist, wie zuvor beim ursprünglichen Verkauf der Produkte. Denn in den Beschwerden und Reklamationen der Kunden (wenn sie nicht in betrügerischer Absicht vorgetragen werden, was sicher auch vorkommt) liegt genau das Feedback, das Sie benötigen, um langfristig erfolgreich zu sein – da Sie Ihr primäres Ziel, Kundennutzen zu stiften, offensichtlich noch nicht erreicht haben.
- dass Werbung natürlich weiterhin sinnvoll und angemessen ist, um auf sich und sein Angebot aufmerksam zu machen, aber alle Formen manipulativer Werbung, beispielsweise um Bedürfnisse und Konsumwünsche zu wecken, die ohne diese Werbung überhaupt nicht vorhanden wären, eingestellt werden.

- dass analog der Kampf um Marktanteile eingestellt wird, der rein vom Interesse an kurzfristiger Gewinnmaximierung getrieben ist, nicht aus Gründen der langfristigen Nutzenoptimierung.
- dass Forschung- und Entwicklungsinvestitionen überwiegend in wirklich grundlegende Innovationen und Neuerungen umgelenkt werden – statt sie in inkrementelle Produktverbesserungen zu stecken, wenn sie von dem Ziel angetrieben sind, (kurzfristige) Gewinn- und Absatzsteigerungen durch vermeintliche Neuerungen möglich zu machen. In diesem Sinne sagte auch der bekannte Designer Phillip Stark in einem Interview: *»Ein Gerät ist schön, wenn es nützlich ist, und es ist hässlich, wenn es unbrauchbar ist. Daran wird kein Designer etwas ändern. (...) Wenn es den Bedarf für ein Gerät gibt und wenn Sie es wirklich brauchen, dann ist es schön. Wenn dagegen dahinter nur der Wunsch steht, es zu verkaufen oder Geld damit zu verdienen, ist es strukturell hässlich. Das hat nichts mit Design zu tun.«*[192]
- dass letztlich sogar zunehmend die Herstellung von Produkten (proaktiv) beendet wird, die keinen wirklichen Kundennutzen erfüllen oder bei denen der Kundennutzen in keinem günstigen Verhältnis zu den Folgen der Produktion oder des Konsums der Produkte steht für die Kunden selbst, die Mitarbeiter, die Gesellschaft, andere Geschöpfe und die Umwelt. Eher sollten sie durch innovative Neuerungen ersetzt werden, anstatt sie weiterhin im Interesse der Gewinnmaximierung voranzutreiben.

Denn wo immer die Gewinnmaximierung anstelle des Wohls der beteiligten Menschen das primäre Motiv ist, steht die Vertragsbeziehung vor der Liebesbeziehung. Und das hat nichts mit einer »Liebe zum Kunden« zu tun. Würde stattdessen wahrhaft aus einer Haltung der hier dargestellten Liebe heraus gehandelt, würden Unternehmen ihren Kunden ausschließlich Produkte verkaufen, die wirklichen Kundennutzen schaffen, ohne dass dies zu Lasten der Mitarbeiter, der Umwelt oder anderer Geschöpfe geht.

»Klar!«, sagen Sie jetzt, »und wer soll sich das leisten können?!« Oder vielleicht noch prägnanter: »Was für ein naiver Spinner!« Ich glaube aber sehr wohl daran, dass sich von Liebe getragenes Verhalten auf Dauer positiv auswirkt – vor allem auch monetär und wirtschaftlich. Zum Beispiel dadurch, dass durch von Liebe getragenen Kundenbeziehungen aus gelegentlichen Kunden wesentlich zufriedenere und finanziell attraktive Stammkunden werden, die von sich aus und ohne monetäres Kundenbindungsprogramm wiederkommen und sogar für Sie Werbung machen. Oder zu welchem Vertragspartner würden Sie eher zurückkehren – zu einem, der Sie offensichtlich ausnutzt und manipuliert, oder einem, der Ihnen authentisch als Mensch begegnet? Und glauben Sie nicht, dass es Ihre Kunden nicht merken, ob das Lächeln und die Aufmerksamkeit echt oder nur gespielt sind. Wer Kunden aus einer Grundhaltung der Liebe heraus betreut und/oder ihnen etwas verkauft, der bringt eine zusätzliche, vollkommen andere Qualität mit – es entsteht dann nämlich ein zusätzlicher »Nutzen«: die Liebesbeziehung selbst. Selbiges gilt, wie schon im vorherigen Kapitel ausgeführt, für die Gestaltung möglichst sinnvoller Arbeit bzw. der Möglichkeit, Sinn in seinem Tun zu finden.

Um langfristig erfolgreich zu sein, muss – gerade im Zeitalter der Digitalisierung – die Aufgabe, Menschen zu dienen, wieder zum primären Zweck des Unternehmens werden und die kurzfristige Gewinnerzielungsabsicht dem wieder *untergeordnet* werden – zugunsten einer langfristigeren, umfassenderen und nachhaltigeren Perspektive der ökonomischen Wertsteigerung. Hierauf möchte ich später noch ausführlicher eingehen. Darüber, dass dies eher wie eine Utopie klingt, bin ich mir vollkommen im Klaren. Dessen ungeachtet ist es aber auch jetzt schon und nicht erst in einer fernen Zukunft Unternehmern, Führungskräften und Investoren möglich, aus einer Grundhaltung der Liebe heraus zu handeln und zunehmend das hier Beschriebene zu »be-herz-igen« bzw. umzusetzen. Natürlich erfordern Entscheidungen wie die oben skizzierten erheblichen Mut, reduzieren kurzfristig Umsatz und Gewinn und kosten vielleicht auch die Karriere. Solche Entscheidungen können meines Erachtens überhaupt nur von Menschen getroffen werden, die selbst tiefe eigene Einsichten gehabt haben und denen es deshalb *eben nicht* egal ist, was sie anbieten, verkaufen, produzieren, solange »der Profit stimmt«. Ein solcher Entscheider bzw. eine solche Führungskraft ist dann genauso berührt, wenn fremde Menschen von dem Konsum ihrer Produkte gesundheitliche Probleme bekommen, wie wenn es ihr eigenes Kind treffen würde. Und sie wollen dann nicht mehr nur die Nachhaltigkeit ihrer Produkte mit Hochglanzprospekten aus der Nachhaltigkeitsabteilung »vortäuschen«, sondern sind wahrhaft darum bemüht, gesellschaftliche Verantwortung für die eigenen Handlungen zu übernehmen.

Denn Liebe in die Interaktionen mit Kunden und Mitarbeitern einzubringen, kann nicht so leicht »angeordnet« werden wie die Einhaltung eines Telefonscripts. Sie kann auch nicht in Form von Kulturstatements »vermittelt« werden. Die Voraussetzung dafür ist vielmehr, dass Ihre Mitarbeiter ihre eigene Arbeit und das, was sie täglich im Umgang mit Ihren Kunden tun, ebenfalls lieben – statt ihre Aufgaben nur aus rein transaktionalen Gründen zu erledigen.

Und hier schließt sich der Kreis, denn dies gelingt nur, wenn Sie als Führungskraft in derselben achtsamen Grundhaltung der Liebe mit Ihren Kunden, Mitarbeitern und auch Ihren Lieferanten umgehen und das authentisch vorleben, was Sie auch von Ihren Mitarbeitern erwarten: Nur wenn die Beziehungen zu Mitarbeitern von Liebe getragen und durchwoben sind, und damit von wesentlich größerer Tiefe und Verbundenheit geprägt sind, werden auch die Kundenbeziehungen zu »Liebesbeziehungen«.

LIEBE ALS GRUNDLAGE VON FÜHRUNG, PROBLEMLÖSUNG UND INNOVATION

»Wir sollten uns davor hüten, den Intellekt zum Gott zu machen; er hat sicherlich starke Muskeln, aber keine Persönlichkeit. Er kann nicht führen, er kann nur dienen.«

ALBERT EINSTEIN

»Die Vormachtstellung der Vernunft ist schlichtweg eine Illusion. Individuelles Glück und das Gemeinwohl hängen sehr viel mehr vom Herzen als vom Verstand ab.«

LEO TOLSTOI

Das derzeitige Vorgehensmodell von Führung und unternehmerischer Problemlösung lässt sich verkürzt wie folgt darstellen: Durch möglichst logisch-rationales Analysieren sowie sorgfältige, methodische Alternativenbeurteilung soll die bestmögliche Entscheidung gefunden werden, um diese in der Folge auszuplanen und umzusetzen. Bei größeren und/oder komplexeren Problemstellungen wird dies in seinem zeitlichen, in Phasen gegliederten Ablauf auch als »Projekt« bezeichnet. Und gerade bei besonders kritischen und/oder komplexen Themen holt man sich gerne die Unterstützung von Experten und Unternehmensberatern für diese Projekte, um diesen primär kognitiven Problemlösungsprozess durch zusätzliches Wissen (wie Best Practices, etablierten Methoden und Benchmarks) sowie durch ein Mehr an Problemlösungskapazität zusätzlich abzusichern.

Was ich im Folgenden aufzeigen möchte, ist, dass dieses sehr übliche Vorgehen oftmals zu kurz greift und auf einem nicht hinterfragten Paradigma beruht – der Möglichkeit zur unternehmerischen »Problemlösung durch Wissensverarbeitung«. Es ist die nicht hinterfragte »Soll-Rationalität« des aktuellen Führungshandelns, der implizite Maßstab, an dem sich gute Führung bemisst. Ich kenne daher nur wenige Führungskräfte, die bei wichtigen Entscheidungen nicht von sich behaupten würden, logisch-rational vorgegangen zu sein, auch wenn sie bei solchen Vorgängen und Entscheidungsprozessen ihr »Bauchgefühl« und ihre Intuition haben maßgeblich einfließen lassen.

Dieses Paradigma greift meiner Ansicht nach zu kurz und führt oftmals nicht zu abschließenden Problemlösungen. Viele unternehmerische Probleme entstehen sogar erst durch ein *Zuviel an direktiver Entscheidung von Führung, ein Zuviel an Denken und durch einen sehr unkritischen Umgang mit Zeit* – und aus genau diesem Grunde können sie auch nicht auf dieselbe Weise (abschließend) gelöst werden: eben durch noch mehr direktive *Führung*, noch mehr *Denken* und noch mehr *Zeitaufwand*. Ich möchte somit grundlegend an Ihrem Weltbild von Führung »rütteln« und versuchen, Ihnen die Limitierungen und Konsequenzen des heutigen Paradigmas von Führung aufzuzeigen, von dem ich im Übrigen vor noch gar nicht langer Zeit selbst überzeugt war:

Führung ist ein »rührendes Missverständnis«[193]

In einigen betriebswirtschaftlichen Theoriemodellen wird Führung u. a. über die sie konstituierenden Führungshandlungen definiert.[194] Diese Führungshandlungen wiederum sind als Handlungen definiert, die der Ausführungshandlung zeitlich vorausgehen und die Freiheitsgrade der nachfolgenden Ausführungshandlung(en) festlegen. Das Ziel von Führungshandlungen besteht nach dieser Auffassung darin, die Freiheitsgrade anderer Handlungen festzulegen, um möglichst »optimale« Ausführungshandlungen zu gewährleisten. Auf dieser grundlegenden Logik basiert auch der Taylorismus, der das Managementdenken der letzten fast 100 Jahre maßgeblich geprägt hat.[195]

Dabei sind die Träger von Führungshandlungen (in hierarchisch geprägten Unternehmen) die Führungskräfte, die auch als »Instanz« bezeichnet werden. Die Führungshandlung als solche wiederum wird »lehrbuchmäßig« zeitlich weiter in Phasen der Willensbildung (primär durch Analysieren und Denken), der Willensdurchsetzung und der nachgelagerten Kontrolle differenziert. Im Rahmen der Willensbildung nehmen Führungskräfte Nutzenbeurteilungen der Handlungsalternativen vor und wählen die Handlungsalternative, die für und in dem konkreten Moment der Handlungsdurchführung den höchsten Nutzen verspricht.[196] Dem Führungshandeln wird dabei in der Regel eine Zweck-Mittel-Rationalität zugrunde gelegt.[197]

Der Phase der Willensbildung folgt die Phase der Willensdurchsetzung, die das Ziel hat, die Freiheitsgrade von Handlungen der »Geführten« festzulegen.[198] Handelt der Geführte entsprechend dem Willen des Führenden, ist dies auf eine positive Zweck-Mittel- bzw. Nutzenbeurteilung des Geführten zurückzuführen: der Geführte fürchtet entweder den negativen Nutzen[199] der Konsequenz von »Nicht-Unterwerfung« oder schätzt den positiven Nutzen der Befolgung des Führungswillens. Im unternehmerischen Kontext gibt es daher ein breites Arsenal an Mitteln, die die Wahrscheinlichkeit der Willensdurchsetzung erhöhen – angefangen bei monetären Mitteln wie Lohn, Gehalt und Boni, über Karriereaussichten bis hin zu negativ sanktionierten Verhaltens- und Complianceregeln und kulturellen »Loyalitätsanforderungen«.

Direktes und indirektes Führen im klassischen Sinne

Die klassische Form der Führung, die ich hier »wie aus dem Lehrbuch« beschreibe, ist also die »direkte Führung«, die durch explizite und direkte Festlegung von Freiheitsgraden der Folgehandlungen charakterisiert ist.[200] Durch direkte Führung wird die Zahl von Handlungsalternativen des Geführten eingeengt, sodass ihm nur wenige, und oftmals auch nicht gewollte, Handlungsalternativen offen stehen.[201] Das Problem dieser direkten Führung liegt jedoch vor allem in *ihrer indirekten Wirkung,* d.h. in dem über das intendierte Ergebnis hinausgehenden oder gegenläufigen Effekt der Führungshandlungen, die sich beispielsweise in der mangelnden Akzeptanz oder Demotivation der Geführten ausdrückt.[202]

Im Gegensatz dazu besteht bei *indirekter Führung* die Aussicht, dass ein Ziel unmittelbar erreicht wird.[203] Durch indirekte Führung wird dem Geführten ein *Handlungsspielraum* eröffnet, der es ihm ermöglicht, gesetzte Ziele und damit einen gewünschten Zustand zu erreichen. Der Geführte wählt dann die Mittel im Sinne des Führenden aus eigener Motivation und Kompetenz. Entsprechend lässt die indirekte Führung durch die Vorgabe von »Zielen« und die Kompetenzdelegation dem Geführten mehr Möglichkeiten offen, Ziele selbstbestimmt zu erreichen und die erforderlichen Mittel weitgehend selbst zu wählen.[204]

In der derzeit noch überwiegenden Mehrzahl von hierarchisch geprägten Unternehmen wird einer Führungskraft die *Kompetenz* zugeordnet, die »Freiheitsgrade« der Handlungen anderer durch direkte und indirekte Führungshandlungen festzulegen.[205] Aus dieser Zuordnung von formaler Kompetenz darf eine Instanz bzw. Führungskraft jedoch nicht den falschen Eindruck gewinnen, die Interaktion tatsächlich *steuern zu können*[206] – und dies gerade dann nicht, wenn man eine eigene Willensbildung bzw. Nutzenbeurteilung durch die Geführten bejaht bzw. sogar ausdrücklich fördert.[207] Eine Führungskraft wird also bei dem Versuch, ein Unternehmen und andere zu führen oder zu verändern, je nach Kontext das intendierte Führungs- oder Koordinationsergebnis nicht, nur teilweise oder nur vordergründig erreichen. Oder mit anderen Worten: *»Die Handlungen anderer Menschen können nicht durch einzelne Individuen verordnet und gelenkt werden. Ein Anstoß kann zwar gegeben werden, aber das Ergebnis ist aufgrund von Wechselwirkungen nicht im Detail antizipierbar.«*[208]

Die Illusion von Steuerbarkeit

Da also die Handlungsauswahl von Menschen aufgrund ihrer eigenen Willensbildung nicht von außen determiniert werden kann,[209] entsteht Handlungskoordination durch die Reaktion der Geführten.[210] Somit ist jedes *Ergebnis von »Führung« letztlich stets ergebnisoffen, d.h. emergent*[211]*, und die Koordination der Geführten ist das Ergebnis der Interaktion aller Beteiligten bezogen auf die Führungshandlungen.*[212] Dies ist aber nichts anderes als »spontane« oder »selbstorganisierende« Koordination, die immer und stets stattfindet, auch dann, wenn das formale Organigramm und die Hierarchie etwas anderes suggerieren.[213] Und insofern ist es sinnvoll, sich das Unternehmen eher als einen lebendigen Organismus aufeinander abgestimmter Handlungen von Menschen in Interaktionsbeziehungen vorzustellen statt als ein mechanistisches Uhrwerk.[214]

Leider ist dies bislang – trotz der zunehmend breiteren Diskussion und Umsetzung von agilen Führungskonzepten (zumindest in der IT) – in der Breite im wirtschaftlichen »Alltagsbewusstsein« noch nicht angekommen, zumindest nach meiner Erfahrung nicht. So ist immer noch die öffentliche, aber nicht selten auch unternehmensinterne Erwartungshaltung an Führungskräfte und gerade an CEOs und Aufsichtsratsvorsitzende, aber auch an Bereichs- und Großprojektleiter und -leiterinnen, »ihren Laden gefälligst im Griff« zu haben. Diese Vorstellung der Machbarkeit bzw. »All-Wissenheit« drückt sich auch in den aktuellen und ständig zunehmenden juristischen Regelungen (insbesondere in Bezug auf Haftung und Compliance) aus, was zur Folge hat, dass sich mittlerweile Aufsichtsräte und Vorstände oftmals mehr mit solchen juristischen, statt mit wirtschaftlichen Fragestellungen beschäftigen (müssen). Eine Führungskraft kann aber ein Unternehmen nicht auf dieselbe Art »im Griff haben«, wie in der oft verwendeten Analogie der Kapitän sein Schiff – auch wenn diese Vorstellung und »Machbarkeitsfantasie« immer noch in vielen Köpfen herumgeistert. Ein Schiff kann man steuern, aber dies gilt nun einmal nicht in gleicher

Weise für die komplex-dynamische Interaktion von Menschen innerhalb und außerhalb von Unternehmen. Dies ist bzw. wird auch den meisten Führungskräften (bewusst oder unbewusst) vollkommen klar – spätestens dann, wenn sie zum ersten Mal »Schiffbruch« erlitten haben. Auch diese Erfahrung musste ich im Übrigen schon machen.

Aber aus genau diesem Grund sind agile und vernetzte Organisationsformen, die sich gezielt und ganz bewusst das Prinzip der Selbstorganisation zu eigen machen und dieses in den Vordergrund stellen (anstatt es nur zu tolerieren), klassisch hierarchischen und effizienzoptimierten Organisationen in Hinblick auf Resilienz, Schnelligkeit und Anpassungsfähigkeit überlegen. Gerade in den derzeit viel diskutierten »agilen« Organisationen steht daher das Prinzip der möglichst dezentralen Entscheidungsfindung und eines eher partizipativen, selbstorganisierenden Entscheidungsfindungsprozesses mit Eigengestaltungsspielraum der Beteiligten (nach unterschiedlichen Regeln, wie z.B. Scrum oder Holocracy) sowie Redundanz im Mittelpunkt. Und damit sind sie an die heutige, komplex-dynamische Umwelt des 21. Jahrhunderts besser angepasst. Gleichzeitig erfordern sie aber auch von den Beteiligten ein vollkommen verändertes Selbstverständnis bzw. Weltbild in Bezug auf das Wesen von Führung als Voraussetzung für ihr Gelingen. Selbstverständlich braucht eine agile Organisation Führung – aber von *allen* Beteiligten und nicht nur von den Führungskräften. Führung ist damit zunehmend weniger an die Stelle und Kompetenzzuweisung einer Führungskraft bzw. Instanz gebunden, sondern eher an Rollen, die die jeweils Beteiligten (auf Zeit) einnehmen – was für alle damit einhergeht, mehr Verantwortung zu übernehmen. Und gleichzeitig ist hier auch nötig, »loslassen« zu können und zu delegieren, mehr zu vertrauen und weniger zu kontrollieren.

Eine Führungskraft agiert so immer mehr aus dem Selbstbild des Coaches heraus oder nach McChrystal eines »Gärtners« der Entwicklung, der Raum für Veränderung gibt, statt zu verändern und direkt anzuweisen.[215] Dies trägt der Einsicht Rechnung, dass Veränderungen in Unternehmen zwar nur durch Führung angeregt werden, aber eben nur in sehr begrenztem Umfang von außen bestimmt werden können.

Dies gilt umso mehr in Bezug auf Menschen, die eben nicht von außen verändert werden können (und wollen). Menschen »verändern« zu wollen ist aber (leider) genau das Ziel, das viele der sogenannten Change-Management-Ansätze auf unterschiedliche Art und Weise verfolgen.[216] So ist es meines Erachtens nicht überraschend, dass die Ergebnisse von Change-Prozessen selbst nach 25 Jahren Change-Management-Praxis und -Literatur keinen Deut besser geworden sind – noch immer scheitern mehr als zwei Drittel aller sogenannten Change-Prozesse. Diesen Sachverhalt fasst Jon Griffith sehr schön wie folgt zusammen:

> »Fehlgeschlagene Veränderungsbemühungen werden häufig auf unzureichende Change-Management-Kompetenz zurückgeführt, die wiederum die Suche nach Change-Management-Lösungen vorantreibt – in Form von maßgeschneiderten Programmen, spezifischen Aktionen oder Fähigkeiten. Organisatorische Veränderungen können jedoch nicht auf diese Weise ›gemanagt‹ werden, genauso wenig, wie individuelle Veränderungen durch Psychotherapie ›gemanagt‹ werden können. In beiden Fällen kann ein Prozess eingeleitet werden, aber sein Ergebnis kann nicht garantiert werden. Versuche, Ergebnissicherheit zu erreichen, ergeben sich aus dem Wunsch, Schmerzen zu vermeiden: Aber sie führen genau deshalb – paradoxerweise – zu dauerhafteren und schwerwiegenderen Schäden für die betroffenen Menschen.«[217]

Denken löst keine Probleme, es kreiert sie

Die Wahl von Führungshandlungen im Rahmen der Willensbildung ist im vorgenannten Theoriemodell wesentlich davon abhängig, *welches Wissen vorliegt;* das zur Wahl der optimalen Ausführungshandlung notwendige Wissen wird daher auch als das »relevante Wissen« bezeichnet.[218] Dass dieses »relevante Wissen« tatsächlich vorliegt und auf dieser Basis geeignete »Führungshandlungen« ausgewählt werden können, kann jedoch keineswegs als selbstverständlich betrachtet werden – im Gegenteil! So heißt es dazu bei Schäffer: *»Dass Wirtschaften heute noch ein Problem ist, liegt ausschließlich daran, dass ›ex-ante‹-Planungen durch ›ex-post‹-Überraschungen widerlegt werden. Ursache hierfür ist die Begrenztheit des Wissens eines jeden Menschen über das, was ist, und vor allem über das, was (...) sich alles ändern kann.«*[219] Und da Wissen stets vermehrt werden kann, ist es natürlich auch immer und in jedem Moment begrenzt, liegen also stets Wissensdefizite vor.

Auf diese Weise wird der *Umfang* von Wissensdefiziten »die zentrale Determinante des Führungssystems«[220]; der Grad der Wissensdefizite und die Möglichkeiten, diese Wissensdefizite zu reduzieren, werden entsprechend zum zentralen Ordnungskriterium bei der Wahl zwischen alternativen Führungshandlungen und bei der Entwicklung von Führungsrationalität. Gleichzeitig wird die Fähigkeit, mit Wissensdefiziten im Rahmen von Führungshandlungen umzugehen, zunehmend wichtiger für Führungskräfte. Aus meiner Sicht ist der Grad der Fähigkeit, mit Wissensdefiziten umzugehen, sogar der zentrale Unterschied zwischen »Top-Managern« und weniger hochrangigen Führungskräften sowie der Hauptgrund für die deutlich höheren Tagessätze von Top-Management-Beratern, die in kürzester Zeit mit Wissensdefiziten in mehreren Dimensionen umgehen müssen (u. a. die Fragestellung, das Unternehmen, die Umwelt und das richtige Vorgehensmodell betreffend). IT- und Prozessberater haben da vergleichsweise schon weitaus weniger Wissensdefizite.

Da, wie schon gezeigt, Wissen immer begrenzt ist, ist aber auch stets unser auf Wissen beruhendes Denken begrenzt: Genauso wie nie alles gewusst werden kann, kann auch nie alles gedacht werden. Alles Denken bezieht seine Basis aus dem bereits vorhandenen Wissen, dem, was schon bekannt ist, und es beruht damit notwendigerweise immer auf der Vergangenheit. Dies ist bei wenig komplexen Aufgabenstellungen und vielen technischen Herausforderungen nicht weiter problematisch. Selbstverständlich können Sie ein kniffliges Rätsel durch scharfes Nachdenken lösen – dafür wurde das Rätsel ja sogar eigens kreiert. Vollkommen anders sieht es hingegen in komplex-dynamischen Systemen und Zusammenhängen wie einem Unternehmen aus. Weder kann das Unternehmen in seiner Komplexität vollständig erkannt, noch in seiner Dynamik abschließend beschrieben werden.

»Paralyse durch Analyse«

Diese Einsicht beschleicht früher oder später auch die meisten Führungskräfte – nämlich dann, wenn sie das Gefühl haben, dass sie keine – oder keine ausreichend fundierte – Basis haben, um eine Entscheidung treffen zu können. Das Ergebnis ist dann oft etwas, was ich gerne als »Paralyse durch Analyse« bezeichne; damit ist der Wunsch gemeint, immer mehr zu analysieren, um vielleicht doch irgendwann alles zu verstehen und so eine wirklich gute Entscheidung treffen zu können. Manchmal dient es auch dazu, Zeit zu gewinnen, um (zunächst) keine Entscheidung treffen zu müssen. Daher wird »die Lösung« oftmals darin gesehen, noch mehr zu analysieren und zu denken, beispielsweise im Rahmen der komplexen Strategiefindung dadurch, SWOT-Analysen durchzuführen, Kosten und Markttrends zu erheben, Konkurrenzanalysen vorzunehmen, Bewertungs-Portfolios und Vergleichsrechnungen auszuarbeiten etc. etc.

Und weil dies meist auch nicht ausreicht, gibt es mittlerweile noch umfangreichere Analysetechniken, beispielsweise »Customer

Analytics« und »Demand Analytics« etc. Doch damit werden nur die Versuche fortgeführt, mit noch mehr Denken, noch mehr Daten und noch mehr Analyse Wissensdefizite zu reduzieren. Doch dies wird nicht gelingen, auch nach Jahren der Analyse nicht: *Denken, Analysen und Wissen werden immer begrenzt bleiben.*

Und es ist ohne vollständiges Wissen auch nicht entscheidbar, was das für die gerade vorliegende Problemstellung »relevante« Wissen ist. Wie viel Aufwand und Zeit man auch in die Analyse, in wissensbasiertes Denken, ins Diskutieren, in den Austausch von Meinungen, in das Sammeln von Best-Practices auch steckt, man wird doch niemals »das Ganze« verstehen – und so nie aus den Problemen herauskommen. Aus diesem Grund wird eine Führungskraft, wenn sie sich nur auf diese Problemlösungsstrategie verlegt, niemals die angemessene Handlung und richtige Strategie finden. Es ist schlicht unmöglich, abschließende und nachhaltige Lösungen durch Analysieren und Denken zu finden – auch wenn sich Ihr Verstand jetzt gerade gegen diese fundamentale Einsicht verwehrt.

Denken erschafft (auch) Probleme

Doch logisch-deduktives Denken ist nicht nur aufgrund von Wissensbeschränkungen begrenzt, sondern gleichermaßen auch durch den Prozess des Erkenntnisgewinns selbst: Deduktives Analysieren und Beschreiben benötigt immer eine Differenz, um etwas erkennen und thematisieren zu können. Der oben bereits zitierte Philosoph Salomo Friedländer drückt dies wie folgt aus: *»Das allerallgemeinste Merkmal jedes Phänomens ist der Unterschied, die Differenz, die bis ins Extreme gehen kann.«*[221] Diese Differenzbildung ist von derselben Dualität bzw. Polarität geprägt, die ich schon weiter vorn thematisiert habe.

Aus diesem Grund wird durch Denken das Ganze im Prozess der erkennenden Differenzbildung in (mindestens zwei und dann immer mehr) Teile bzw. Pole getrennt. Nach Fritz Perls, dem ebenfalls bereits erwähnten Vater der Gestalttherapie, ist dieses Denken in Gegensätzen »im menschlichen Organismus tief verwurzelt«[222]. Innerhalb eines analytischen Problemlösungsprozesses wird die Welt so immer weiter differenziert, also in immer kleinere Teile aufgeteilt, um tiefer erkennen zu können. *Auf diese Weise wird durch das trennende Erkennen die Erkenntnis geschöpft. Dabei kann das Erkennen aber nie ein Ende finden, weil die trennende Tätigkeit des Erkennens selbst ein Schöpfungsprozess ist.* Man könnte sogar so weit gehen zu sagen, dass die *Schöpfung durch ihr Erkennen selbst erst geschöpft wird* – und genau das passiert auch in der Quantentheorie. »Der Analysierende ist das Analysierte«, drückte es Krishnamurti aus.

Aufgrund der für das Erkennen notwendigen Trennung wird die Welt – trotz immer neuer Erkenntnisse – notwendigerweise auch immer fragmentierter, werden immer kleinere Teilchen gefunden, wird das stets trennende Vorgehensmodell nie zum Ende finden – und gleichzeitig das Ganze immer mehr aus den Augen verloren.[223] *So gilt hier beides: Wie die Schöpfung durch Differenzbildung im Außen entsteht, kann sie im Äußeren auch nur durch trennendes Denken erkannt werden – und damit niemals in Gänze; und umgekehrt wird durch die trennende Differenzbildung des Denkens der Welt ständig neue Erkenntnis schöpferisch hinzugefügt.*

So werden wir durch die gedankliche Differenzbildung selbst zum Schöpfer weiterer Dimension der Welt! Und genau auf diese Weise erschaffen wir alle Probleme, auch die unternehmerischen, erst durch das trennende Denken. Nichts existiert ohne ein gedankliches Erkennen und Differenzbilden. Und nichts, was existiert, ist grundsätzlich problematisch, wenn es nicht durch gedankliche Differenzbildung zu einem Problem gemacht wird. Nichts auf der Welt oder in der Natur existiert getrennt und ist per se »gut« oder »schlecht«. Es ist immer nur die Beurteilung, die einer Tatsache, einer Situation oder einen Umstand zu etwas »Gutem« oder »Schlechten« macht; dies hat auch schon Shakespeare gewusst, von dem das Zitat aus »Hamlet« stammt: »An sich ist nichts weder gut noch schlimm; das Denken macht es erst dazu.«

Doch solange es eine gedankliche Differenzbildung in dualistische Kategorien wie »gut« und »schlecht« gibt oder unternehmerisches Handeln von Denkkategorien geprägt wird, wie beispielweise »positiven Aufschwung« und »negativen Abschwung«, wird es Probleme in Unternehmen geben. Die Wurzel aller Probleme – und damit auch aller unternehmerischen Probleme – ist das stets trennende Denken sowie das Beurteilen selbst.

(Unternehmerische) Konflikte entstehen in der Folge dadurch, dass die polare Zusammengehörigkeit von zuvor Getrenntem verkannt wird, weitere gedankliche Trennung stattfindet und/oder einer der beiden Pole einseitig vereinnahmt wird, in der Regel durch Identifikation mit ihm.[224] Oder anders ausgedrückt, entstehen die Konflikte, weil nicht erkannt wird, dass durch Trennung die Welt zwar erst entsteht und analytisch erkannt wird, doch gleichzeitig beide Pole stets Teil desselben Ganzen sind und nur in ihrer Zweiheit eins, d.h. ganz, sind. *»Es ist die Verkennung der Polarität der Welt, durch welche die Welt menschlich entstellt wird«*[225], fasst dies Friedländer prägnant zusammen. Und so sind wir sowohl Schöpfer unserer Probleme als auch unserer Konflikte!

Auch den Gegenpol annehmen

Genau in diesem Sinne ist alles Streben nach »nur Wachstum«, »nur Glück« und »nur Erfolg« problematisch, insbesondere dann, wenn nicht auch deren Gegenpole – Abschwung, Unglück und Misserfolg – angenommen werden. Ebenso verhält es sich bei jedem Kampf gegen einen »Feind« oder sonst einen erdachten Gegenpol zur eigenen Position (die andere Abteilung, die Konkurrenz, die Arbeitnehmervertretung, das Kapital an sich), da verkannt wird, dass dieser Gegenpol notwendige Konsequenz der eigenen Haltung, des eigenen Pols, ist. Und da niemand »das Ganze« denken und verstehen kann, wird es immer Vertreter unterschiedlicher

Lösungsvorschläge für aktuelle Probleme geben und werden diese fast unvermeidlich im Konflikt und Widerstreit miteinander stehen (»die ewig Gestrigen« vs. »die Progressiven«, die »Besitzstandswahrer« vs. die »Change Agents« usw.).

Ich möchte hier – gerade als jemand, der besonders viel und auch gerne analysiert und denkt – das Denken keineswegs verteufeln; es wird natürlich gebraucht und hat seinen Platz. Gleichzeitig halte ich es aber für sehr wichtig, deutlich auf die Konsequenzen der einseitigen Problemlösung durch Denken hinzuweisen. Insbesondere möchte ich für die Tatsache sensibilisieren, dass die rein gedankliche Lösung von Problemen aufgrund ihrer Begrenztheit und notwendigen Einseitigkeit stets zu Teillösungen, neuen Problemen und weiteren Konflikten führt, auch und gerade in Führungshandlungen. Mir geht es also darum, dass Sie Ihr Weltbild bezüglich des Denkens sowie seine Rolle beim Problemlösen (und -schaffen) im Rahmen von unternehmerischer Führung »überdenken«.

Rein kognitiv zu arbeiten – was in der Regel heute auch als »rational« oder »sachlich« bezeichnet wird – führt nicht zu nachhaltiger Veränderung, sondern immer zu den Problemen von morgen, weil man ja stets nur Teillösungen findet – es entsteht ein ewiger Kreislauf. Jede »Wahlmöglichkeit«, jede Notwendigkeit, eine willentliche Entscheidung treffen zu müssen, führt uns dies vor Augen: Wenn es eine Wahlmöglichkeit gibt, eine Notwendigkeit einer Willensbildung, um zwischen unterschiedlichen Polen bzw. zwischen »A« und »B« zu entscheiden, besteht Unklarheit und Unsicherheit bezüglich der richtigen Handlung. Wenn etwas vollkommen klar ist, gibt es keine Wahl und keine Notwendigkeit, etwas zu entscheiden, dann erfolgt unmittelbares Handeln aus Klarheit.

Die Vorstellung von Zeit führt zu Konflikten

Dass sich Unternehmen im Zeitablauf entwickeln und unternehmerische Führungs-, Entwicklungs- und Problemlösungsprozesse Zeit benötigen, sie also von der Vergangenheit und Erwartungen an eine Zukunft bestimmt sind, ist das vielleicht grundlegendste, nicht hinterfragte Weltbild des heutigen Wirtschaftssystems und Führungsverständnisses. Dass die Zeit ein wesentlicher Bestandteil von Führungshandeln ist, lässt sich auf vielerlei Weise sehr leicht belegen – einige Beispiele:

- Die Trennung in Führungs- und Ausführungshandlung impliziert auch eine zeitliche Trennung. Die Führungshandlung liegt vor der Ausführungshandlung. Zudem ist in dem Theoriemodell von Führung diese wiederum in zeitliche Phasen aufgeteilt – in die der Willensbildung, Willensdurchsetzung und der Kontrolle.
- Die Planung, die definiert ist als Koordinationsinstrument zur geistigen Vorwegnahme von Zukunft, beruht auf der Idee von Zeit.[226] Dies gilt in vielen Unternehmen für die übliche strategische Mehrjahres-Planung, die Budget-Planung und auch die regelmäßige Abweichungskontrolle – sie alle beruhen auf der Analyse von Veränderungen über einen bestimmten Zeitraum hinweg.
- Die Zweck-Rationalität und alles Denken in Zweck-Mittel-Beziehungen enthalten eine Vorstellung von Zeit – ein Mittel wird (in zeitlicher Hinsicht dem Zweck vorgelagert) eingesetzt, um einen Zweck zu erreichen.
- Jedes Projekt und jeder unternehmerische Transformationsprozess (zumindest diejenigen, die ich bislang kennengelernt habe) haben ein *zeitlich strukturiertes, meist phasenweises Vorgehensmodell,* das in unterschiedlicher Gewichtung aus zeitlich getakteter Analyse, Entscheidungsfindung sowie Umsetzung besteht.

Dieser (meist unreflektierte) Umgang mit Zeit ist üblich, jedoch nicht unproblematisch. Schon weiter vorn habe ich ausgeführt, dass Zeit, wie wir sie in unserem Alltag üblicherweise verstehen, nicht existiert. Im Gegensatz zur Schullehre ist die Zeit nicht in »Vergangenheit«, »Gegenwart« und »Zukunft« aufgeteilt, sondern nur in die beiden Pole »Vergangenheit« und »Zukunft«. Vergangenheit und Zukunft entstehen als »psychologische Zeit« ebenfalls nur durch gedankliche Differenzbildung eines immerwährenden Jetzt. Ohne Denken gibt es keine Vergangenheit und Zukunft; Tiere haben beispielsweise kein Konzept von Zeit.

Auch in Bezug auf die (illusionäre) Vorstellung von Vergangenheit und Zukunft schöpft gedankliche Differenzbildung weitere Probleme und Konflikte: beispielsweise durch stete gedankliche Beschäftigung mit der Zukunft oder durch die Formulierung von bestimmten Erwartungshaltungen an die Zukunft (u.a. in Form der Planung), die nicht selten mit Enttäuschung und Frustration bei deren Nicht-Eintreten enden; oder durch den Vergleich dessen, was jetzt gerade ist, mit dem, wie es in der Vergangenheit war, was sich beispielsweise in Formulierungen äußert wie »Das Ergebnis vom letzten Jahr muss gehalten werden« oder »Früher war ohnehin alles besser«. Oder es werden gedanklich Erwartungen an die Zeit als solche gestellt, etwa dass sie »alle Wunden heilt« oder eines Tages für eine Veränderung sorgen wird (welche auch immer).

All diese Beispiele sind nichts anderes als weitere, gedanklich erschaffene, polare Trennungen, und damit eine weitere potenzielle Quelle von Problemen und Konflikten.

Relevanz für die Führung

Welche Relevanz haben diese Aspekte nun für die praktische Unternehmensführung? Ich bin der Überzeugung, dass sie eine ausgesprochen große Relevanz haben! Um dies zu verdeutlichen, möchte ich hier noch einmal die Kerngedanken zusammenfassen und zugespitzt verdichten:

- Führbarkeit ist dahingehend eine Illusion, dass Unternehmen nicht auf dieselbe Art wie ein Schiff gesteuert werden können. Ein Schiff zu führen ist zwar kompliziert, nicht aber komplex-dynamisch, so wie es die Zusammenhänge in einem Unternehmen und seiner Umwelt sind. Insbesondere unterscheidet es sich ganz grundlegend durch die Tatsache, dass in einem Unternehmen Menschen agieren und geführt werden, die selbst durch eigene Nutzenbeurteilung und Willensbildung auf Führungshandlungen »reagieren«. Menschen können nicht »von außen« verändert werden. Daher ist das Ergebnis von Führung immer emergent, d.h. ergebnisoffen, Handlungskoordination ist *immer* selbstorganisierend (auch wenn es anders erscheinen mag).
- Problemlösung ist gerade in einem komplex-dynamischen Kontext allein durch Denken nicht möglich, da bei fast jeder Führungshandlung Wissensdefizite vorliegen, die sich höchst problematisch auswirken. Diese können nie abschließend durch Analyse oder anderes gedankliches Vorgehen vollständig geschlossen werden. Wissen und Denken sind stets begrenzt. Gleichzeitig sind auch alle Probleme eine Illusion, sie entstehen infolge einer gedanklichen Differenzbildung, als unsere eigene Schöpfung. Konflikte entstehen, sobald die Einheit der zuvor getrennten Gegenpole verkannt wird, nur ein Pol angenommen und der andere abgelehnt wird, denn beide Pole bilden stets eine Einheit in Zweiheit.
- Zeit ist eine Illusion, Vergangenheit und Zukunft sind rein gedanklich konstruierte Gegenpole eines immerwährenden, indifferenten Jetzt. Alles entsteht und vergeht in der Gegenwart. Vor diesem Hintergrund sind alle zeitlich strukturierten Prozesse in Unternehmen, insbesondere jene, die auf eine erdachte Zukunft ausgerichtet sind (z.B. Zielsetzungsprozesse, Strategiefindung, Planung und Prognosebildung), automatisch mit Problemen und Konflikten verbunden.

- Wie weiter oben schon ausgeführt, sind auch unser gedanklich geschaffenes Selbst sowie die Bilder, die wir uns von anderen Menschen machen, Illusionen. Das gedanklich geschaffene Bild von uns selbst, das Ego, hat keine eigene inhärente Existenz und beinhaltet daher nichts, was es wahrhaft zu schützen gäbe.

Fasst man dies zusammen, kommt man zu der Erkenntnis, dass derzeit Führungskräfte mit einer illusorischen Idee von Führung Unternehmen in eine erdachte, illusionäre Zukunft führen und dabei durch unreflektierte gedankliche Entscheidungsfindung ein Problem und einen Konflikt nach dem anderen kreieren – in einem ewigen Kreislauf von Teillösung zu Teillösung –, angetrieben und motiviert von der Illusion eines schützenswerten Selbst.

Holistisches (Führungs-)Handeln

»Okay, und was jetzt?«, werden Sie vielleicht fragen, wenn Sie mir bis hierin gefolgt sind. Gibt es überhaupt eine andere Möglichkeit, Unternehmen zu führen? Ich glaube ja, und zwar dann, wenn es ein Führungshandeln gibt, dass seine grundlegenden Limitationen in Bezug auf die »Steuerbarkeit« anderer erkennt und akzeptiert, es nicht der Zeit unterworfen ist und nicht zu den erwähnten Problemen und Konflikten führt. Ein solches Führungshandeln gibt es meiner Meinung nach – es ist Führungshandeln aus der *gegenwärtigen, achtsamen Grundhaltung der Liebe heraus.* Dieses Handeln aus Liebe möchte ich in Folge auch als »holistisches Handeln« bezeichnen – Fromm bezeichnet es auch als »spontanes Tätigsein«, der Buddhismus sehr ähnlich als »bewusste Absichtslosigkeit«[227].

Es ist ein Handeln von einer vollkommen anderen Qualität und aus einer anderen Quelle als das temporal geprägte, auf zweckrationalen Abwägungen und gedanklichen Bewertungen beruhende Handeln. Es ist ein hoch-intelligentes, absichtsloses, erwartungsloses, kraftvolles, wirklich freies und nicht zweckrationales Handeln aus einer hohen Präsenz. Es ist ein schöpferisches Handeln aus dem indifferenten Nichts, statt auf Basis der gedanklichen Trennung, aus unserem Herzen und unserer inneren Weisheit, auf das uns schon viele spirituelle Lehrer und Lehrerinnen hingewiesen haben. Und dazu haben wir nur einen Zugang, wenn wir gegenwärtig und präsent und gerade nicht in Gedanken und Konzepten gefangen sind.[228] Hesse findet für die Haltung, aus der heraus dieses Handeln geschieht, die folgenden Worte: »*Weisheit ist nichts als eine Bereitschaft der Seele, eine Fähigkeit, eine geheime Kunst, jeden Augenblick im Leben den Gedanken der Einheit denken, die Einheit fühlen und einatmen zu können.*«[229] Es ist ein Handeln, über das wir in der westlichen Welt wenig wissen und das nicht gelehrt oder kultiviert wird – auch wenn der Volksmund es unter dem Begriff »geistesgegenwärtig« kennt und es dabei inhaltlich wie auch im wörtlichen Sinne sehr gut benennt.

Ich spreche hier aber nicht (nur) von der Intuition oder dem Bauchgefühl, im Sinne des »System-1-Denkens«, dass Kahnemann in seinem Buch »Schnelles Denken, langsames Denken« als überwiegend vergangenheitsbasierten, konditionierten Mustererkennungsprozess entzaubert hat. Es entspricht auch nicht dem auf Differenzbildung beruhenden, bewussten Denken (System 2), über dessen Begrenztheit ich schon ausführlich gesprochen habe.[230]

Das holistische Handeln entspringt vielmehr dem *Überbewusstsein, unserer inneren Stimme und Wahrhaftigkeit*. Ich schlage daher die Erweiterung und Kultivierung eines auf Liebe basierenden holistischen (Führung-)Handelns vor, welches den folgenden Prinzipien folgt:

- Ich nehme das, was jetzt ist, mit voller Gegenwärtigkeit wahr und nehme es an.
- Ich vergebe mir und anderen, statt zu beurteilen.
- Ich handele aus meiner eigenen Wahrhaftigkeit.
- Ich tue das, was ich tue, um des Tuns selbst willen – nicht um etwas zu erreichen.

- Ich handle mit innerer Freiheit, aus der auch die vollkommene Verantwortung resultiert für das, was ich tue.
- Ich versuche weder mich noch andere nach meinem Willen zu verändern.
- Ich handele mit hoher Präsenz und einer achtsamen, liebevollen Grundhaltung.

Ein solches holistischen Handeln, dass aus einer hohen Gegenwärtigkeit und aus sich selbst heraus, d. h. um seiner selbst willen, erfolgt, ist frei von Zweck-Mittel-Rationalität und somit ohne temporalen Bezug. Es ist frei von »psychischer Zeit«, entsteht mit den Worten Tolles durch »die Aufhebung der Zeit«[231] und ist damit auch nicht den mit der Zeit eingehergehenden Problemen und Konflikten unterworfen. *»Liebe ist nicht die Sklavin der Zeit«*, drückt es Krishnamurti aus.[232] In gegenwärtiger Präsenz nimmt man umfassend wahr, was ist, und vermeidet so weitere (polar zugespitzte) Konflikte mit anderen, da man die polaren Gegensätze transzendiert, ihre Einheit in Zweiheit erkennt und so nach Friedländer die Welt aus einem indifferenten Zentrum wieder ins »Gleichgewicht« führt und »wieder in Ordnung bringt«.[233] Dieses Transzendieren der dualen Polaritäten gelingt in letzter Konsequenz nicht intellektuell, sondern nur im Akt der Liebe. In diesem Sinne heißt lieben auch »wirklich verstehen«, durch ein Begreifen, das nicht nur oberflächlich beobachtet oder analysiert, sondern »durchdringt«, mitfühlt und so eins wird mit einem anderen Menschen, einem »Feind«, einer Situation.[233A] Und letztlich entspringt ein solches Handeln nicht dem erdachten Selbst bzw. Ego, sondern durch »Herzensgehorsam«[234] unserem Wesenskern, unserem wahren Selbst. Es ist daher kraftvoll, authentisch, von großer Klarheit und aus der inneren Wahrheit kommend – auch wenn sich (leider) für uns diese innere Klarheit nicht weiter steuerbar einstellt. Deswegen empfiehlt uns auch Laotse: *»Bleib regungslos, bis sich das rechte Handeln von selbst einstellt.«* Dann kann sich im Gegensatz zu klassisch chronologisch-analytischen Willensbildungsprozessen das richtige Handeln im günstige Moment (»Kairos«) einstellen und bildet so den ergänzenden Gegenpol eines Handelns in der Zeit (»Chronos«). Diese Überlegungen sind in der folgenden Übersicht zusammengefasst:

Dimension	»Klassisch«	»Holistisch«
Motivation	• Angst • Mangel • Trennung	• Liebe • Fülle • Verbindung
Verstehen	• Analysieren • Schlussfolgern • Wissen	• Wahrnehmen/Beobachten • Begreifen/»Einswerden« • Nicht-Wissen (»Anfängergeist«)
Handeln	• Zweckrational / »Um-zu« • Zukunftsorientiert • Tun	• Absichtslos, aus sich selbst heraus • Gegenwartsorientiert • Sein
Entscheiden	• Alternativen-Bewertung • Willentliche Entscheidung • Beurteilgen	• Situation annehmen, wie sie ist • Handeln, wenn Klarheit da ist • Vergeben
Verändern	• Widerstand • Veränderung anordnen • »Andere sind änderbar«	• Akzeptanz • Raum für Veränderung schaffen • »Ich kann nur mich ändern«

Aus dieser Darstellung wird deutlich, dass sich das »holistische« Führungshandeln von dem »klassischen« deutlich unterscheidet. Rein klassisches, zweckrationales Handeln kann wie schon gezeigt immer nur polare Teillösungen finden. Das Transzendieren und somit die Integration der Pole gelingen nur in Verbindung mit holistischem Handeln, durch das Einbeziehen der inneren Ebene, auf der Weisheit aus einer tieferen Quelle zugänglich ist.

Ich schlage aber hier nicht vor, ausschließlich das eine oder das andere in Unternehmen anzuwenden, sondern das eine *und* das andere zu verbinden. Dies kann nacheinander für unterschiedliche Herausforderungen geschehen, aber vor allem auch miteinander und gleichzeitig im Sinne eines »Sowohl-als-auch« innerhalb eines innovativen Problemlösungsprozesses, etwa wenn nach einer plötzlichen inneren Eingebung oder einem »Herzimpuls«, wie es Felber nennt, das so Erkannte weiter sprachlich-gedanklich ausgedrückt sowie in Pläne und Projekte gefasst wird.[235] Ein sehr gutes Beispiel für dieses Zusammenspiel findet sich in den Schilderungen des Physikers und langjährigen Direktors des Max-Planck-Instituts für Physik Hans-Peter Dürr, wie er in kreativen Phasen mit seinem Lehrer Heisenberg zusammengearbeitet hat: *»Heisenberg sagte zu mir: ›Wenn du Ah sagst, versuche nicht gleich zu verstehen, was aus deiner Ahnung auftaucht, dann zerrst du an ihr, und sie zeigt dir nur, was du schon immer wusstest. (...) Wenn du nämlich sagst: ›Jetzt habe ich es endlich verstanden!‹, dann verdrängst du alles Übrige, was in der vorausgegangenen intuitiven Dämmerung noch mit enthalten war.«*[236]

Aber sogar innerhalb derselben Aktivität ist die Verbindung möglich, zum Beispiel in Form des Nachdenkens über einen Sachverhalt in einem Zustand hoher Gegenwärtigkeit und Liebe. Denn wenn die stets trennende Natur des Denkens erkannt wurde und man dieses in der bewussten Grundhaltung der Liebe einsetzen kann, bekommt das Denken selbst eine neue, tiefere Qualität. Dann wird das Denken wieder zum Instrument, zu unserem Diener, und ist nicht mehr unser Herr. Aus dieser bewussteren Haltung kann in der Gegenwart mit höherer Qualität Zukunft gestaltet werden. Dann durchdringen sich das Trennende und das Ganze, das Materielle und das Geistige, Herz und Verstand, Wissen und Weisheit im Vorgehen.

Innovation

Dies bringt mich zum letzten Punkt in diesem Kapitel – *kreative Innovation.* Auch sie kann letztlich, wenn sie wirklich neu sein will, nicht durch Denken, sondern nur aus Liebe gelingen. Denn Denken – als Operation des Wissens – kann unmöglich das wirklich Neue finden: Da Wissen immer ein Ergebnis der Vergangenheit ist, ist es immer »alt«. Das wirklich Neue kann jedoch unmöglich aus dem Alten entstehen, wie auch Krishnamurti sagt.[237]

Doch wie kommt nun das Neue in die Welt? Hierfür ist es notwendig, die Fähigkeit zu kultivieren, uns mit unserem Überbewusstsein zu verbinden, sagt Sorokin. Durch den Zugang zum Überbewusstsein wird alles »Wahre, Schöne und Gute« – die unterschiedlichen Ausdrucksformen der vollkommenden Liebe – hervorgebracht, zeigt Sorokin in einer umfangreichen Studie auf beeindruckende Weise.[238] So geht er darauf ein, dass die Sprache selbst, viele große Erfindungen und naturwissenschaftliche Entdeckungen (»das Wahre«), die großen Werke der Musik, der Kunst, der Architektur und Literatur (»das Schöne«), die Religion und liebevolle Taten großer Wohltäter, religiöser Lehrer und Apostel (»das Gute«) auf diese Weise entstanden sind. Das Neue entstand immer vollkommen unerklärbar für die Beteiligten in Form von plötzlichen Eingebungen verbunden mit großer Klarheit. Dies fasst Sorokin wie folgt zusammen: *»Wie die höchste Kreativität im Bereich der Wahrheit und/oder Schönheit kann die höchste Form der Liebe kaum ohne eine direkte Beteiligung des Überbewussten (...) erreicht werden. Seine Gnade scheint hier ebenso notwendig zu sein wie für die höchste Kreativität bei wissenschaftlichen und technologischen Erfindungen, in Philosophie und Region, in der bildenden Kunst und anderen kreativen Bereichen. Die Evidenz dieser Hypothese basiert sowohl auf Logik als auch auf Empirie.«*[239]

Durch das Überbewusstsein erhalten wir so aus einer tieferen Quelle (wortwörtlich) Eingebungen und neue Ideen – sofern wir in der Lage sind, diese wahrzunehmen. Alle Künstler und Schriftsteller, mit denen ich in den letzten Monaten gesprochen habe, haben mir Ähnliches berichtet und von solchen plötzlichen Eingebungen gesprochen. Auch meine eigenen Erfahrungen beim Schreiben dieses Buches decken sich hiermit. Wer nur denkt und analysiert, kann sie nicht wahrnehmen – so wie ich nicht weiterkam, wenn ich mich selbst beim Schreiben unter Druck gesetzt habe. Wahrnehmen kann man diese Eingebungen nur in Phasen, in denen das Denken ruhig ist und der Verstand bereit ist zuzugeben: »Ich weiß nicht.« Dann ist jede gedankliche Differenzbildung und damit jede Eigenschöpfung aus dem Alten, aus dem bereits vorhandenen Wissen, eingestellt. Nur aus diesem »Anfängergeist«, wie es im Zen-Buddhismus auch heißt, kann etwas wirklich Neues entstehen.

Jede wahre Innovation, jede fundamentale Transformation und jede große Schöpfung kann nur mit einer Haltung des »Nicht-Wissens« beginnen. Dann kann etwas Neues aus dem indifferenten Nichts einfließen, aus dem Urquell der Liebe. *»Es ist die Leere, die wesentlich ist, nicht das, was in der Leere ist; es gibt Sehen nur aus der Leere; alle Tugend, aber nicht die soziale Moral und die Anständigkeit, entspringt ihr. Aus dieser Leere heraus kommt die Liebe, sonst ist es keine Liebe. Die Grundlage der Rechtschaffenheit ist in dieser Leere. Sie ist das Ende und der Anfang aller Dinge«*, sagte Krishnamurti.[240]

Wie dies genau erfolgt, ist jedoch noch wenig erforscht, vor allem deswegen, weil es dem aktuellen Paradigma der Wissenschaftswelt widerspricht. Lynne McTaggart postuliert auf Basis ihrer Nachforschungen und einer Vielzahl von Interviews mit Wissenschaftlern, dass wir auf Basis des Überbewusstseins (sie benennt es in ihrem Buch »Seele«) mit dem Quantennullpunktfeld verbunden sind. Aus diesem raum- und zeitlosen Feld, in dem alle je generierten und generierbaren Informationen enthalten sind, könnten wir zu dem wirklich Neuen gelangen.[241] Der Biologe Rupert Sheldrake schlägt Ähnliches vor und nennt dies Feld das »morphogenetische Feld«[242]. All dies sind derzeit sicherlich noch umstrittene Theorien. Aber für vieles, was Sorokin, McTaggart, Sheldrake und andere aufzeigen, haben die meisten Wissenschaftler ebenfalls keine Erklärungen, beispielsweise für das Phänomen, dass so viele Erfindungen und Entdeckungen in der Menschheitsgeschichte fast zum gleichen Zeitpunkt an verschiedenen Orten der Welt mehrfach und unabhängig voneinander gemacht wurden – nicht umsonst haben Patentämter überall auf dem Globus einen exakten Zeitstempel der Einreichung.[243]

Mir ist dabei vollkommen klar, dass dies noch recht abstrakte Überlegungen sind, die hoffentlich in späteren Kapiteln noch etwas klarer werden und die für unser »Alltagsbewusstsein« bzw.

»Alltagsweltbild« sehr gewöhnungsbedürftig klingen. Ich möchte Sie aber dennoch dazu ermutigen, sich dafür weiter zu öffnen und sich vielleicht auch auf Basis der hier zitierten Literatur ein eigenes Bild zu machen. Ich bin mittlerweile fest davon überzeugt, dass Wissenschaft und Spiritualität, Wissen und Weisheit – oder wie auch immer Sie es ausdrücken möchten – (wieder) in der Liebe zusammenfinden müssen, um zu wahrer Innovation, Ganzwerdung und grundlegender Veränderung unseres Wirtschaftens zu finden. Die Grundvorrausetzung hierfür ist natürlich auch hier wieder, die Existenz und Bedeutung dieses »Überbewusstseins« zunächst überhaupt erst anzuerkennen.

LIEBE ALS GRUNDLAGE ZUR REDUKTION VON ANGST

> »Die Liebe fürchtet nichts und niemanden. Sie schneidet die Angst an der Wurzel ab: Wo Angst ist, ist auch keine Liebe; wo Liebe ist, ist auch keine Angst.«
>
> **PITIRIM A. SOROKIN**

Ängste im Kontext von Unternehmen und der Arbeit drücken sich – ob eingestanden oder nicht – in mannigfaltiger Form aus:[244] Angst vor unerfreulichen Nachrichten, Angst vor den Monats-, Quartals- oder Jahresergebnissen, Angst, Ziele nicht erreichen zu können, und die Angst, nicht die richtige Entscheidung zu treffen; Angst vor der Konkurrenz, dem eigenen Scheitern und Versagen, von anderen »abgehängt« zu werden, einer schlechten Bewertung oder die Angst, die nächste Karrierestufe nicht zu erklimmen; Angst davor, Verantwortung zu übernehmen, andere mit unangenehmen Nachrichten zu konfrontieren; Angst vor Veränderung;

Angst vor anderen Menschen zu sprechen; Angst, von anderen »vorgeführt« zu werden; Angst vor Angriffen/Anfeindungen und Mobbing von Kollegen, vor internen Widersachen; Angst vor dem Verlust des Arbeitsplatzes, den Vertrag nicht verlängert zu bekommen, den eigenen Ansprüchen nicht zu genügen; Angst, in seinem Umfeld als Versager dazustehen, Angst vor Ablehnung usw.

Aber Angst ist keineswegs nur negativ bzw. ein Störfaktor; richtig integriert, hat Angst auch eine positive Seite und kann ein wichtiger und hilfreicher Aspekt unserer Existenz sein, denn sie kann uns dabei helfen, unsere Einheit als Individuum und Gattung zu schützen – oder würden Sie gerne bei jemanden ins Auto einsteigen wollen, der überhaupt keine Angst hat?[245]

Angst – Motivator und Ursache von Stress

Dies wurde auch schon von Winfried Panse und Wolfgang Stegmann in ihrem Buch »Angst – Macht – Erfolg« sehr ausführlich beleuchtet:[246] Angst ist zweifelsohne ein ausgesprochen starker Motivator und führt bei vielen Mitarbeitern und Führungskräften zu einem hohen Aktivitätspotenzial und zu gesteigerter Leistungsbereitschaft. Ich selbst war in meinem Berufsleben sehr oft von den vorgenannten Ängsten getrieben. Ich würde sogar sagen, sie waren der Grund und die wesentliche Triebfeder für meine bisherige Karriere. Und ich würde sogar nach meiner eigenen Erfahrung sagen, dass in den meisten Unternehmen, die ich in meinen unterschiedlichen Rollen kennenlernen durfte, die Angst über alle Karrierestufen hinweg die vorherrschende Emotion war. Und Angst steht letztlich auch hinter der »Gier« – einem weiteren hervorragenden Motivator im Unternehmenskontext –, dem Wunsch nach immer mehr: mehr Status, Geld, Einfluss und Macht, zumeist getrieben aus der (oft uneingestandenen) Angst, nicht so erfolgreich wie die anderen zu sein, aus der Angst, den eigenen Lebensstil nicht mehr aufrechterhalten zu können, kurz: Angst, nicht genug zu bekommen und/oder selbst nicht genug zu sein.

Die meisten Unternehmen, die ich kenne, werden daher in einer Kombination von Angst und Gier geführt. Viele Personalführungssysteme bedienen sich genau dieser beider Motivatoren und tun dies in der Regel, ohne sie so zu benennen: positive Belohnung in Form von individuellen Boni, Beförderungen und Gehaltserhöhungen (die die Gier ansprechen) und negative Sanktionen, beispielsweise in Form von Negativbeurteilungen und Abmahnungen bis hin zu Entlassungen. Und ich erinnere mich noch sehr gut an meine Anfangstage in der Unternehmensberatung und an den Leitsatz meines Mentors, eines verkäuferisch begnadeten Partners: »Man kann nur an die Angst und die Gier verkaufen!«

Angst ist aber nicht nur ein hervorragender Motivator und hilfreich in lebensbedrohlichen Situationen. Auf der negativen Seite ist die (psychische) Angst in unterschiedlicher Ausprägung auch eine der zentralen Ursachen für Stressreaktionen, Mobbing sowie psychische und psychosomatische Folgeerkrankungen, wie Burn-out und Sucht, die derzeit in besorgniserregender Form zunehmen.[247] Dies wurde schon an vielen Stellen untersucht und beschrieben – daher hier einige Fakten zur Situation in Deutschland: [248]

- 2011 wurden bundesweit 59,2 Mio. Arbeitsunfähigkeitstage aufgrund psychischer Erkrankungen registriert, ein Anstieg um mehr als 80 Prozent im Zeitraum der letzten 15 Jahre. Nach Schätzungen von Gesundheitsexperten und Krankenkassen sind in Deutschland bis zu 13 Millionen Arbeitnehmer vom Burn-out betroffen.
- Erwerbstätige in Deutschland waren 2010 fast zehn Millionen Tage wegen Burn-out-Symptomen krankgeschrieben. Das heißt, rund 40.000 Arbeitskräfte fehlten Unternehmen, weil sie sich ausgebrannt fühlten.
- Nach Untersuchungen der Weltgesundheitsorganisation (WHO) verursacht ein Burn-out im Schnitt 30,4 Krankheitstage pro Jahr.

- Bereits jede/r fünfte Arbeitnehmer/in leidet unter gesundheitlichen Stressfolgen – von Schlafstörungen bis zum Herzinfarkt.
- Jede/r dritte Berufstätige arbeitet »am Limit« und fühlt sich stark erschöpft oder gar ausgebrannt.
- Fachleute beziffern die Produktionsausfallkosten und verlorene Bruttowertschöpfung in Deutschland auf rund 71 Milliarden Euro.
- 41 Prozent aller Neuzugänge zur Rente wegen verminderter Erwerbsfähigkeit waren auf psychische Störungen zurückzuführen.
- Ursache Nummer eins für Frühverrentungen sind inzwischen psychische Belastungen. Das Durchschnittsalter hierfür liegt bei 48,3 Jahren.

Was aber ist die Ursache für all diese Ängste und negativen Emotionen von Mitarbeitern und Führungskräften in Unternehmen? Und gibt es eine Möglichkeit, diesen psychischen Ängsten und Emotionen auf irgendeine Weise zu »entgehen«, um ihre negativen Folgen zu vermeiden? Und gibt es – sollte dies möglich sein – eine Alternative, um Unternehmen auch mit weniger Angst und ihrer unbestritten starken motivatorischen Kraft zu führen? Um diese wesentlichen Fragen beantworten zu können, möchte ich zunächst mit meinen Worten – ohne mir anmaßen zu wollen, hier als Experte aufzutreten – ein vertiefteres Verständnis von Emotionen, insbesondere der Angst, darlegen:

Wie schon weiter vorn ausgeführt, entstehen Emotionen dadurch, dass ein zugrundeliegendes Emotionssystem angestoßen bzw. »getriggert« wird und es dann die mit den Emotionen verbundenen Hirnzustände und körperlichen Erregungszustände generiert. Das Emotionssystem kann einerseits unwillkürlich durch die evolutionsbiologisch sehr alten Bereiche des Gehirns, die unter anderem für die reflexhafte Gefahrenabwehr zuständig sind, angestoßen werden (beispielweise durch die Wahrnehmung einer unmittelbaren Bedrohung für Leib und Leben), andererseits aber auch durch bewusste und unterbewusste Gedankenabläufe aus den neueren Hirnsystemen des limbischen Systems und des Neokortex.[249] So können beispielsweise unterbewusste Ängste aufgrund jahrelanger Konditionierungen/Programmierungen entstehen, die möglicherweise auf übernommenen pränatalen und frühkindlichen Erfahrungen, übernommenen Glaubenssätzen der Eltern oder gar Traumata beruhen. Und diese unterbewussten Konditionierungen und Ängste bestimmen maßgeblich – bis zu 95 Prozent – unser Leben und unsere Entscheidungen.[250]

Das Emotionssystem (bzw. insbesondere die Amygdala) kann jedoch den Anlass seines »Anstoßes« nicht weiter unterscheiden – und reagiert mit seinem Arsenal emotionaler Reaktionen immer auf die gleiche Weise, unabhängig davon, ob nun ein Tiger in der Tür steht (und deshalb wirkliche, unmittelbare Gefahr für Leib und Leben droht) oder man im behaglichen Bett liegt und an eine Zukunftssituation denkt, die einem Angst bereitet. Erkennbar ist, dass es sich bei dem zweiten Fall um eine rein psychologische Angst handelt, die jedoch nach Ansicht des Psychotherapeuten Russ Harris in den allermeisten Fällen nie eintritt. In beiden Fällen aber – echter Tiger im Zimmer oder nur vorgestellte, angstbesetzte Situation – werden die Ängste ähnlich intensiv und real erlebt, da dieselben Emotionssysteme beteiligt sind.

Kognition und Emotion

Hinsichtlich der Art der Verknüpfung von Kognition und Emotion gibt es unterschiedliche Theorien, sicher ist jedoch, dass sie sich aufgrund der »Geschlossenheit« des Nervensystems stets gegenseitig beeinflussen, sodass Kognition auch immer integraler Bestandteil emotionaler Prozesse ist – und umgekehrt.[251] In der Regel werden Emotionen im Moment ihrer Entstehung zumeist der willentlichen und kognitiven Steuerung entzogen, passiv und als »übermächtig« erlebt.[252]

Gleichzeitig beeinflusst der emotionale Zustand (z. B. Angst) die Kognition, es treten deutliche »Assimilationseffekte« in Richtung der Emotionen auf (z. B. selbstverteidigendes Verhalten).[253] Auf diese Weise haben Emotionen bedeutende soziale Effekte: Sie tragen maßgeblich zur Entstehung und Regulierung sozialer Interaktionen bei und veranlassen so kooperatives oder distanzierendes Verhalten zwischen Menschen. Führt eine Emotion zu einer gefestigten, positiven Bindung zwischen Menschen, bekommen diese mehr Gelegenheit zur Interaktion und zur wechselseitigen Anpassung. Entsprechend versteht Humberto Maturana Emotionen als wesentliche Grundlage der Beziehungskonfiguration zwischen Menschen: Innerhalb des durch die Emotionen gesetzten Handlungsrahmens findet die Interaktion zwischen ihnen statt.[254] Ebenso zeigt die Hirnforschung, dass Emotionen auch eine zentrale Rolle beim Lernen und Erinnern einnehmen. *»Wir nehmen vornehmlich nicht nur die Dinge wahr, die uns emotional berühren, wir erinnern uns auch nur an emotional Bedeutsames«*[255], so die Psychotherapeutin E. Noni Höfner.

Nach Dan Ariely, einem israelischen Psychologen und Hirnforscher, übernehmen Emotionen sogar ganz grundsätzlich die zentrale »Steuerungsfunktion« im Gehirn in dem Sinne, dass sie u. a. darüber bestimmen, welches der evolutionär gewachsenen Hirnsysteme die »Führung« in Momenten aktueller lebensgefährlicher Bedrohung übernimmt – beispielsweise das Verteidigungssystem (»Fight-Flight-Freeze-Response«).[256] Menschen werden daher im Wesentlichen – so seine Aussage – von ihren unbewussten Emotionen gesteuert, auch wenn ihnen ihre bewusste Wahrnehmung das Gegenteil suggeriert: Entscheidungen werden zunächst emotional getroffen und dann vom (bewussten) Verstand rationalisiert.[257] Nach Gerhard Roth laufen emotionale Entscheidungen auf drei limbischen Ebenen ab:[258] Auf der untersten Ebene befinde sich das, was weitgehend genetisch und aus frühkindlichen Erfahrungen bedingt ist und u.a. unser »Temperament« ausmacht. In der darüber liegenden mittleren, limbischen Ebene fänden die Vorgänge der emotionalen Konditionierung sowie die psychosoziale Erfahrung statt, und die obere limbische Ebene sei die Ebene der bewussten sozialen Erfahrungen und der konditionierten Verhaltensregeln. Sie alle spielten bei emotionalen Entscheidungen eine (zum Teil widersprüchliche) Rolle, während die darüber liegende kortikale, kognitiv-rationale Ebene bei emotionalen Entscheidungen keine wesentliche Rolle spiele.

Zu ähnlichen Ergebnissen kommt auch Antonio Damasio, einer der derzeit führenden Hirnforscher, der gezeigt hat, dass Menschen, die aufgrund eines Vorfalls die Fähigkeit des emotionsauslösenden limbischen Systems verloren haben, zu keinen Entscheidungen mehr finden konnten, selbst nicht für einfachste Fragestellungen wie der Wahl eines Beförderungsmittels.

Auch die Forschungen der Neurowissenschaftler Roger Sperry und Michael Gazzaniga weisen in die Richtung, dass das Gehirn schon eine Entscheidung getroffen hat, noch bevor die für Sprache und rationale Gedanken verantwortlichen Hirnfunktionen aktiv werden.[259] Und der Biologe Humberto Maturana sagt hierzu: *»Alle rationalen Systeme und Diskussionen beruhen auf einem Fundament, welches nicht rationaler Natur ist, sondern welches aufgrund eigener Vorlieben akzeptiert wird. Daher kann es natürlich durchaus sein, dass wir unsere eigenen Aktivitäten, die sich aus diesen Vorlieben ergeben, nachträglich rationalisieren, um sie auf diese Weise zu rechtfertigen. (...) Ich würde sagen: Menschen sind emotionale Tiere, die ihren Verstand und ihre Vernunft einsetzen, um Emotionen zu leugnen oder auch, um sie zu rechtfertigen.«*[260] Die hierfür von Gazzaniga als »Interpreter« beschriebene Hirnfunktion versucht angesichts des modularen Aufbaus des Gehirns und den aus ihm resultierenden, oftmals widersprüchlichen Handlungen des Menschen, ein konsistentes Gesamtbild zu erzeugen – womit wir wieder einen Ausdruck des Drangs nach Einheit erkennen können, den auch schon, wie weiter oben ausgeführt, Festinger mit der Dissonanztheorie beschrieben hat. Nach Gazzaniga ist diese Funktion aufgrund der Modularität des Gehirns geradezu unerlässlich.[261]

Wie frei können wir sein in unserem Denken und Handeln?

Dies führt natürlich unmittelbar zu der Frage, wie »frei« wir tatsächlich sind, uns zu entscheiden. Vermeintlich – nach unserer üblichen Eigenwahrnehmung – sind wir darin relativ frei, insbesondere nachdem sich der moderne Mensch, wie es auch Erich Fromm beschreibt, von vielen äußeren Zwängen befreit hat (im Sinne der »Freiheit von etwas«).[262] Nach der Erkenntnis vieler Hirnforscher, unter anderem Michael Gazzaniga und Gerhard Roth, existiert der »freie Wille« des Menschen jedoch nicht, oder – wie ich noch weiter ausführen möchte – zumindest in einer vollkommen anderen Art und Weise, als wir »denken«.[263] Nach David Kahnemann agieren wir zumindest in unserem Alltagsbewusstsein (welches er »System 1« nennt) gleichsam wie mit einem Autopiloten; dort agieren wir intuitiv, im Wesentlichen von Emotionen, Programmierungen und Konditionierungen geleitet.[264] Aber auch in unserem »bewussten Denken« (bei Kahnemann das »System 2«), das unsere sehr knappe, psychologische Aufmerksamkeit benötigt, sind wir – auch wenn wir uns vielleicht subjektiv so erleben – nicht vollkommen frei. Dies ist einerseits so, weil die Kognition – wie schon ausgeführt – maßgeblich von Emotionen beeinflusst ist und wir damit in der Regel auch beim Denken in unseren emotionalen Zuständen »gefangen« sind, und anderseits ist dies der Fall, weil wir in der Regel nicht frei sind in unserem Willen.[265] So denken, fühlen und wollen wir auch oftmals nicht im Sinne eines willentlichen Entschlusses, sondern »werden eher gedacht« bzw. »will es für uns«. Oder können Sie bestimmen, dass und was sie denken? Sind Sie in der Lage, den ständigen Strom an Gedanken willentlich abzustellen? Oder können Sie ganz bewusst Ihre Aufmerksamkeit länger als für einige Sekunden auf etwas richten, ohne dass Ihnen ein ganz anderer Gedanke durch den Kopf schießt?

Wie Erich Fromm in seinem Buch »Die Flucht vor der Freiheit« sehr anschaulich ausführt, haben die meisten Menschen genau auf dieser Ebene, der Ebene der Emotionen und Gedanken, keine wirkliche Freiheit erreicht (so sie denn je erreichbar ist). Denn diese wäre mehr als nur eine äußere »Freiheit von« (z. B. Zwängen, Repressalien), sondern eine innere »Freiheit, um zu«, sprich das zu tun, was man wirklich will. Stattdessen handelt der moderne Mensch, der zwar äußerlich Freiheit von vielem erreicht hat, innerlich mehr denn je wie ein Getriebener, der sich frei von äußeren Ketten umso mehr als ein von allem und allen getrenntes Wesen wahrnimmt, wie schon weiter vorn ausgeführt.

Diese »primäre Trennung« des Menschen, wie Fromm es nennt, führt jedoch zu einer tiefgehenden Angst – vor allem davor, von anderen Menschen abgelehnt und verstoßen zu werden.[266] Als Folge dieser Ängste entwickeln wir nach Fromm Fluchtmechanismen, die durch kompensatorische Handlungen von den Ängsten ablenken sollen und sich entweder durch übertriebene Aggression oftmals in Form von sadomasochistischem Verhalten, Destruktion und/oder Konformismus ausdrücken. Ohne hier in der Tiefe die von ihm ausführlich beschriebenen Fluchtmechanismen ausführen zu wollen,[267] sind doch genau diese nach meiner eigenen Erfahrung in Unternehmen als Folge von Angst beobachtbar. So versuchen sich Mitarbeiter und Führungskräfte, gerade in hierarchisch geprägten Unternehmen, dort, wo sie nicht anders können, anzupassen und unterzuordnen, um nicht selbst abgelehnt und ausgestoßen zu werden. An anderer Stelle gehen aber genau dieselben Personen, die sich soeben noch unterordnend verhalten haben, mit anderen, ihnen wiederum beruflich untergeordneten Kollegen auf aggressive oder gar sadistische Weise um. Oder Mitarbeiter passen sich – ebenfalls aus Angst vor der Ablehnung anderer – an: in ihren Überzeugungen, moralischen Ansichten, ihrem Verhalten in unterschiedlichen Gruppierungen, ihrer Kleiderwahl und so weiter.

Differenzbildung und die Angst

Doch gibt es eine Möglichkeit, zunehmend frei von psychologischer Angst zu sein? Ich glaube nach meinen eigenen Erkenntnissen und Erfahrungen, ja. Jedoch möchte ich dies, ohne über eine entsprechende psychologische Ausbildung zu verfügen, nur mit aller Demut und Vorsicht behaupten und mir in keiner Weise anmaßen, hier auch für Fälle schwerer struktureller Persönlichkeitsstörungen, Traumatisierungen oder pathologischer Psychosen zu sprechen. Ebenso gibt es sicherlich individuell unterschiedliche Grenzen der Möglichkeit zur Befreiung von Ängsten, und sicherlich erfordert es einen längeren Prozess der Selbstfindung und hin zur Selbstliebe. Da wir im Kontext der Unternehmensführung jedoch eher über als weitgehend »normal«, d.h. pathologisch unauffällig geltende Menschen reden, wage ich hier einige weitere Ausführungen:

Die Wurzel der psychologischen Ängste liegt nach Krishnamurti in dem *bewertenden Vergleich – und damit im Denken selbst.*[268] Führt ein gedanklicher Vergleich (bewusst oder unbewusst) zu einer negativ bewerteten Differenz, löst dies im Emotionssystem (psychologisch bedingte) Angst aus.[269] Insofern ist diese doppelte Differenzbildung in duale Polaritäten (der Vergleich und dessen Beurteilung) die Ursache der psychologischen Angst – und wir sind *aufgrund unserer eigenen Differenzbildung die Schöpfer dieser Angst.* Dies ist meiner Ansicht nach sehr gut in dem Grundlagenwerk des Tiefenpsychologen Fritz Riemann beschrieben, der alle (Lebens-)Ängste auf vier »Grundformen der Angst« zurückführt.[270] Nach Riemann sind diese Ängste Ergebnis von Polarisierungen in zwei Dimensionen: in der ersten Dimension ist es die Angst vor der Selbsthingabe (als »Ich-Verlust« und Abhängigkeit erlebt) versus der Angst vor der Selbstwerdung (als »Isolierung« erlebt). In der zweiten Dimension haben wir es mit der Angst vor der Wandlung bzw. Vergänglichkeit (verbunden mit Unsicherheit) zu tun; ihr gegenüber steht die Angst vor der Endgültigkeit (verbunden mit Unfreiheit). Auch hier erkennt man sehr gut die schon weiter oben beschriebenen Polaritäten der Selbst- versus der Arterhaltung als die zwei Ausprägungen des Wunsches nach Erhaltung von Einheit.

Wenn dem so ist, könnten psychologische Ängste *an ihrer Wurzel* verhindert werden, wenn entweder a) kein Vergleich stattfindet, es b) keine Differenz gibt oder c) diese Differenz nicht negativ bewertet wird. Schauen wir uns das etwas genauer an:

1. Wenn es keinen Vergleich gibt bzw. keine Bewertung stattfindet, gibt es keinen Auslöser für (psychische) Angst. Dies wird anhand einiger Beispiele unmittelbar einsichtig: Tiere, die keine Fähigkeit haben, denkend zu bewerten, haben keine psychische Angst. Wenn wir keine Erwartungshaltungen an eine (wie schon gesehen, rein erdachte!) Zukunft haben, dann kann sie so sein, wie sie will – wir haben keine Angst vor ihr und machen uns keine Sorgen um sie. Wenn wir während des Fluges schlafen, haben wir keine Flugangst. In dem Moment, in dem wir etwas völlig über die Sinne wahrnehmen oder der Atem stillsteht, können wir nicht denken und haben wir keine Angst. Wenn es uns durch Meditation und andere Praktiken (wie beispielsweise durch manche Extremsportarten) gelingt, voll und ganz in gegenwärtiger Wahrnehmung im Hier und Jetzt zu sein, haben wir keine Gedanken – und folglich auch nicht die Fähigkeit zu vergleichen und somit auch keine Angst. Yuval Harari erzählt in seinem Buch »Homo Deus« die Geschichte einer Reporterin, die die Gelegenheit bekam, einen in Erprobung befindlichen Helm der US-amerikanischen Armee zu testen, der genau die Hirnregionen dämpft bzw. ausschaltet, die diese gedanklichen Vergleiche vornimmt und Angst erzeugt. Sie wurde so in einer Computersimulation zu einer überragenden Kämpferin – durch weitgehende Angstfreiheit.[271]
2. Gibt es keine Wahrnehmung von Differenz, kann keine (psychologische) Angst entstehen. Auch hier wieder einige Beispiele:

Wenn wir uns bezüglich einer Sache genauso sicher sind wie in Bezug auf eine andere, entsteht durch ihren Vergleich keine Differenz – etwa bei Fragen wie: »Soll ich eher Methode 1 oder 2 anwenden, die mir beide bekannt sind?« Ähnlich verhält es sich, wenn wir zwei Sachen vergleichen, über die wir etwas wissen, oder aber zwei Sachen, über die wir jeweils nichts wissen. Ganz anders aber schaut es aus, wenn wir uns einer Sache sicher sind, bei einer anderen aber unsicher, oder wenn wir etwas über eine Sache wissen, über eine andere aber nicht. Wenn eine Differenz zwischen Sicherem und Unsicherem, Wissen und Nicht-Wissen wahrgenommen wird, kann Angst entstehen, beispielsweise: »Soll ich die mir vertraute Methode 1 anwenden oder die möglicherweise bessere, mir aber noch unvertraute Methode 2?« oder »Soll ich meinen jetzigen Arbeitgeber behalten oder zu einem anderen wechseln?« Aus diesem Grund empfiehlt die buddhistische Psychologie, bei allen Aktivitäten stets einen sogenannten »Anfängergeist« einzunehmen und allen neuen Situationen in einer Haltung des »Nicht-Wissens« statt des »Wissens« zu begegnen – was automatisch die Entstehung einer Differenz vermeidet oder zumindest reduziert.[272]

3. Letztlich ist aber auch eine Differenz zwischen Wissen und Nicht-Wissen, Erwartung und Realität, Sicherheit und Unsicherheit unbedeutend, wenn die Differenz nicht (negativ) bewertet wird. Es stellt sich also die Frage, mit welcher Grund- oder Geisteshaltung wir Differenzen, die sich aus einem Vergleich ergeben, begegnen: Begegnen wir ihnen mit innerem Widerstand, lehnen wir Differenz innerlich ab, führt dies dazu, dass Angst ausgelöst wird. Dieser Widerstand, infolge bewusster oder unbewusster negativer gedanklicher Beurteilungen von Situationen, ist eine wesentliche Ursache menschlichen Leids. »Leid« ist daher eine primär menschliche Erfahrung – während zumindest die meisten Tiere diese Form von »Leid« nicht kennen, natürlich aber auch Schmerz erleben.

Auch hierzu wieder einige Beispiele: Werde ich von einem Kleinkind als »dicker Mann« tituliert, obwohl ich mich nicht so empfinde (Differenz zwischen meinem Selbstbild und einem Fremdbild), kann ich hierüber gutmütig und wohlwollend schmunzeln, werde ich hingegen so von meinem Kollegen genannt, eher weniger. Führt der Soll-Ist-Vergleich des Controllings zu einer Abweichung, die unsere Erwartungen bestätigt, wird dies positiv erlebt, ist dies aber nicht so, macht dies oftmals Angst. Haben wir eine Antwort auf aktuell anstehende Probleme, führt dies zu anderen Emotionen, als wenn wir ratlos den Veränderungen der Umwelt gegenüberstehen. Sehen wir schreckliche Bilder von Rauchern auf Zigarettenpackungen, verbunden mit drastischen Warnungen vor der Zukunft als Raucher, können wir diese sehr gut ausblenden und ignorieren, bekommen wir aber eine konkrete Krebsdiagnose, stellt sich Angst ein und verändert sich unsere emotionale Reaktion vollkommen.

In Unternehmen wird Veränderung (Differenz zwischen bekannt/unbekannt) sehr oft als negativ beurteilt und geht nicht selten mit Angst und Unsicherheit einher. Der hieraus resultierende Widerstand von Führungskräften und Mitarbeitern ist nach Keller/Price zu einem stark überwiegenden Anteil dafür verantwortlich, dass Transformationsprozesse scheitern.[273] Dieser Widerstand entsteht aber nicht etwa, weil das Alte/Bisherige so gut war bzw. ist, sondern weil eine Differenz zwischen Bekanntem und Unbekanntem entsteht, die wie ausgeführt zumeist ablehnend beurteilt wird. So wird sich in den schwärzesten Farben ausgemalt, wie sich etwas entwickeln wird, wenn man bekannte Abläufe, Strukturen und Wissen aufgibt (»Nicht-Wissen«), denn die früher gemachten Erfahrungen, bekannten Abläufe und bisherigen Vorstellungen über die Welt sind uns vertraut (»Wissen«) und daher (vermeintlich) sicher(er).

Da psychologische Angst wie ausgeführt in vielen Fällen ein Produkt unseres trennenden (bewussten oder unbewussten) Denkens ist, wird jetzt auch nachvollziehbar, warum sie in vielen Unternehmen ein so ausgeprägtes Phänomen ist. Denn in fast allen Unternehmen und in unserer westlichen Gesellschaft insgesamt ist der »Grundmodus« der Problemlösung die gedankliche Differenzbildung und unsere emotionale Konditionierung der (Negativ-)Beurteilung von Differenzen. Diese bewertende, negative Grundhaltung ist meines Erachtens ein zentraler Grund für die Unzufriedenheit, den Stress und die Angst über alle Ebenen des Unternehmens hinweg.

Der zentrale Hebel zur Vermeidung von Angst wäre also, die Beurteilung zu überwinden und/oder der auf Basis eines Vergleichs geschaffenen Differenz ohne Widerstand und Ablehnung, sondern mit Annahme und Liebe zu begegnen. Dies bringt uns zurück zu der Frage nach dem »freien Willen«: Können wir das einfach so, nicht mehr negativ beurteilen, selbst wenn wir das wollten? Augenscheinlich nicht – zumindest nicht einfach so. Wir haben, wie ausgeführt, keinen uneingeschränkt freien Willen, erst recht dann nicht, solange wir nicht frei von unseren unwillkürlichen negativen Beurteilungen und Gedanken sind.

Freier könnten wir jedoch sein, wenn wir die Fähigkeit entwickelten, in einer »gewissen Distanz« von diesen Gedanken und Emotionen leben zu können.

Zunehmende Freiheit können wir also dadurch erlangen, dass wir uns von der Identifikation mit diesen Gedanken und Emotionen lösen, indem es uns nach Russ Harris gelingt, eine gegenwärtige, annehmende Beobachtungshaltung gegenüber unserer inneren Welt einzunehmen und uns gewahr werden, dass gerade »beurteilende Gedanken« und »emotionale Gefühle« da sind, die zu einer entsprechenden Verhaltensneigung führen. Durch diese beobachtende Distanz verlieren Gedanken und Gefühle zwar nicht ihre Bedeutung und Unmittelbarkeit, doch fühlen wir uns diesen weniger ausgeliefert und sind zunehmend in der Lage, gelassener zu reagieren. So kommen wir zu einer zunehmenden Freiheit von ihnen, bis hin zu einer möglicherweise vollständigen De-Identifikation mit ihnen.

Dies gelingt jedoch nicht durch gedankliche, kognitiv-rationale Auseinandersetzung mit der Angst, die wiederum zu negativer Differenzbildung und damit einhergehend zu Widerstand der Angst gegenüber führt und sie so weiter verhärtet (»Angst vor der Angst«), sondern durch die *Einnahme einer achtsamen Grundhaltung der Liebe* unseren Gedanken und Emotionen (u. a. der Angst) sowie sich selbst gegenüber im Hier und Jetzt.[274] Es geht also um eine nicht-beurteilende Beobachtung und um die *Annahme der Angst* sowie der Tatsache, dass wir als Menschen Angst haben. Und es geht um ein bewusstes und liebevolles Aufsuchen des Kontakts mit der Angst, um sie wirklich zu fühlen, statt um den Widerstand gegenüber der Angst und unserem Sosein.[275] Um diese akzeptierende und gegenwärtige (Beobachter-)Haltung einnehmen zu können, ist die Kultivierung der Bewusstseinsqualität und eine zunehmende Identifikation mit dem »beobachtenden Ich« bzw. dem Überbewusstsein ein wesentlicher Schlüssel.[276]

Diese Fähigkeit, liebevoller Beobachter unserer inneren Welt, d. h. unserer Gedanken, Gefühle und Wahrnehmungen zu sein, ist letztlich das, was uns die östlichen Weisheitstraditionen lehren bzw. worin wir uns durch Achtsamkeits- und Mitgefühlspraktiken schulen. Hierzu gibt es in den letzten Jahren auch in der Unternehmenswelt schon beachtliche Fortschritte. Sie erlebt vor allem auch im Kontext der »Mindfulness at Work«-Bewegung und den Veröffentlichungen und Angeboten zu »Self-Compassion« (Selbstmitgefühl) derzeit zunehmend breite Beachtung auch in Unternehmen. Dies ist zweifelsohne eine hervorragende Entwicklung, die bei regelmäßiger Praxis wissenschaftlich messbare, positive Effekte auf sowohl geistiger als auch körperlicher Ebene für ihre Anwender hat.[277]

Dies führt zunehmend zur Freiheit von (unnötigen psychologischen) Ängsten und eröffnet damit überhaupt erst den Raum für einen wirklich freien Willen.[278] Es ist die schon weiter oben erwähnte Freiheit in der Wahl der Einstellung und Haltung den Dingen gegenüber sowie ein Raum, auf den schon Victor Frankl hingewiesen hat mit der Äußerung: *»Zwischen Reiz und Reaktion liegt ein Raum. In diesem Raum liegt unsere Macht zur Wahl unserer Reaktion. In unserer Reaktion liegen unsere Entwicklung und unsere Freiheit.«* Also auch um Ängste im Unternehmensalltag zu reduzieren, ist es daher sinnvoll und notwendig, die Fähigkeit weiterzuentwickeln, eine achtsame Grundhaltung der Liebe einzunehmen.

Ich selbst habe zwischenzeitlich auch bereits erste positive Effekte bezüglich der Reduktion von Angst bemerkt, seitdem ich nunmehr über einige Jahre hinweg unter anderem Mitgefühlsmeditation praktiziere und mir selbst zunehmend in der achtsamen Grundhaltung der Liebe begegne. Zu Beginn gelang es mir nur für ausgesprochen kurze Zeit, sprich wenige Sekunden oder nur Sekundenbruchteile in der Achtsamkeit zu sein. Mit regelmäßiger Praxis gelang es mir aber zunehmend öfter, Präsenz und eine liebevolle Grundhaltung einzunehmen und zu halten – ohne jedoch behaupten zu wollen, dass mir dies bereits stets und immer gelingt, ganz im Gegenteil. Mir ist zwischenzeitlich klar geworden, dass ich mich auf einen Prozess eingelassen habe, der ständige Übung und Weiterentwicklung erfordert. Doch ist dies auch ein sehr lohnender Prozess, der mir – und wenn Sie sich darauf einlassen wollen, wahrscheinlich auch Ihnen – zunehmend die Fähigkeit geben wird, Unternehmen mit mehr innerer Freiheit, weniger Angst und aus der achtsamen Grundhaltung der Liebe heraus zu führen und zu gestalten.

Denn eines wird in vielen Unternehmen übersehen: Die Liebe ist noch ein viel größerer Motivator als die Angst.

LIEBE UND DIGITALISIERUNG

»Bald ist ein Punkt erreicht, viel früher vielleicht, als irgendeinem von uns bewusst ist, an dem wir … unsere Energien fürderhin anderen als wirtschaftlichen Zielen widmen können. (…) unter der Annahme, dass keine wichtigen Kriege und kein erheblicher Bevölkerungszuwachs stattfinden, wird das wirtschaftliche Problem innerhalb von hundert Jahren gelöst oder zumindest in Sichtweite einer Lösung sein. Das bedeutet, dass – wenn wir in die Zukunft schauen – das wirtschaftliche Problem nicht das permanente Problem der menschlichen Spezies ist.«[279]

JOHN M. KEYNES (1930)

Zweifelsohne führt die zunehmende Digitalisierung aller Lebensbereiche zu fundamentalen Veränderungen in der Menschheitsgeschichte. Die Digitalisierung besteht meiner Ansicht nach vor allem darin, dass sie der »realen« Welt einen weiteren Layer in Form einer »virtuellen« Welt hinzuzufügt, um so Menschen und Objekte der realen Welt miteinander zu verknüpfen bzw. zu vernetzen.

Diese Entwicklung hat schon lange vor der sogenannten »digitalen Revolution« begonnen und nicht erst vor wenigen Jahren. Früher waren die für die Vernetzung verwendeten Technologien u. a. Höhlenmalereien, geschriebene und später gedruckte Schriftzeichen in Büchern, noch viel später analoge Kommunikationsmedien wie Funkgeräte und Telefone, bis hin zu den heute verfügbaren digitalen Technologien zur Kommunikation und zum Datenaustausch, wie das World Wide Web, Smartphones, Social-Media-Kanäle, das Internet der Dinge etc. Im engeren Sinne ist die Digitalisierung dem Wortstamm nach eng verknüpft mit dem Binärcode, den der Mathematiker und Elektrotechniker Claude Shannon schon in den 1930er-Jahren als Basis für logische

Operationen vorgeschlagen hat.[280] Aber selbst in meiner eigenen Karriere als Berater und Experte für Digitalisierung hat sich der Begriff für das, was heute als »Digitalisierung« bezeichnet wird, mehrfach geändert. So hießen Projekte zur Digitalisierung mit sehr ähnlichen Inhalten zum Beispiel »IT-driven Strategy«, »eCommerce Strategy«, »E-Strategy«, »eBusiness Strategy«, »Connected Car«, »Digital Transformation« und »Industrie 4.0«.

Im Kern sind jedoch die Digitalisierung und die zunehmende technologische Vernetzung eine Manifestation eines lange gehegten menschlichen Wunsches – des Wunsches nach Überwindung von Getrenntheit und Wiederherstellung von Einheit; oder umgekehrt die äußere Realisierung einer schon vorhandenen, aber für viele nicht real gelebten Wirklichkeit – der Verbindung von allen mit allem auf der inneren Ebene. Die Digitalisierung kann daher aus diesem Blickwinkel als *ein Ausdruck von, aber vor allem auch eine Sehnsucht nach Liebe* gedeutet werden. Daher ist es nicht verwunderlich, dass sich private und berufliche Social-Media-Plattformen, Chats und vernetze Computerspiele solch überragender Beliebtheit erfreuen.

Zwischenzeitlich ist durch die Digitalisierung und die zunehmende Vernetzung die Möglichkeit entstanden, hier und jetzt mit einigen oder gar mit (fast) allen Menschen rund um den gesamten Erdball herum zu interagieren – und zwar *auf der äußeren Ebene.* Eine äußere, rein audio-visuelle Vernetzung ist jedoch nur ein schaler Ersatz für einen wirklichen Kontakt zwischen Menschen. Es fehlt allen »liebevollen« Nachrichten, Briefchen und Posts letztlich die Tiefe und Erfüllung der körperlichen und der emotionalen Liebe. Es fehlt ihnen die weiter vorn beschriebene Möglichkeit der limbischen (Positivitäts-)Resonanz, die eben nur in einem präsenten und räumlich nahen Kontakt möglich ist. Und ebenso fehlt diese Komponente den täglich milliardenfach in Unternehmen versendeten E-Mails, mit dem Effekt, dass die oftmals sehr einseitig intellektuelle und visuelle Fokussierung auf Texte und Bilder allenthalben zum Entstehen und Anheizen von innerbetrieblichen Konflikten führt – weil eben andere wichtige Kommunikationsebenen wie Stimmklang, Betonung, Tonalität sowie Mimik und Gestik nicht mitübertragen werden können.[281] Auch Smileys, Emoticons und verschickte Herzchen sind da nur ein schwacher Ersatz für ein viel umfassenderes, emotional-körperliches Kommunizieren und Empfinden sowie das Erleben der Liebe im Hier und Jetzt. Dies gilt generell, vielleicht mit Ausnahme von Menschen, die (bereits) in der Lage sind, einen engen Kontakt mit anderen auch auf der *inneren Ebene* herzustellen, bei der die räumliche Distanz keine Rolle spielt.

Hier und jetzt mit allen auf der Welt audio-visuell kommunizieren zu können heißt daher keineswegs, im Hier und Jetzt präsent und damit im wirklichen Leben zu sein – es bedeutet sogar eher das Gegenteil. Hierauf hat mich auch vor einigen Jahren mein damals noch fünfjähriger Sohn auf sehr deutliche und für mich wachrüttelnde Weise hingewiesen, als er – während ich in seiner Anwesenheit mal wieder mit dem Smartphone zugange war – zu mir sagte: »Stimmts, Papa, du hast dein Handy lieber als mich!«

Insofern bergen die Digitalisierung und insbesondere auch die vermeintlich sozialen Medien (der Gattungsbegriff konnte daher nicht unpassender gewählt sein) gerade auf der menschlichen Ebene eine große Gefahr der Entfremdung im sozialen Kontakt mit anderen. Wer kennt sie nicht, die Runden von Teenagern, die zwar zusammensitzen, aber alle mit anderen außerhalb der Gruppe via Smartphone kommunizieren. Und auch das Dauerchatten, die »Shitstorms«, gegenseitigen Anfeindungen und entfesselten Abscheulichkeiten in Foren und Chaträumen anonymisierter Nutzer, die einsam und allein an ihren Geräten sitzen und ihrem auf Trennung beruhenden Ego freien Lauf lassen, sind zu verbreiteten Phänomenen unseres digitalen Zeitalters geworden. Doch nicht nur das, die digitalen Medien entfremden uns zunehmend auch von uns selbst, unserem eigenen Kontakt zur realen Welt und dem wahren Leben – bei machen sogar für mehrere Stunden am Tag.

Dessen zunächst ungeachtet läutet der Grad der mittlerweile erreichten universellen Vernetzung von Menschen und Dingen in Echtzeit eine fundamental neue Entwicklungsstufe des Menschen ein, die (je nach Zählweise) als dritte oder vierte industrielle Revolution bezeichnet wird. Und gleichzeitig nimmt die Geschwindigkeit der Digitalisierung bzw. der technologischen Entwicklung weiterhin exponentiell zu, wie schon Gordon Moore in Bezug auf die Entwicklung der Rechenleistung und Ray Kurzweil auch technologieübergreifend aufgezeigt haben.[282]

Und damit stellt sich die Frage – insbesondere im Kontext der Unternehmensführung –, wohin uns die weitere Reise der Digitalisierung und technologischen Disruption führen wird. Bekannte »Futurologen« wie Ray Kurzweil, Jeremy Rifkin, und Yuval Harari zeigen dabei zum Teil ähnliche, zum Teil aber auch recht unterschiedliche Entwicklungen auf, die ich im Folgenden sehr verkürzt und überblicksartig darstellen möchte. Ich tue dies mit dem Ziel, die Breite und Tiefe der möglichen weiteren Veränderungen aufzuzeigen sowie die sich ergebenden Chancen, Risiken und notwendigen Konsequenzen zu skizzieren. Dabei bin ich mir bewusst, dass wahrscheinlich keine einzige dieser Prognosen genau so eintreffen wird – schon allein deshalb nicht, weil sie nicht die die Technologien berücksichtigen können, die erst in 5 bis 10 Jahren erfunden werden:

Die Singularität und Fusion Mensch/Maschine (Ray Kurzweil)

Die Prognose von Ray Kurzweil ist, dass in wenigen Jahren der erste Computer mit der Rechenleistung eines menschlichen Gehirns entstanden sein wird und nur 10 bis 15 Jahre später ein Computer mit der Rechenleistung aller menschlichen Gehirne auf der Erde zusammen. Diese Entwicklung wird nach seiner Prognose mit exponentieller Geschwindigkeit voranschreiten, bis möglicherweise schon um die Mitte des 21. Jahrhunderts, ein Zeitpunkt der Singularität erreicht wird, an dem die exponentielle Kurve der technologischen Entwicklung eine unendliche Steigung bekommt. Dies interpretiert er als den Punkt, von dem an schließlich das ganze Universum mit Intelligenz erfüllt sein wird.[283]

Ebenso beschreibt er eine Vision der weiteren Fusion von Mensch und Maschine. Schon jetzt gibt es digitale Devices, die über die Beschränktheit von Smartphones und Tastaturen hinausgehen und auf der Ebene der Sprache mit Menschen interagieren und als Armbanduhren oder Brillen getragen werden. Der Schritt zu Bio-Tech-Implantaten oder Microbots, die eine direkte Schnittstelle zum Gehirn erlauben, wird aus seiner Sicht nur noch ein kurzer sein. Dies wird sicherlich noch erheblich dazu beitragen, den »Eindruck« der Überwindung von Getrenntheit zu verbessern, und wird auf diese Weise mit neuen und heute noch undenkbaren »Killer-Applikationen« für viele Menschen geradezu unwiderstehlich sein.

So entsteht vielleicht wirklich die Möglichkeit der zeit- und raumlosen Interaktion mit anderen über alle Sinneswahrnehmungen, und wir werden uns vielleicht eines nicht sehr fernen Tages in einer Matrix-ähnlichen Welt wiederfinden, in der zwischen der objektiven Realität und der virtuellen Welt kaum ein Unterschied mehr wahrnehmbar ist. Letztendlich sind unsere Sinneseindrücke, Gedankenabläufe, Emotionen und anderen körperlichen Vorgänge Ergebnis eines materiellen Gehirns und Körpers, die sicherlich prinzipiell mit anderen Vorgängen aus Maschinen gekoppelt werden können, bis hin zu ihrer Un-Unterscheidbarkeit. Warum nicht, wenn man ein materialistisches Weltbild hat? Insofern werden der menschliche Verstand und die Funktionen des Neokortex – der ja selbst ein Produkt der Evolution ist – in dem uns möglicherweise bevorstehenden Evolutionsschritt einen mächtigen Verbündeten (vielleicht auch Konkurrenten?) bekommen.

Die Frage, die ich mir hier stelle, ist, wie wird sich der Mensch weiterentwickeln an dem Zeitpunkt, an dem Mensch und Maschine auf der äußeren Ebene miteinander verschmelzen (können) und Maschinen den menschlichen Verstand in Bezug auf Rechenleistung und Vernetzung überflügelt haben? Was wird passieren, wenn ein Mensch, der aus der Kombination von Biologie und Maschine signifikante Fähigkeitsvorteile in der Wissensverarbeitung bekommt, die Möglichkeit zur raumlosen Interaktion mit anderen Mensch-Maschinen erlangt? Es würde möglicherweise – oder sogar wahrscheinlich – eine wesentlich wissendere, intelligentere und deutlich vernetztere Mensch-Maschine als neue Spezies entstehen, ähnlich vielleicht wie die »Borg« bei Raumschiff Enterprise. Es wäre eine Spezies, die wie auch Kurzweil in kleinen Beispiel-Dialogen aufzeigt, dem derzeitigen Menschen bei Weitem überlegen ist in der Möglichkeit zur Kommunikation und Koordination – so wie der Homo sapiens dem Neandertaler. Und was ist beim letzten Mal in der Evolution passiert, als der Homo sapiens entstand, mit einer allen anderen Gattungen überlegenen Fähigkeit zur Kommunikation und Koordination? Natürlich ist das alles Spekulation – und doch klingt es für mich nicht wie aus der Luft gegriffen.

Die manipulierte Menschheit (Yuval Harari)

Yuval Harari zeichnet nach meiner Wahrnehmung in seinem letzten Werk ein recht düsteres Bild unserer möglichen Zukunft als Menschen vor dem Hintergrund der technologischen Disruptionen auf den Feldern der Digitalisierung und der Biotechnologie.[284] So weist er nicht nur auf die möglichen Konsequenzen einer vollständigen und lückenlosen Überwachung und Nachvollziehbarkeit aller Handlungen des Menschen durch unzählige Kameras und Sensoren in Verbindung mit Big Data hin – die, wenn sie in die falschen Hände gelangten, die schlimmsten Vorstellungen von George Orwell bei Weitem übertreffen würden. Er führt uns auch vor Augen, dass gerade unser sorgloser Umgang mit unseren Daten und unserer Privatsphäre in Verbindung mit Künstlicher Intelligenz zu maximaler Manipulierbarkeit führen könnten. Was wäre, wenn Big Data/KI-Algorithmen in der Lage wären, nicht nur unsere (geheimsten) emotionalen Regungen und auch inneren Vorgänge besser und früher als Menschen zu erkennen, sondern diese dann auch manipulieren könnten? So könnten in ständigen Rückkopplungsschleifen durch Variation und Messung der emotionalen Wirkung vielleicht Musiktitel und andere Produkte gefunden werden, die für alle Menschen auf der Welt unwiderstehlich sind.

Doch nicht nur das: Was, wenn dann immer mehr Menschen ihre eigene Entscheidungsfindung an die Künstliche Intelligenz und Algorithmen abgeben würden? Schon heute ist dies in großem Umfang der Fall, schreibt Harari, mit Hinweis auf den Google-Suchalgorithmus, der für viele von uns den Zugang zur virtuellen und zunehmend auch zur realen Welt eröffnet. Nicht das beste Produkt wird gefunden, sondern das, welches im Google-Suchalgorithmus die beste Platzierung erzielt. Was würde das in aller Konsequenz für unsere Freiheit, Partnerwahl und Demokratie bedeuten? Die wahrscheinlichen Manipulationen im US-Wahlkampf wären vielleicht nur ein kleiner Vorgeschmack dafür, was passieren könnte, wenn Massen durch KI-Algorithmen in ihrer Entscheidungsfindung dadurch nachhaltig beeinflusst werden könnten, weil sie den Algorithmen vertrauen und davon ausgehen, dass diese schon die für sie richtigen bzw. sogar besseren Entscheidungen treffen.

Und was passiert im Zeitalter der Künstlichen Intelligenz mit dem Heer der Menschen, fragt Harari, die heute in Berufen tätig sind, die Wissen verarbeiten und die bald nicht mehr benötigt werden und somit für den Wertschöpfungsprozess unbedeutend werden? Schon jetzt haben zum Beispiel KI-Maschinen in Tests besser als Mediziner dabei abgeschnitten, komplexe Diagnosen zu stellen – und dies nicht nur aufgrund ihrer unbezweifelbaren Objektivität. Was, wenn diese vernetzten KI-Ärzte sich zukünftig auch noch zusätzlich in einer ständigen Rückkopplungsschleife mit allen KI-Ärzten der Welt befänden? Ähnliches gilt für eine Vielzahl anderer Berufe, deren primäre Wertschöpfung in der Wissensverarbeitung liegt und die damit grundsätzlich durch Algorithmen ersetzt werden können. Hier droht eine mit Keynes Worten ausgedrückt *»technische Arbeitslosigkeit«*, wie sie schon in der letzten industriellen Revolution entstanden ist und die dadurch bedingt ist, dass die technische Veränderung schneller voranschreitet als die Re-Qualifizierung von Menschen.[285] So könnte es gleichzeitig einen nie zu stillenden Mangel an immer spezialisierteren Fachkräften für die neuesten Technologien geben (beispielsweise an Software-Entwicklern, KI- und Data-Analytics-Spezialisten – was meines Erachtens schon jetzt am Arbeitsmarkt erkennbar ist) und gleichzeitig hohe Arbeitslosigkeit.

Die Null-Grenzkosten-Gesellschaft (Jeremy Rifkin)

Dies bringt mich zu Jeremy Rifkin, der ein deutlich optimistischeres Bild unserer Zukunft aufzeigt, in dem es infolge des Ausbaus des Internets der Dinge (mit Kommunikationsinternet, Elektrizitätsinternet und Logistikinternet), dezentraler Energieerzeugungs- und Produktionsmöglichkeiten (z. B. Photovoltaik, 3D-Druck) und Big Data sowie einer veränderten Einstellung zu Eigentum und Besitz (Stichwort »Sharing Economy«) zu einem vollständigen Paradigmenwandel des Wirtschaftssystems kommen wird.

So zeigt er, dass die ständigen Produktivitätssteigerungen als Folge des Einsatzes dieser Technologien letztlich zu einer (nahezu) Null-Grenzkosten-Situation führen, die letztlich keinerlei Gewinnmargen mehr zulässt und Überfluss, anstelle von Knappheit, bewirken – und damit dem Kapitalismus in seiner jetzigen Form den Boden entziehen, denn sowohl Märkte als auch Preise benötigen Knappheit als Voraussetzung.[286] Seine Prognose ist, dass ein zunehmender Teil der Wertschöpfung und bis 2050 mehr als die Hälfte der globalen Wirtschaft mit (nahezu) Null-Grenzkosten in dezentralen Peer-to-Peer-Netzwerken und »Social Enterprises« von Menschen in sogenannten »Collaborative Commons« erbracht werden. Netzwerke aus »Prosumenten« (Wortschöpfung aus Konsument + Produzent) würden diesen Überfluss an (nahezu) kostenlosen Gütern und Dienstleistungen bereitstellen.

Eine Vielzahl solcher Peer-to-Peer-Netzwerke existieren bereits heute, und darin koordinieren sich Menschen dezentral, um zahlreiche Dinge wie Autos und Wohnungen bis hin zu Spielwaren und Kleidung miteinander zu teilen, wirtschaftliche Leistungen für einander zu erbringen oder zu finanzieren (Crowdsourcing/-funding).[287] Dies sind allesamt Dienstleistungen, deren Erbringung und Koordination früher nur durch private Unternehmen und Finanzinstitute vorstellbar gewesen wären. Vorboten dieser Veränderung sind die schon jetzt umfangreichen Umwälzungen auf dem Musik- und Medienmarkt, wo beispielsweise unzählige »YouTuber« gigantische Mengen an kostenlosem Musik- und Videocontent bereitstellen, oder die Entwicklung von Linux, eines der leistungsfähigsten Computer-Betriebssysteme der Welt, welches ohne Unternehmen, ohne Zentralinstanz und weitgehend ohne Bezahlung entstanden ist.

Die Blockchain-Technologie wird meiner Ansicht nach die Peer-to-Peer-Interaktion zwischen Menschen und ohne Intermediäre nochmals weiter befeuern.[288] Diese Technologie könnte nicht nur die Grundlage für vollkommen neue (Mikro-)Währungen sein, sondern auch für dezentrale Organisationen, den sogenannten »Decentralized Autonomous Organizations« (DAOs), in denen Menschen auf Basis von Blockchain-basierten Verträgen in virtuellen Unternehmen oder Peer-to-Peer-Netzwerken zusammenarbeiten. Gleichzeitig entspricht diese Peer-to-Peer-Welt den Vorlieben der sogenannten »Millennials« oder »Generation Y«, die Zugang zu etwas weitaus mehr schätzen als den Besitz von etwas, für die Smartphones und Social Media wichtiger sind als Autos und die einer sinnerfüllten Tätigkeit weitaus höhere Priorität einräumen als Geld und Status. Nach Rifkin wird es dann um das Jahr 2050 sicherlich auch noch (wahrscheinlich hoch konsolidierte) Industrien mit privaten Unternehmen geben, die jedoch nur noch eine

Minderheit ausmachen würden und aufgrund von KI nur noch eine relativ kleine, aber hoch spezialisierte Belegschaft benötigen. Letztlich könnte dann die einleitend erwähnte Prognose Keynes von vor knapp 100 Jahren eintreten und sich die Menschheit tatsächlich anderen Aufgaben als der Arbeit und dem Wirtschaften widmen.[289]

Chancen und Risiken

Wie deutlich geworden sein sollte, beinhaltet die Digitalisierung weitaus mehr als nur die Grundlage für neue »Multichannel-Customer-Frontends«, integrierte »Customer Journeys« und bessere End-to-End-Prozesse oder integrierte Wertschöpfungsketten, die derzeit im Fokus der Publikationen über die digitale Transformation stehen. Wer nur in diesen Dimensionen über die Digitalisierung nachdenkt, hat deren Kern nicht verstanden. Die Digitalisierung hat schon – und wird weiterhin mit exponentieller Geschwindigkeit fortschreitend – zu grundlegenden Paradigmenwechseln in mehreren Dimensionen führen: was die Umwelt von Unternehmen angeht (von kompliziert zu komplex), nach welchen Prinzipien Wertschöpfung stattfindet (dezentral statt zentral), wie Arbeit koordiniert wird (vernetzt statt hierarchisch) und mit welcher Ausrichtung optimiert wird (auf Redundanz/Resilienz statt Effizienz).

In gleichem Maße werden sich die Einstellungen und Bedürfnisse von Konsumenten (Zugang statt Besitz) und von Mitarbeitern (Sinn statt Status) wandeln und wird eine historische Produktivitätssteigerung von Arbeit stattfinden.

Die Digitalisierung hat bereits zu einer unglaublichen Beschleunigung der wirtschaftlichen Abläufe geführt. Gleichzeitig ermöglicht sie kleinen, wendigen und innovativen Start-ups, ohne großen Aufwand in Geschäftsbeziehungen mit der ganzen Welt zu treten, und eröffnet Kunden eine nie dagewesene Informationsfülle und neue Interaktionsmöglichkeiten. Aufgrund dieser fundamentalen Veränderungen der Unternehmenswirklichkeit geht es gar nicht anders, als sich auf den Sinn der eigenen Existenz, auf »den Kundenzweck«, zurückzubesinnen – sonst ist man schnell – sehr viel schneller noch als früher – wieder aus dem Geschäft. Dies ist meines Erachtens auch der wesentliche Grund dafür, dass erfolgreiche digitale Player den Kunden tatsächlich in den Mittelpunkt stellen – es ist alternativlos, wenn man nicht in kürzester Zeit vom Markt gefegt werden möchte.

Gleiches gilt auch für Mitarbeiter: Gerade in der Software-Entwicklung und der Datenanalyse (Data Analytics), wo derzeit die gefragtesten und kritischsten Talente für die Digitalisierung zu finden sind, ist die Fluktuation mit über 15 Prozent am größten. Wenn Sie es nicht schaffen, für diese »kritischen Ressourcen« attraktive Arbeitsumgebungen zu schaffen, sind Sie ebenfalls schnell vom Markt (wobei ich damit keineswegs sagen möchte, dass alle erfolgreichen digitalen Player sowohl den Kunden als auch den Mitarbeiter in den Mittelpunkt stellen).

Dieser Prozess wird meines Erachtens durch die immer schneller voranschreitende technologische Entwicklung, allen voran die weitere Digitalisierung bzw. die digitale »Disruption« von Geschäftsmodellen, maßgeblich beschleunigt. Zu den aktuellen Technologiesprüngen gehören u. a. das »Internet der Dinge«, die schon erwähnte Blockchain-Technologie und vor allem die künstliche Intelligenz.[290] Solche Innovationsschübe werden in immer kürzeren Abständen folgen, denn die technologische Entwicklung und Innovationsrate ist exponentiell beschleunigt.[291]

Während in den beiden ersten industriellen Revolutionen die körperliche Arbeit von Maschinen übernommen wurde, wird es nun die geistige, wissensbasierte Arbeit sein, die die Maschinen von uns übernehmen. Als Folge dieser Veränderungen werden – vielleicht noch grundlegender als in den ersten beiden industriellen Revolutionen – sämtliche Industrien vollständig transformiert werden. Viele Industrien befinden sich mittlerweile schon in diesem völligen Umbruch, wie etwa die Telekommunikationsindustrie, die Musik- und Medienindustrie, der Handel und die Reisedistribution. Beispiele für die »Opfer« der Digitalisierung sind hier einige Katalogversender, die den Umstieg auf die digitale Distribution versäumt haben, oder frühere Marktführer im Bereich der Fotografie, die ebenfalls den Umstieg auf die digitale Fotografie verpasst haben. Alle weiteren Industrien, wie zum Beispiel die Finanz- und Automobilindustrie, werden folgen, klassische Industriegrenzen werden weiter verschwinden und sehr wahrscheinlich wird sich auch das kapitalistische Wirtschaftssystem grundlegend verändern – mit kurz- und langfristigen gesellschaftlichen Folgen und Anpassungsprozessen.

Etablierten Unternehmen gelingt es aber leider nur selten, rechtzeitig auf Technologiesprünge zu reagieren bzw. diese proaktiv zu gestalten und eigene, bestehende Produkte durch neue, innovative Produkte der nächsten Technologiegeneration zu ersetzen und damit einen höheren Nutzen für den Kunden zu erzielen; und ebenso wird auch oft versäumt, die für die nächste Technologiegeneration notwendigen Talente aufzubauen. So war es zum Beispiel bei der Umstellung der klassischen, analogen Fotografie auf Digitalkameras: In etablierten Unternehmen hatte eine Vielzahl von Mitarbeitern – schon lange vor den neuen Wettbewerbern – sehr wohl erkannt, dass ihr eigenes Geschäftsmodell problematisch wird, und befürchtet, dass sie nicht mehr den bestmöglichen Kundennutzen würden bieten können. Dennoch waren es vor allem kurzfristiges Gewinnstreben, hierarchische Erstarrung und sonstige interne Machtdynamiken, die verhinderten, dass sich die etablierten Unternehmen rechtzeitig veränderten. Der Rest ist Geschichte – die sich im Übrigen fast immer bei einer disruptiven Veränderung von Technologien wiederholt. Denn viele Bedürfnisse bleiben im Grunde unverändert (zum Beispiel »Erinnerungen bildhaft konservieren« oder »Musik hören«), die Technologieentwicklung aber führt dazu, dass dasselbe Kundenbedürfnis plötzlich auf eine überlegene Weise adressiert werden kann (so zum Beispiel für das Musikhören: Spieluhr,

Konzertsaal, Schallplatte, CD, iTunes und aktuell Musikplattformen wie Spotify).

Auch der Automobilindustrie stehen derzeit gleich mehrere technologische Disruptionen gewaltigen Ausmaßes bevor: die Elektrifizierung (mit weitaus weniger Bauteilen im Vergleich zum klassischen Antriebsstrang), das zunehmende Carsharing und andere nutzungsbasierte Geschäftsmodelle (als Ausdruck einer veränderten Einstellung zum Fahrzeug) und das autonome Fahren (auf Basis von KI, mit einem wahrscheinlich weiteren, signifikanten Rückgang an Fahrzeugbesitz). Jede einzelne dieser Veränderungen erfordert schon für sich eine grundlegende Anpassung über alle vor- und nachgelagerten Wertschöpfungsstufen hinweg. In Summe aber wird die Automobilindustrie – der mit Abstand größte und wichtigste Industriezweig in Deutschland – sowie die gesamte Mobilitätsinfrastruktur vermutlich schon in 10 bis 20 Jahren nicht mehr wiedererkennbar sein. Und dem nicht genug, halte ich es nicht für unwahrscheinlich, dass sich infolge dieser Veränderungen auch im Bereich der Mobilität (nicht nur der Automobilität) ein »Global Giant« herausbilden wird – ähnlich vielleicht wie derzeit Amazon im Handel.

Die Risiken und Bedrohungen durch die Digitalisierung sind ebenfalls nicht zu unterschätzen. Es besteht nicht nur die bereits eingangs erwähnte Gefahr der Entfremdung des Menschen von sich selbst und seinen Artgenossen oder die Gefahr seiner vollständigen Überwachung und Manipulation durch Algorithmen. Ich muss gestehen, dass ich auch die Perspektive einer Fusion von Mensch und Maschine als nicht sehr erfreulich für mich und meine Kinder ansehe – alles sträubt sich in mir gegen eine solche Zukunftswelt. Genau auf solche Gefahren der rein äußeren Überwindung von Getrenntheit hat Fromm schon vor über 50 Jahren hingewiesen, und dies bekommt in Zeiten des Internets und der Digitalisierung eine vollkommen neue und vor dem Hintergrund des bereits ausgeführten eine geradezu gespenstische Aktualität:

»Der Mensch hat, je mehr er aus seinem ursprünglichen Einssein mit seinen Mitmenschen und der Natur heraustritt und ›Individuum‹ wird, keine andere Wahl, als sich entweder mit der Welt in spontaner Liebe und produktiver Arbeit zu vereinen oder aber auf irgendeine Weise dadurch Sicherheit zu finden, dass er Bindungen an die Welt eingeht, die seine Freiheit und die Integrität seines individuellen Selbst zerstören.«[292]

Es sind aber nicht nur die Möglichkeiten zur Überwachung und Manipulation von Menschen, sondern auch die möglichen Folgen von Cyberattacken, Informationskriegen mit Fake News sowie die möglichen Konsequenzen durch den Wettlauf um die künstliche Intelligenz, die Anlass zu Sorge geben. So schrieb der Unternehmer Elon Musk, selbst ein Vorreiter auf dem Gebiet der KI, im September 2017: *»Der Wettbewerb um die Vorherrschaft in KI auf nationaler Ebene wird meiner Meinung nach der wahrscheinlichste Auslöser des Dritten Weltkriegs.«*[293]

Ich möchte hier aber keinen weiteren »Alarmismus« betreiben. Gerade der KI werden – noch bevor sie sich wirklich etabliert hat – solche und andere Schreckensszenarien, wie mögliche Massenarbeitslosigkeit, angedichtet.

Doch jede neue Technologie geht mit Chancen und Risiken einher, und dabei halten sich aufgrund der symmetrischen Polarität ihrer Schöpfung stets Chancen und Risiken die Waage. Damit erfordert jede Vergrößerung des technologischen Möglichkeitsraums für den Menschen auch eine ebensolche Vergrößerung seiner Verantwortung, um mit dieser neu gewonnenen »Macht« bewusst umzugehen. Wie Sprenger richtig sagt, wurden bei den meisten Technologien die kurzfristigen Folgen überschätzt und die langfristigen Folgen unterschätzt.[294]

Die Erfindung der Atomkraft ist hierfür ein gutes Beispiel: Diese hat nicht nur in ihrer friedlichen Nutzung auf der positiven

Seite (kurzfristig) für große Mengen an zur Verfügung stehender Energie gesorgt, sondern birgt auf der negativen Seite sehr viele Risiken für Mensch und Natur beim Betrieb der Anlagen sowie ungelöste langfristige Probleme der Endlagerung und bei möglichen Unfällen. Von den etwaigen Konsequenzen der nicht-friedlichen Nutzung der Atomkraft ganz zu schweigen: Hier hat bislang die Abschreckung – also letztlich nur die Angst vor den Folgen eines Atomkriegs – dazu geführt, dass nach dem Zweiten Weltkrieg keine weiteren Bomben gezündet wurden (außer zu Versuchszwecken). Wie schon angedeutet, hat die weitere Digitalisierung ein ähnliches, wenn nicht noch größeres Potenzial, sowohl auf der Seite der Chancen wie auch der Risiken.

Wie können wir also sicherstellen, dass wir mit den Möglichkeiten der Digitalisierung verantwortungsvoll und bewusst umgehen?

Wenn man einen Schritt zurücktritt und die Entwicklung der Menschheit in den letzten Jahrtausenden anschaut, so kann man immer wieder ein ähnliches Muster erkennen:

1. Eine neue Idee oder Technologie kommt in die Welt; sie wird von Einzelnen zumeist durch spontane Eingebungen erfunden oder entdeckt.
2. Nach einer Zeit des unterschiedlich starken und heftigen Widerstands gegen diese Idee/Technologie (durch die Vertreter der alten Ideen/Technologien) setzen sich gute (im Sinne von »nutzenstiftende«) neue Ideen/Technologien langfristig durch.
3. Die neue Idee/Technologie wird zum neuen Paradigma und wird von anderen aufgegriffen und perfektioniert. In der Folge führt dies zu einem Wandel an Werten, Ansichten, zum Teil auch in Organisationen und im Bewusstsein. Rifkin und auch Vertreter anderer Modelle der menschlichen Bewusstseinsentwicklung (wie etwa auch das Modell der »Spiral Dynamics«) beschreiben diese Anpassungen sehr gut. Ein Beispiel dafür ist der

Taylorismus als Paradigma des wissenschaftlichen Managements, der nur infolge der Erfindung von Elektrizität und Maschinen entstehen konnte.

4. Schließlich wird eine neue Idee/Technologie gefunden; der Kreis schließt sich, und der Kreislauf beginnt von vorn.

Jeder dieser Kreisläufe ist selbstverständlich mit signifikanten Anpassungen für die betroffenen Menschen und Gesellschaften verbunden. Und es gibt keine Garantie dafür, dass die notwendigen Anpassungsleistungen bei großen Veränderungen im Kreislauf gelingen – weder im Einzelfall noch in der Breite. Im Einzelfall »verschwinden« diejenigen aus dem Erwerbsleben, die eine Fähigkeit und Ausbildung besitzen, die nicht mehr wie bislang nachgefragt werden. Gleiches gilt für Unternehmen, die sich den neuen Ideen, Technologien und/oder Umweltbedingungen nicht anpassen wollen oder können. Wie schon weiter oben ausgeführt, geschah dies zum Beispiel bei den vielen Unternehmen, die die Digitalisierung letztlich »verpasst« haben. Aber auch auf gesellschaftlicher und nationaler Ebene kann eine solche Anpassung scheitern: Bei allen bisher untergegangenen Hochkulturen lag nach Harari die Ursache für den Niedergang letztlich darin, dass ihre technologische Entwicklung schneller vonstattenging als die Entwicklung ihres Bewusstseins in der Breite.[295]

Die Evolution als einen Prozess der Liebe verstehen

Und dies bringt uns zu einem interessanten Aspekt: Der Veränderungsprozess im Zuge der Digitalisierung und der technologiegetriebene Weiterentwicklungsprozess der Menschheit, den ich weiter oben beschrieben habe, sind letztlich nichts anderes als *Teile des* einen Schöpfungsprozesses der Evolution. Auch jede neue Lebensform ist irgendwann in die Welt gekommen und hat sich in der Breite durchgesetzt, wenn es eine »gute Idee« war. Wenn man sich nun für das weiter vorn schon Ausgeführte öffnen kann, ist jede grundlegende Innovation, jede Idee und jede neue Theorie (wie auch jede künstlichere Schöpfung und jede große Komposition) etwas, was als Neues durch das Überbewusstsein in die Welt einfließt. Damit wäre jede Weiterentwicklung und auch die technische Evolution als Ganze selbst ein Prozess der dem schöpferischen Nichts (dem Ganzen und dem Urquell der Liebe) entspringt. Infolgedessen kommt als spontaner Impuls das Neue, Wahre, Schöne und Gute in die Welt und manifestiert sich in der polaren Differenzbildung, zum Beispiel als neue Technologie, und aufgrund dieser neuen Technologie kommt es zu einer Entwicklungs- und Anpassungsnotwendigkeit im Äußeren.

Ich hatte schon weiter vorn erwähnt, dass die Digitalisierung als ein Prozess der zunehmenden Überwindung von Getrenntheit im Äußeren zu verstehen ist. Sie und letztlich die gesamte technologische Entwicklung des Menschen haben dazu geführt, dass man sich in immer größeren Kollektiven (Einheiten) organisieren und identifizieren kann – angefangen bei Familien und Stämmen, später in religiösen Gemeinschaften und Nationen. Nunmehr bildet das Internet als erste Technologie die Basis dafür, sich mit Menschen auf dem gesamten Globus interaktiv und in Echtzeit zu verbinden.

Wie ausgeführt, hat jede dieser technischen Schöpfungen bzw. Weiterentwicklungen gleichermaßen einen höheren Anspruch an den Menschen gestellt, mit dieser Technologie bewusst umzugehen, damit sie ihn letztlich nicht gefährdet (und dies musste die Menschheit zumeist in sehr schmerzhaften Prozessen erlernen). In diesem Sinne trägt die technische, äußere Entwicklung (die ja einem spontanen inneren Impuls entspringt) auch eine implizite Aufforderung zur Entwicklung auf der inneren Ebene in sich, d.h. die Aufforderung, uns auch innerlich hin zu mehr Bewusstheit und mehr universeller Liebe weiterzuentwickeln. So führt die technologische Entwicklung zu einer Veränderung in der Breite und gleichzeitig in Richtung einer Vertiefung des Bewusstseins und der Liebe.

So wie Emotionen und die emotionale Liebe entstanden, als Lebewesen, und unter ihnen wir Menschen, begannen, in Familien, Rudeln und Stämmen zu leben und so die sozialen Kontakte regelten, und so wie die Liebe auf der intellektuellen Ebene ausreichend war, um sich mit Unternehmen und Nationen zu identifizieren und auf dieser Ebene Einheit herzustellen, geht es nunmehr um die Ausprägung einer noch universelleren Liebe für alle Menschen im Kontext von technischen Entwicklungen, die globale Infrastrukturen und Konsequenzen haben. Ich halte daher die derzeitige »Achtsamkeitswelle« und die zunehmende Digitalisierung nicht für eine zufällige Koinzidenz, sondern eine hochgradig verknüpfte Entwicklung. Vielleicht hat gerade deshalb das Thema Mindfulness bei führenden »Digital Giants« wie Google besonderen Anklang gefunden.[296]

Dieser Entwicklungsschritt, hin zu einer universelleren Form der Liebe, ist deshalb so notwendig, weil ansonsten die Gefahr besteht, uns durch die Verlockungen der digitalen Technologien immer weiter von uns selbst und voneinander zu entfremden; oder weil uns die möglichen Folgen eines Atom- oder Cyberkrieges leicht zurückwerfen würden auf »Los«; oder weil wir uns sonst allzu leicht zu möglichen Opfern einer KI-/Big-Data-Manipulationsmaschinerie machen, auf die auch Harari hinweist.

Nur wenn wir uns selbst erkennen und immer mehr zu uns selbst finden, können wir wirklich frei sein. Wahrhaft liebende und damit freie Menschen, die aus ihrem wahren Selbst, aus ihrer inneren Wahrheit handeln, können selbst mit dem besten Algorithmus in ihrem Verhalten nicht vorhergesagt und auch nicht durch Angst oder andere Emotionen manipuliert werden – ganz im Gegensatz zu solchen, die, wie weiter oben schon ausgeführt, aufgrund ihrer Identifikation mit Gefühlen und Gedanken sowie mit einem konstruierten Selbst/Ego keinen wirklich freien Willen haben und in ihrem Verhalten stereotyp und leicht emotional beeinflussbar sind.

Aber nicht nur das: Auch andere globale Herausforderungen, die letztlich infolge der voranschreitenden Technologieentwicklung entstanden sind – wie die menschengemachte Klimaerwärmung –, erfordern Lösungen, die wir nur dann finden können, wenn wir innerlich erkennen, dass wir eins, d. h. eine Menschheit, sind und alle in einem Boot sitzen. Sobald wir zurückfallen in Abgrenzungen, einhergehend mit der schon weiter oben ausgeführten typischen In-/Out-Group-Haltung und den damit verbundenen üblichen Konflikten, werden wir diese globalen Probleme nicht lösen können. Ohne einen Bewusstseinswandel und eine universellere Form der Liebe, beginnend bei jedem Einzelnen, wird es also schwer werden, für die globalen Herausforderungen befriedigende Lösungen zu finden, denen die Mehrheit der Menschen zustimmen kann.

Nur durch eine Wiederentdeckung dessen, was es heißt, »Mensch zu sein«, können wir die Chancen der neuen Technologien nutzen und mit ihren Risiken umgehen. Mensch zu sein heißt für mich vor allem zu erkennen, dass wir von Natur aus liebende und soziale Wesen sind, mit einem göttlichen Wesenskern, und dass wir aus diesem Kern heraus die Schöpfung in liebender Verantwortung vorantreiben können und müssen – als Individuen, Führungskräfte, Investoren und Politiker. Aus dieser Liebe entspringen Empathie und Mitgefühl, Authentizität, wirkliche Kreativität, alles Schöne und Gute, Herzlichkeit und Menschlichkeit – unsere innere Weisheit.[297]

Es gibt viele Formen von Wissen. *»Es gibt auf der anderen Seite nur eine Weisheit – und die basiert auf Liebe«*[298], brachte es Francisco Varela auf den Punkt: Big Data und Künstliche Intelligenz können alle Formen von Wissen bearbeiten, Weisheit besitzen sie nicht. Sie können auch nicht wahrhaft bewusst, empathisch und herzlich sein. Indem wir in Liebe erkennen und verwirklichen, wer wir sind und dass alle Menschen auf der Welt eine »Einheit in Zweiheit und in Vielfalt« bilden, wird die Getrenntheit sowohl innen als auch außen überwunden, und wir verstehen: *Du bist so, wie ich bin.*

Dies ist keine esoterische Spinnerei, sondern, wie ich hier hoffentlich zeigen konnte, eine ernsthafte Entwicklungsnotwendigkeit unserer Zeit. Die Weltuntergangsuhr steht auf 2 vor 12: *»Wir sind fast wie die Reisenden auf der ›Titanic‹, die den Eisberg vor sich nicht sehen, während sie die Speisen und die Musik genießen«*, sagte dazu Kaliforniens ehemaliger Gouverneur Jerry Brown bei der diesjährigen Vorstellung der Einschätzungen des Wissenschaftlergremiums »Bulletin of Atomic Scientists«.[299] Auch der frühere US-amerikanische Präsident Lyndon B. Johnson hat dies auf dem Höhepunkt des Kalten Kriegs in seinem Wahlkampf plakativ mit den Worten zum Ausdruck gebracht, dass es darum gehe, entweder eine Welt zu schaffen, in der alle Kinder Gottes leben können, oder in die Finsternis einzutreten. Sein Fazit: Wir müssen uns entweder lieben oder wir müssen sterben.[300]

Insofern würde ich sogar so weit gehen und die These aufstellen, dass erfolgreiche Digitalisierung Liebe voraussetzt. Denn sowohl bei der Digitalisierung wie auch bei der Liebe geht es um die Neugestaltung unserer Beziehungen bzw. Verbindungen zu uns selbst und mit anderen, zu einer »Neudefinition« (bzw. letztlich auch eine Wiederentdeckung) unserer individuellen Freiheit und gleichzeitig unserer Verantwortung für uns selbst und andere. Das Wesen der Digitalisierung, die Herstellung von Einheit und Überwindung von Trennung im Äußeren, ist auch Kern und Teil der Liebe – nur dass die Liebe weitaus umfassender ist. Nur ihr gelingt die produktive Verbindung von Freiheit und Gemeinschaft, einer gelebten Einheit in Freiheit. Wie schon gesehen, führt Digitalisierung ohne Liebe zu zunehmender Entfremdung sich selbst und anderen gegenüber, zu einer Überbetonung der individuellen Freiheit und gegenseitigen Anfeindungen und Konflikten, die sich in sozialen Netzen z. T. in unglaublicher Geschwindigkeit aufbauen. Daher kann Digitalisierung letztlich nur erfolgreich und für die Menschheit dienlich sein, wenn sich die Überwindung von Trennung – wie schon ausführlich dargestellt – auch im Inneren vollzieht.

Wenn uns das nicht gelingt – und die Zeichen stehen dafür derzeit leider nicht sehr gut, wie man an der Qualität unserer Beziehungen, dem weitverbreiteten Mangel an Liebesfähigkeit, der zunehmenden Realitätsflucht in digitale Medien und auch am Wiederaufleben der Nationalismen erkennen kann –, beginnt die Evolution möglicherweise bzw. sehr wahrscheinlich von Neuem. Auch unsere Hochkultur kann aus einem Mangel an Bewusstsein und Liebe an ihren Technologien zugrunde gehen. Es gab in der bisherigen Evolution schon mehrere fast vollständige Auslöschungsereignisse der Biodiversivität auf dieser Erde. Es ist nicht unwahrscheinlich, dass weitere folgen werden,[301] bis vielleicht im nächsten oder übernächsten Anlauf die innere und die äußere Entwicklung in einem noch stärkeren Gleichgang stattfinden wird. Dann wird eines Tages, vielleicht in Millionen von Jahren, wenn die Exponentialkurve erneut dramatisch angestiegen sein wird, eine andere Entwicklung stattfinden, um die gesamte Schöpfung wieder an ihren Ausgangspunkt zurückzubringen: in die Singularität der vollkommenen Liebe.

DIE HOLISTIC COMPANY ALS VISION

»Die Liebe wirkt als die treibende Kraft für den kreativen Fortschritt der Menschheit hin zu immer vollerer Wahrheit, immer edlerer Güte, immer reinerer Schönheit, immer mehr Freiheit und immer feineren Formen des gesellschaftlichen Lebens und seiner Institutionen.«

PITIRIM A. SOROKIN

Viele Unternehmen werden eines Tages in Form eines Start-ups »geboren«, also mit unternehmerischem Elan aus einem schöpferischen Nichts heraus gegründet. Bei einem solchen unternehmerischen Neuanfang gelten die viel zitierten Worte Hermann Hesses: *»Und jedem Anfang wohnt ein Zauber inne, der uns beschützt und der uns hilft, zu leben.«* Wer selbst schon einmal wie ich aktiv in einem Start-up involviert war, konnte diesen Zauber sicher ganz nah und persönlich erfahren, das Leuchten in den Augen der Gründer sehen und den unerschütterlichen Glauben an die eigene Idee wahrnehmen. In den Tagen (und Monaten) nach der Gründung steht nicht primär das Geldverdienen im Mittelpunkt (auch wenn natürlich früher oder später ausreichend Geld verdient werden muss), sondern vor allem der *Sinn*, die große Idee, durch die das Leben von anderen Menschen besser, einfacher, schöner gemacht werden soll und aus der heraus sich das neue Unternehmen fruchtbar entwickeln soll. Diese Zeit ist gekennzeichnet von einem hohen Grad an Flexibilität, Selbstorganisation und Freude – oftmals aber auch von (zu viel) Optimismus, Naivität, Selbstüberschätzung und zum Teil ganz schlicht auch von »Chaos«. Nicht ohne Grund verschwinden weit mehr als 50 Prozent aller Unternehmen in den ersten zwei bis drei Jahren nach ihrer Gründung wieder – die »natürliche Selektion« durch die Außenwelt ist hier leider unbarmherzig.

Mit zunehmendem Erfolg eines Start-ups verändert sich aber die interne Dynamik des Unternehmens oft zusehends: Unmerklich wird das Geldverdienen – getrieben durch eigene Interessen der Gründer oder der externen Geldgeber– immer wichtiger und immer mehr zum Hauptthema. Über kurz oder lang löst die Gewinnerzielungsabsicht bei vielen Unternehmen den ursprünglichen Sinn des Unternehmens als das vorherrschende Ziel ab. Dort, wo zunächst Sinn, Kundennutzen, Flexibilität und dynamische bzw. zum Teil auch chaotische Selbstorganisation vorherrschend waren, werden zunehmend Planung, Strukturen und Regeln eingeführt, die zumeist an die Vorstellungen und Erwartungen des aktuellen Paradigmas bzw. Rationalitätsmaßstabs von Führung angepasst sind.

Entstehen von Hierarchien und Machtstrukturen

So wurde und wird aus einem Start-up bei zunehmendem Erfolg und Wachstum ein großes Unternehmen mit einem kollektiven Ego und mehreren hundert oder gar Tausenden von Mitarbeitern und Mitarbeiterinnen; und man arbeitet wie die meisten anderen Unternehmen primär wachstums- und gewinnorientiert. Gleichzeitig entstehen früher oder später Hierarchien und andere formale Strukturen zur Koordination der Arbeit. Natürlich gibt es Ausnahmen hiervon, da gerade Start-ups besonders gerne mit neuen, mehr auf selbstorganisierenden Formen der Arbeitsorganisation (unter anderem mit dem beliebten Schlagwort »New Work«) experimentieren, die, wie schon ausgeführt, besser an eine komplexdynamische, digitale Unternehmenswelt angepasst sind. Aber oftmals wurden und werden immer noch Abteilungen geschaffen, Planungs- und Ausführungsprozesse definiert, Stellen beschrieben und besetzt, KPIs definiert und gemessen etc.

Während diese Aufgabenteilung und Einführung von Hierarchien zunächst nützlich und unerlässlich erscheinen, um die

Arbeit und die gewachsene Zahl der Mitarbeiter des Unternehmens effizient zu organisieren, bekommen diese Hierarchien mit der Zeit ein von ihrem ursprünglichen Zweck losgelöstes Eigenleben, Machtstrukturen entstehen.[302] Gerade bei etablierten Unternehmen, bei denen die Gründung schon Jahre oder Jahrzehnte zurückliegt, kennt man es gar nicht mehr anders.

Hierarchisch strukturierte Organisationen werden so gerne zur »Spielwiese« machtorientiert geprägter Menschen, die von solchen Strukturen geradezu magisch angezogen werden. Und nicht selten versuchen sie die Macht, die ihnen diese Strukturen verleihen oder verleihen können, auf ihre Weise für sich zu nutzen. Opportunismus und Gier beherrschen dann zunehmend das Unternehmen, während Einschüchterung, Angst und Kontrolle die Mittel der Machtausübung sind. Gleichzeitig fällt auch zunehmend die Wahrheit der Macht zum Opfer.[303]

Diese Entwicklung und Verselbstständigung geschieht – so scheint es zumindest – in sehr vielen von Menschen geschaffenen Organisationen und Unternehmen unabhängig von ihrer Zwecksetzung. Auch in nicht-kommerziellen Organisationen, wie Vereinen, Glaubensgemeinschaften, Parteien und Staaten, finden sich unzählige Beispiele für solche selbst- und machtsüchtigen Führer, die hierarchische Strukturen nutzen, um sie für eigene Zwecke zu missbrauchen. Es ist vor allem die Macht bzw. das Vorhandensein und die Möglichkeit zur Nutzung bereits etablierter Machtstrukturen, die das Verhalten, die Einstellung und die Grundhaltung des Menschen nachhaltig verändern. Dazu schrieb Sorokin:

> »Öffentlich halten Könige, Präsidenten, Premierminister, einflussreiche Politiker, Finanz- und Industriekapitäne und andere Machthaber die edelsten Predigten und rufen häufig Gott und andere höchste Werte an. In ihrem offensichtlichen Verhalten weisen die herrschenden Gruppen jedoch einen viel höheren

Kriminalitätsgrad auf als ihre Untertanen oder einfachen Bürger. Lord Actons Motto, dass ›Macht korrumpiert und absolute Macht absolut korrumpiert‹, ist im Wesentlichen richtig.«[304]

Erstarrung und Krise

Einmal geschaffene Gefüge in Form von Hierarchien, bürokratischen Regeln und anderen Strukturen führen aber nicht nur zu Machtgebilden und den beschriebenen Konsequenzen, sondern auch dazu, dass sich Organisationen nicht mehr bzw. nur noch sehr schwerfällig verändern. Die Anpassung an ihre sich ständig wandelnde Umwelt erfolgt nur noch sehr verzögert, was gerade in einer digitalen, komplex-dynamischen Umwelt mit sich ständig beschleunigenden technologischen Veränderungen und Disruptionen existenzbedrohlich ist. Dies führt paradoxerweise zu einer Situation, dass gerade in großen Unternehmen Führungskräfte interne Veränderungen in einer nie dagewesenen Geschwindigkeit und Abfolge anstoßen und vorantreiben – und sich dennoch aufgrund der organisatorischen Trägheit gleichzeitig letztlich nichts *wirklich grundlegend* ändert.[305] Vielmehr gibt es ständige »Wellenbewegungen« zwischen polaren Gegensätzen in Bezug auf Strategie, Organisation, Kultur und anderen Führungsinstrumenten: Während früher noch Zentralisierung angesagt war, wurde gefühlt gestern auf Dezentralisierung umgestellt, und morgen wird wieder zentralisiert. Vor wenigen Jahren war die Aufteilung von IT-Organisationen nach dem Plan-Build-Run-Modell das führende Gliederungsprinzip, während mittlerweile Entwicklung und IT-Betrieb unter dem Fachbegriff »DevOps« wieder zusammengelegt werden. Während gestern noch die Diversifizierung das strategische Paradigma war, ist es heute die Fokussierung auf die Kernkompetenzen – und all dies immer mit guten Argumenten. So löst eine Reorganisation die nächste, ein Change-Prozess den vorherigen noch auf halbem Wege der Umsetzung ab.[306] Und so wundert es nicht, dass die meisten dieser organisatorischen Change- und Transformationsprojekte nicht erfolgreich sind,[307] während sich die negativen wirtschaftlichen und individuellen psychologischen Folgen dieses »Veränderungswahns« – bei dem das Unternehmen aber letztlich weitgehend auf der Stelle tritt – akkumulieren.

Deshalb folgt oft früher oder später die Umsatz-, Ertrags- und schließlich die existenzbedrohliche Liquiditätskrise, wie dies auch an vielen prominenten Beispielen zu sehen war. Dabei werden ständig neue Schleifen gedreht, immer verzweifelter Mitarbeiter und der eigentliche Sinn des Unternehmens auf dem Altar der vermeintlich notwendigen Veränderungen und Gewinnerzielungsabsichten geopfert, der Umgang miteinander wird zunehmend entmenschlichter, die guten Leute gehen von selbst. Das einst erfolgreiche Unternehmen hat den Anschluss an die sich verändernde Umwelt verpasst, dreht sich nur noch im Kreis und stirbt in Raten, bis es eines Tags aufgekauft wird, in der Bedeutungslosigkeit verschwindet oder in die Insolvenz geht.

Ein wesentlicher Grund hierfür sind meines Erachtens die gewachsenen internen Abläufe und Strukturen, etablierten Kulturen und internen Machtgefüge, die verhindern, dass sich die Unternehmen rechtzeitig an ihre Umwelt anpassen, wodurch nachhaltige technische Innovationen verpasst werden. Dies war schon bei früheren Technologiesprüngen, wie etwa der Erfindung der Dampfmaschine, des Kühlschranks, des Automobils und des Computers erkennbar. Meist schaffen die Marktführer der aktuellen Technologiegeneration nicht rechtzeitig den Schritt zur nächsten Technologiegeneration.[308]

Dieses Versäumen von Technologiesprüngen und dass auf relevante Veränderungen der Umwelt nicht adäquat reagiert wird ist vor allem bei Großunternehmen deutlich zu beobachten, und der Prozess beschleunigt sich gerade vor dem Hintergrund der immer schnelleren technologischen Veränderungen zunehmend. Ein Indiz hierfür ist, dass die durchschnittliche Verweildauer von Unternehmen im Aktienindex der S&P 500 von über 45 Jahren im Jahr 1955 innerhalb weniger Jahrzehnte auf aktuell unter 17 Jahre gefallen ist.[309] Studien zeigen, dass es weniger als 30 Prozent aller Unternehmen schaffen, langfristig erfolgreich zu sein, nur zwei der 15 globalen Top-Unternehmen von 1980 sind im Jahr 2010 noch unter den Top 15, und nur ein einziges Unternehmen konnte sich seit Beginn der Aufzeichnung im Dow-Jones-Index der erfolgreichsten Unternehmen halten.[310] Aber nicht nur die kollektive Trägheit, die sich in etablierten und oftmals festgefahrenen Kulturen, Abläufen, Machtgefügen und Strukturen ausdrückt, sondern nicht selten auch die individuellen Egoismen bis hin zu Borniertheit bei wesentlichen Entscheidern, unausgesprochene und nicht adressierte zwischenmenschliche Dynamiken oder Konflikte in Führungsteams oder in Eigentümer-Familien können (Mit-)Ursache der Krise werden.

Die Holistic Company als visionäre Weiterentwicklungsmöglichkeit

Es stellt sich die Frage: Ist diese hier grob skizzierte Entwicklung von Unternehmen alternativlos? Was kann aus dieser Abwärtsspirale bzw. Krise wirksam herausführen? Kann sie sogar vermieden werden? Oder anders ausgedrückt: Können Unternehmen nachhaltiger und erfolgreicher geführt werden als bislang? Ich glaube die Antwort auf die letzte Frage lautet: Ja. Allerdings erfordert dies meines Erachtens ein grundlegendes Umdenken, d. h. einen Paradigmenwechsel in der Führung von Unternehmen, einhergehend mit Veränderungen auf der *inneren* und auf der äußeren Ebene.

Äußere Veränderungen, wie etwa in der Organisationsstruktur und -gestaltung, sind richtig und notwendig, um sich an eine sich ständig verändernde, komplex-dynamische Umwelt anzupassen. Das 21. Jahrhundert erfordert daher andere Arbeitsorganisationen als das in Bezug hierauf vergleichsweise »eher gemächliche« 19. und 20. Jahrhundert. Insofern sind beispielswiese Umstellungen von hierarchischen auf eher selbstorganisierende Organisationen sinnvoll und notwendig, bis hin zu den vollkommen dezentralen und vernetzten Organisationsformen der »Decentralized Autonomous Organisations« (DAO) und der »Collaborative Commons«, die neue äußere Formen der Koordination von »Unternehmen« (im weiteren Sinne) und der gemeinschaftlichen Wertschöpfung darstellen. Dies gilt im gleichen Maße beispielsweise auch für Visions-, Strategiefindungs-, Technologie- und Arbeitsprozesse – sie alle müssen in einer hoch vernetzten, komplex-dynamischen Umwelt agiler, dezentraler, resilienter und redundanter ausgelegt werden als noch in der Vergangenheit, und dies erfordert maßgebliche Veränderungen von Kulturen, Organisationen und Geschäftsmodellen. So gehören vor allem die tayloristisch geprägten Koordinations- und Führungskonzepte der Vergangenheit in der digitalen Welt richtigerweise auf den Prüfstand. Dies ist der äußere Paradigmenwechsel, den wir, wie schon weiter oben ausgeführt, derzeit gerade als dritte (oder vierte) industrielle Revolution erleben.

Es ist aber meines Erachtens auch gleichzeitig ein *innerer* Paradigmenwechsel notwendig, der Gegenstand dieses Buchs ist und den ich mit dem Begriff der *Holistic Company* verbinde. Und dazu gehört in Verbindung mit den soeben angedeuteten äußeren Veränderungen die zunehmende Kultivierung von Liebe in all ihren Ausprägungen als geradezu notwendige *innere* Veränderung, wie in den vorherigen Kapiteln beschrieben: in der Beziehung zu sich selbst, zu seiner Arbeit und zu anderen Menschen etwa in Form der zunehmenden Überwindung von Getrenntheit, Einseitigkeit, von dualistisch geprägten Konflikten, konstruierten Problemen sowie psychologischen Ängsten.

Diese Verbindung von äußeren Merkmalen der Führung von Unternehmen entsprechend den Anforderungen des 21. Jahrhunderts, basierend auf aktuellem Wissen, mit der inneren Weisheit, Werten und Handlungen, basierend auf der achtsamen Grundhaltung der Liebe, stellt die Vision der Holistic Company dar.

Die Holistic Company ist damit – und das ist mir wichtig – kein Gegenmodell zur heutigen Unternehmenswirklichkeit, sondern eine post-dualistische *Weiterentwicklungsmöglichkeit* für ein Unternehmen aus einem *inneren und äußeren Veränderungsimpuls* heraus. Und dies unabhängig von seiner aktuellen äußeren Erscheinung, als Start-up, gewachsenes, hierarchisches Unternehmen oder auch als dezentrales Netzwerkunternehmen. Die Holistic Company ist grundsätzlich nicht »gegen etwas«, denn jedes Gegen-etwas-Sein verbleibt auf der Ebene der Dualität, gefangen auf der Ebene der polarisierten Probleme, die beseitigt werden sollen. Die Holistic Company steht vielmehr für ein Sowohl-als-auch anstelle eines Entweder-oder: sowohl innere wie auch äußere Veränderung, die Verbindung von Wissen *und* innerer Weisheit, Sinn *und* Gewinn; letztlich die produktive, spontane Verbindung von freien Individuen aus ihrer inneren Wahrheit heraus, um aus einer achtsamen Grundhaltung der Liebe gemeinschaftlich anderen Menschen (wirtschaftlich) zu dienen.

Was kennzeichnet diese Vision der Holistic Company weiterhin?

- Die Holistic Company hat den Anspruch, Menschen zu dienen, und zwar allen Menschen gleichermaßen, d. h. Kunden, Mitarbeitern, Geldgebern und der Gesellschaft insgesamt, und nicht einzelnen Interessensgruppen. Die Schaffung von echtem Nutzen für alle Menschen, und nicht nur das, sondern letztlich auch für die gesamte Schöpfung, prägt die Holistic Company. Damit ist sie wiederum selbst kein Mittel zum Zweck für eine bestimmte Gruppierung von Menschen.

  Sie ist weiterhin geprägt von einem Handeln, das aus diesem »Urgrund« für die Existenz von Unternehmen entspringt und das keiner anderen Motivation bedarf, als auf diese Weise anderen wahrhaft dienen zu wollen.

  Ihr jeweils unternehmensspezifischer, kollektiver Sinn erwächst dabei aus diesem aus sich selbst heraus sinnvollen

Tun.[311] So ist ihr Sinn im Grunde nicht rational zu (er-)finden, sondern entsteht emergent aus dem Handeln der an dem Unternehmen Beteiligten, das wiederum von der Liebe selbst getragen wird. Denn auch wenn die Liebe nicht der einzige Weg ist, Sinn zu schaffen, ist er doch ein sehr wirksamer, wahrscheinlich sogar der wirksamste Weg – auch und gerade im Kontext der Unternehmensführung; die Liebe selbst wird so zum Sinnstifter des Unternehmens – und nicht ein erdachtes kollektives Ego, wie in vielen Unternehmensleitbildern derzeit.[312]

- In demselben Maße, wie dieser Sinn primär im Mittelpunkt des Handelns steht, verliert die (kurzfristige) Gewinnmaximierung als rein zweckorientiertes »Um-zu«-Ziel ihr derzeit übertriebenes Gewicht. Wirtschaftlichkeit und Gewinnerzielung sind natürlich weiterhin auch für die Holistic Company notwendig, schon allein aufgrund der Tatsache, dass sie erforderlich sind, um die eigene Existenz als Unternehmen aufrechtzuerhalten und weiterhin für Menschen sinnvoll tätig sein zu können. Ich möchte sogar die These aufstellen (wie ich später noch weiter ausführen möchte), dass sich bei einer primären Ausrichtung des Unternehmens auf einen so gearteten Sinn auch nachhaltiger wirtschaftlicher und finanzieller Erfolg fast zwangsläufig einstellen wird. Insofern bin ich davon überzeugt, dass die Holistic Company auch nach äußeren Maßstäben (noch) erfolgreicher sein kann als viele Unternehmen, die derzeit die kurzfristige Gewinnerzielungsabsicht in den Vordergrund stellen.

Auf diese Weise *verbindet* die Holistic Company aus der Grundhaltung der Liebe heraus Sinn *und* Gewinn. Sie ist dabei weder in der einen noch in der anderen polaren Extremposition, d.h. »nur Gewinn« oder »nur Sinn«:[313] Auf eine Extremposition, nämlich die der übertriebenen Gewinnerzielungsabsicht, bin ich schon eingegangen. Ebenso ist aber auch die andere Extremposition zu einseitig, die besagt, es gehe nur um Sinn oder wir müssten uns »nur lieben«, und schon würde alles (wirtschaftlich) gut. Denn die Liebe ist kein Ersatz für wirtschaftlich sinnvolles, kaufmännisches Handeln, genauso wenig wie sie umgekehrt nicht Mittel zum Zweck der Unternehmensführung ist. Aber sie kann uns auch zurückführen zu den vielfach verloren gegangenen, aber weiterhin überaus sinnvollen »klassischen Kaufmannstugenden«.

- Die Liebe zur eigenen Arbeit steht im Mittelpunkt des Handelns jedes Einzelnen, nicht das Handeln, *um* Geld *zu* verdienen, Karriere *zu* machen oder Status *zu* erlangen. Voll und ganz in seiner Tätigkeit aufzugehen, die Tätigkeit aus Liebe zu ihr selbst zu tun, steht im Vordergrund des Handelns und Arbeitens. Natürlich erfordert dies, dass niemand um seinen Lebensunterhalt fürchten muss. Hierauf und auf die Sinnhaftigkeit eines bedingungslosen Grundeinkommens sowie auf die Chancen einer (nahezu) Null-Grenzkosten-Ökonomie habe ich schon hingewiesen – insofern halte ich dies für nicht utopisch.
- Mitarbeiter in mit Liebe geführten Unternehmen werden als Menschen in ihrer Ganzheit mit Körper, Geist und Seele wahrgenommen und können sich als solche im Unternehmen einbringen. Individuelle Freiheit und, mit ihr einhergehend, eigene Verantwortung des Einzelnen stehen im Vordergrund – wie dies bei vielen ehrenamtlichen Rollen und »Collaborative Commons«, in denen Menschen zumeist ohne Entlohnung aus voller Überzeugung und Begeisterung arbeiten, heute schon der Fall ist. Die Holistic Company ist so vor allem geprägt von freien Individuen, die in der achtsamen Grundhaltung der Liebe miteinander gemeinschaftlich arbeiten und Sinn stiften wollen. Der »Sinn«, die Freude am eigenen Tun und letztlich die Selbstverwirklichung stehen damit – auf individueller wie auch auf kollektiver Ebene – an erster Stelle und werden sicherlich auch hier an zweiter Stelle zu ausreichend monetärer Entlohnung für einen angemessenen Lebenstand führen.

- Der Umgang der Menschen innerhalb des Unternehmens, mit Kunden, Lieferanten und Externen ist geprägt von Liebesbeziehungen in der hier definierten Form. Dies spiegelt sich wider in einem authentischen, empathischen und mitfühlenden Führungshandeln – von allen Beteiligten, aber insbesondere von Führungskräften. Ebenso werden zwischenmenschliche Konflikte thematisiert und klare Entscheidungen getroffen, denn Harmoniebedürftigkeit und Konfliktvermeidung sind gerade nicht die Merkmale von Führung in einer Holistic Company. Eine solche Form der Führung erfordert von Führungskräften die hohe Fähigkeit, nicht nur mit einem hohen Maß an Intellekt und rationaler Intelligenz zu führen, sondern auch mit einem hohen Maß an Selbstliebe und achtsamer Präsenz, d. h., umgangssprachlich »mit Herz und Verstand« zu agieren. Eine ungefähr so geartete Kombination von Fähigkeiten nennt Google auch »Emotional Intelligence Abilities«, die im Unternehmen Voraussetzung sind für komplexere Arbeit, insbesondere in Führungspositionen.[314]
  Wobei die Selbstliebe bzw. Liebesfähigkeit nach meinem Verständnis noch über das hinausgeht, was üblicherweise als »emotionale Intelligenz« bezeichnet wird.
- Die Holistic Company ist geprägt durch ein Führungshandeln, das getragen ist von einem tiefen Verständnis der Implikationen von sich einstellender Dualität und einseitiger Polarität, sobald im Führungsgeschehen gedanklich differenziert wird. Das für äußere Problemlösungs- und Gestaltungsprozesse natürlich weiterhin erforderliche Denken erfolgt daher aus einer hohen Präsenz, gepaart mit der achtsamen Grundhaltung der Liebe, die »um die Gefahr weiß«, dass aufgrund von gedanklicher Trennung und Bewertung Probleme, einseitige Positionen und hieraus resultierende Konflikte erschaffen werden, und reduziert bzw. vermeidet sie. Sobald sich klassisches und holistisches (Führungs-)Handeln, wie schon weiter oben beschrieben, verbinden und so die Ursache der entstehenden Probleme, Konflikte und Meinungsverschiedenhei-

ten transzendieren, ist es möglich, weniger aufgeregt mit diesen umzugehen.[315] Diese Verbindung von rational-deduktivem, wissensbasiertem Denken mit dem holistischen Handeln gelingt nur im gegenwärtigen Moment – denn nur im Hier und Jetzt kann mehr kreative Innovation, plötzliche Erkenntnisse aus einer tieferen Quelle und Weisheit, die der Liebe, dem schöpferischen Nichts, entspringt, einfließen.[316] Aus diesem, von hoher Präsenz, Achtsamkeit und Liebe geprägten Handeln in der Gegenwart entspringt die erfolgreiche Zukunft des Unternehmens und verbindet so Chronos und Kairos.[317]

- Die Holistic Company verbindet die Digitalisierung als Drang nach Einheit und Verbindung im Äußeren mit einer tieferen Verbindung mit sich selbst und anderen auch im *Inneren.* Sie ist getragen von einer Haltung, die um die Chancen und Risiken von höheren technologischen Möglichkeiten weiß und so mit diesen erweiterten Möglichkeiten verantwortlich umgeht. Gleichzeitig erkennt sie die weiter oben beschriebenen Gefahren u. a. der Entfremdung und Manipulation durch die Digitalisierung. Diese höhere Verantwortung resultiert jedoch nicht aus moralisch-ethischen Kodizes, der Gefahr von schlechter Presse oder aus sonstigen äußeren Verpflichtungen, sondern aus der Grundhaltung der Liebe allen Menschen und der Schöpfung gegenüber. Gerade die Verbindung der äußeren Veränderung mit einer inneren Veränderung und der Rückbesinnung auf das, was den Menschen wirklich ausmacht – Liebe, Empathie, Weisheit und Kreativität –, wird die Digitalisierung erfolgreich machen und birgt so eine große Chance für die Unternehmen der Zukunft.
- Die flexible Selbstorganisation zunehmend freier und damit verantwortungsvoller Menschen wird als Folge von mehr Liebe und Freiheit automatisch in den Vordergrund rücken und zu weniger angst- und kontrollgetriebener Fremdorganisation führen. Selbstorganisation ist die natürliche Organisationsform

des Lebens, weshalb schon allen durch das Zulassen von mehr Liebe und Lebendigkeit, Unternehmen – wie lebendige Organismen – resilienter, agiler, flexibler und veränderungsfähiger werden. Der Weg dorthin ist vor allem durch das Loslassen von Macht und einem Mehr an Vertrauen und Dezentralisierung gekennzeichnet, sodass letztlich auch eine innere und nicht nur äußere Einheit der Organisation und ein kollektives Bewusstsein entstehen.[318] Nach dieser Argumentation ist Liebe (bzw. die Fähigkeit zur Liebe) heute eine Voraussetzung für agilere und flexiblere Organisationen und für das erfolgreiche Gelingen der Digitalisierung. Ich bin fest davon überzeugt, dass sich selbstliebende Menschen auf vollkommen andere Art und Weise in einer Holistic Company organisieren und koordinieren werden als durch starre Hierarchie und kontrollorientierte Fremdorganisation.

Einführung einer Holistic Company

Die Holistic Company ist eine Zukunftsvision, die nicht notwendigerweise erst am Ende einer langen Folge von unternehmerischen Aktivitäten steht. Eine Holistic Company entsteht immer hier und jetzt, wenn Menschen aus der achtsamen Grundhaltung der Liebe und hierauf basierendem Führungshandeln miteinander kooperieren, um wirtschaftliche Wertschöpfung zu betreiben. So wie Paarbeziehungen, die auf wahrer Liebe beruhen, zu mehr Erfüllung finden und für die Beteiligten mehr Sinn und Nutzen stiften, gilt dies auch für komplexere Beziehungsgefüge von vielen Menschen, die sich Unternehmen nennen. Bruce Lipton sieht hier sogar eine Analogie zur Verbindung und Anordnung von Zellen in Organismen.[319]

Die Holistic Company manifestiert sich also immer dann, wenn die einzelnen Beteiligten, die das Unternehmen tragen und prägen (hier also Investoren, Führungskräfte, Mitarbeiter und andere Stakeholder), hier und jetzt aus einer achtsamen Grundhaltung der Liebe heraus handeln (können). Aus diesem Grund können Sie die Umsetzung einer Holistic Company weder anordnen, noch eine Unternehmensberatung damit beauftragen, diese für Sie umzusetzen. Ein solches Vorgehen funktioniert genauso wenig, wie Sie persönlich einen Coach oder eine Therapeutin damit beauftragen können, Ihre individuellen Probleme für Sie zu lösen oder Sie in die Liebe zu bringen. Das müssen Sie letztlich selbst mit allen Beteiligten tun und erleben!

Aber das heißt nicht, dass Sie nichts »dafür tun« könnten, um eine Holistic Company ins Leben zu bringen – im Gegenteil! Indem Sie die Voraussetzungen dafür schaffen, dass das oben beschriebene Handeln aus der achtsamen Grundhaltung der Liebe immer wieder und immer öfter in Ihrem Unternehmen stattfindet, realisiert sich eine Holistic Company. Und das hat zunächst vor allem sehr viel mit Ihrer eigenen Fähigkeit zur (Selbst-)Liebe, mit Selbsterkenntnis und Ihrer eigenen Bewusstheit und Grundhaltung zu tun sowie mit dem Welt- und Selbstbild, mit dem Sie führen. Dies sehen Sie hier nochmals in der folgenden Übersicht zusammengefasst:

Dimension	»Klassisch«	»Holistic Company«
Existenzgrund Unternehmen	• Menschen dienen Unternehmen (dem Kapital) • Primär Gewinn (und dann Sinn)	• Unternehmen dienen allen Menschen und der Schöpfung • Primär Sinn (und dann Gewinn)
Weltbild	• Komplizierte Umwelt • Unternehmen als Maschinerie • Materielles Weltbild/Newton	• Komplex-dynamische Umwelt • Unternehmen als Organismus • Quantentheoretisches Weltbild
Menschenbild	• »Menschen sind grundsätzlich arbeitsscheu; einer ist des anderen Feind.« (Hobbes)	• »Menschen suchen nach Sinn und Erfüllung in der Arbeit und übernehmen Verantwortung.«
Selbstbild von Führung	• Hierarchische Instanz mit Macht • Dauerhaft angelegt • »Kapitän am Steuer«	• Aufgabenbezogene Rolle • Auf Zeit angelegt • »Coach« Anderer
»Grundmodus«	• Dualistische Problemlösung • Widerstand/Negativität • Mangel - »mehr bekommen«	• Postdualistische Verbindung • Annahme/Achtsamkeit • Fülle – »genug sein«

Das Ansinnen, eine achtsame Grundhaltung der Liebe (immer öfter) in Unternehmen zu bringen und diese mit klassisch rationalem, wissensbasierten Vorgehen zu verbinden, sehe ich als einen fundamentalen, zunächst individuellen und dann zunehmend kollektiven Entwicklungs- und Transformationsprozess an.

Ausgangspunkt einer solch grundlegenden inneren und äußeren Transformation ist (wie auch bei jeder individuellen Veränderung) der Wunsch nach einer wirklichen und nachhaltigen Veränderung des Status quo, der sich oftmals erst in einer handfesten Krise einstellt. Der erste Schritt besteht also in Ihrer Entscheidung, für die Gestaltung Ihres Lebens und Ihres Unternehmens die volle Verantwortung zu übernehmen und nicht andere oder äußere Umstände für »Probleme« verantwortlich zu machen. Dies ist ähnlich wie in der individuellen Therapie, denn: *»Solange ein Patient glaubt, seine Probleme seien von außen verursacht, bleibt die Therapie wirkungslos«* [320], drückt es Yalom sehr zutreffend aus.

Die wirklich nachhaltige unternehmerische Veränderung, gerade im Hinblick auf die Holistic Company, beginnt daher aus meiner Sicht nicht mit einem kollektiven Systemwechsel, sondern vor allem auf der individuellen, inneren Ebene. Und hier geht es auch nicht darum, dass sie andere Menschen ändern sollten (was ohnehin nicht geht) – sondern es beginnt bei Ihnen! Ganz im Sinne des Mottos: *»Willst du die Welt ändern, ändere zunächst dich selbst«*, denn das Einzige, was wir wirklich ändern können, sind wir selbst.[321]Und das geht, wie weiter vorn schon ausgeführt, nicht durch den Widerstand gegen sich selbst, sondern durch die liebevolle und achtsame Annahme seiner selbst.

Zudem erfordert eine grundlegende Weiterentwicklung eines Unternehmens hin zu einer Holistic Company eine starke transformative Kraft, die meiner Ansicht nach ebenfalls nur aus Liebe kommen kann und sich im Hier und Jetzt manifestiert. Es gibt hier eine ganze Reihe von Beispielen aus der Geschichte, die diese These bestätigen. Durch die transformative Kraft der Liebe – und nicht durch Revolutionen und nicht »im Kampf« gegen irgendetwas – wurden auf friedlichem Wege nachhaltige, nicht für mögliche gehaltene Veränderungen, oftmals auf geradezu wundersame Weise, herbeigeführt. Man denke nur an das Wirken von Martin Luther, Mahatma Gandhi und Martin Luther King. Allen diesen grundlegenden Veränderungen ist gemein, dass sie durch aus der Grundhaltung der Liebe getragenes Handeln herbeigeführt wurden und dass sie von sehr bewussten und liebesfähigen Menschen bewirkt wurden, die oft vielen äußeren Repressalien der Mächtigen ausgesetzt waren.[322] Martin Luther King drückte diese notwendige transformative Kraft der Liebe auch wie folgt aus: *»Wir müssen die Kraft der Liebe entdecken, (...) die erlösende Kraft der Liebe. Und wenn wir dies entdecken, werden wir in der Lage sein, aus dieser alten Welt eine neue Welt zu machen. Wir werden in der Lage sein, den Menschen besser zu machen. Liebe ist der einzige Weg.«*[323]

Es gibt aber auch ganz praktische Beispiele aus der Unternehmenswelt, wie die Transformation der Firma Guthmann Aluminium Draht, in der ich vieles von der hier vorgeschlagenen Veränderung wiedergefunden habe.[324]

Eine solch grundlegende Veränderung erfordert außerdem, wie jede Therapie, in der Regel eine Begleitung von außen – doch nicht durch Berater, die nur ein Mehr an äußerem, kognitiv-rationalem Wissen und Problemlösungskapazität einbringen, sondern gleichzeitig auch Anstöße für die notwendige *innere* Veränderung beitragen können. Dies gelingt meines Erachtens nur, wenn diese Berater selbst aktuelles Wissen und eine achtsame Grundhaltung der Liebe miteinander verbinden und aus dieser Verbindung handeln (können). So wie der eigentliche Kern von Therapie ein liebevoller, zutiefst humaner Austausch zwischen Menschen ist, gilt dies auch bei der Beratung von Führungskräften, gerade im Hinblick auf die Schaffung von Voraussetzungen für eine Holistic Company.[325]

»Nur die Liebe des Therapeuten heilt den Klienten«, drückte es auch der ungarische Psychoanalytiker Sándor Ferenczi aus. Insofern ist

der »*gute Berater (...) nicht derjenige, der dem Klienten alles abnimmt und aktiv Stolpersteine beseitigt, sondern er spielt die Rolle des Anstoßes zur Selbsthilfe und fungiert damit als Katalysator für die Selbstorganisation und Selbstheilung des Klienten.*«[326] Dieser Aussage von Noni Höfner stimme ich voll und ganz zu, gerade auch in Bezug auf einen nachhaltigen Wandel von Unternehmen hin zur Vision einer Holistic Company, wie ich es hier skizziert habe – und zwar Schritt für Schritt im Hier und Jetzt.

FALLBEISPIELE FÜR LIEBE IN UNTERNEHMEN

Zur Verdeutlichung dessen, was ich in den vorherigen Kapiteln ausgeführt habe, möchte ich ein fiktives Beispiel vor dem Hintergrund meiner eigenen bisherigen Praxis wählen. Vor dem Hintergrund, dass die ersten Kapitel doch teilweise recht »abstrakt« ausgefallen sind, habe ich hier bewusst ein Beispiel gewählt, das eine sehr alltägliche Führungssituation aufgreift und doch zeigt, wie »subtil« eine achtsame Grundhaltung der Liebe einen Unterschied machen kann – auch ohne dass diese notwendigerweise als solche benannt oder sogar erkannt wird. Außerdem reichere ich dieses Kapitel mit Fallbeispielen erlebter und gelebter Liebe aus der Praxis an, die mir im Rahmen einer Befragung genannt worden sind. Mit diesen Fallbeispielen möchte ich die Breite möglicher Erfahrungen aufzeigen und dabei doch auch darauf hinweisen, dass diese nur einen kleinen Bruchteil des Potenzials widerspiegeln, welches ich in einer Holistic Company für möglich halte.

Fiktives Fallbeispiel – Ausgangslage

Sehr viele Unternehmen unterliegen einem regelmäßigen Regelkreis der Steuerung mit einem wiederkehrenden Zyklus der Planung, der Messung von Planabweichungen und entsprechend korrektivem Handeln. In vielen Unternehmen beginnt dieser – primär jährliche – Regelkreis mit der Planung und Budgetierung. Dem Prozess der Budgetierung geht oftmals die Erstellung einer mehr oder weniger aufwendigen finanziellen Mehrjahresplanung und -strategie voraus. Nicht selten werden nicht nur Ein-Jahres-Pläne, sondern auch Drei- bzw. -Fünf-Jahrespläne erstellt. Wie sinnvoll solche Langfristplanungen in einer komplex-dynamischen Welt sind, möchte ich an dieser Stelle nicht ausführlicher kommentieren; nur so viel: Nach meiner eigenen Erfahrung haben sie mittlerweile recht wenig Sinn, insbesondere unter einer Kosten-Nutzen-Betrachtung, d. h., wenn man berücksichtigt, wie viel Kapazität sie binden und wie viel Mehrwert sie tatsächlich der Unternehmensführung bieten. Nicht selten ist die Mehrjahresplanung schon nach wenigen Monaten obsolet.

Dessen ungeachtet folgt der Planung eine regelmäßige Erhebung der Ist-Situation und von Planabweichungen, auf deren Basis neue Forecasts erstellt werden. Zudem werden auf der Basis von Abweichungsanalysen unternehmerische Bewertungen vorgenommen, die nicht selten mit starken Emotionen einhergehen und auf deren Basis dann »korrektive« Handlungen vorgenommen werden. Dies erfolgt oft monatlich, quartalsweise und jährlich, wobei gerade die jeweils für ein Quartal erhobenen Ergebnisse und Forecasts bei vielen Unternehmen eine nochmals höhere Bedeutung bekommen haben. Im Folgenden soll nun dargelegt werden, wie stark es von der *Grundhaltung und den Einstellungen der Beteiligten* abhängt, ob sich Unternehmen dabei in einem sich selbst verstärkenden negativen oder in einem positiven Regelkreis bewegen:

Der negative Regelkreis

Was geschieht typischerweise, wenn sich das Unternehmen in einem *negativen Regelkreis* bewegt? Ausgangspunkt des negativen Regelkreises ist oftmals eine von hohen Ambitionen geleitete und nicht selten auf dem »Prinzip Hoffnung« beruhende Planung, bei der die Ziele des Unternehmens überzogen hoch angesetzt werden. In diesen Plänen wird entweder die positive Entwicklung der Vergangenheit zur Basis für die Zukunft gemacht, d. h., das Wachstum der letzten Jahre wird (über-)linear fortgeschrieben oder die negativen Trends der vergangenen Jahre bekommen durch die – wie auch immer definierten Maßnahmenpakete – eine positive Wendung. »Realistische« Planungen oder Forecasts ohne Umsatz- oder Gewinnwachstum – oder gar mit einem prognostizierten Abschwung – dürfen in den seltensten Fällen Vorgesetzten, Shareholdern und Aufsichtsgremien vorgelegt werden, weil diese als zu »unambitioniert« angesehen werden, entweder für den eigenen Anspruch an sich selbst oder weil (vermeintlich) von außen mehr erwartet wird. Dadurch wird die Messlatte für die Folgeperiode oftmals exorbitant hoch angelegt und entsprechend Druck aufgebaut, das Ziel auf Biegen und Brechen zu erreichen.

Zu ambitionierte Planungen führen in der Regel zu großen Abweichungen, sobald das Unternehmen in den jährlichen Regelkreis eintritt: Die Ist-Situation entspricht nicht der Soll-Situation, d. h., die Realität steht im Widerspruch zu den vorherigen (überzogenen) Erwartungen. Problematisch wird es nun, wenn in der negativen *Bewertung* der verantwortlichen Entscheider weiterhin das zuvor definierte, überambitionierte Ziel bzw. Plan-Ergebnis erreicht werden soll, für welches – inzwischen sichtbar geworden – die tatsächlich zur Verfügung stehenden Mittel nicht ausreichen oder sich das Umfeld hierfür verändert hat. Anstatt zu erkennen und zu kommunizieren, dass der ursprünglich erstellte Plan nicht mehr erfüllbar ist, und vielleicht auch nie war, stellt sich bei der Beurteilung der Ist-Situation nun emotionaler Widerstand ein gegen das, was nunmehr tatsächlich ist. Dann folgen Aussagen wie: »Das darf/kann nicht sein, schließlich wurde dieses und jenes dem Aufsichtsrat und den Aktionären zugesichert!«, »Das muss vom Controlling falsch berechnet worden sein; es muss genauer gerechnet werden!« oder: »Das kann so nicht kommuniziert werden.

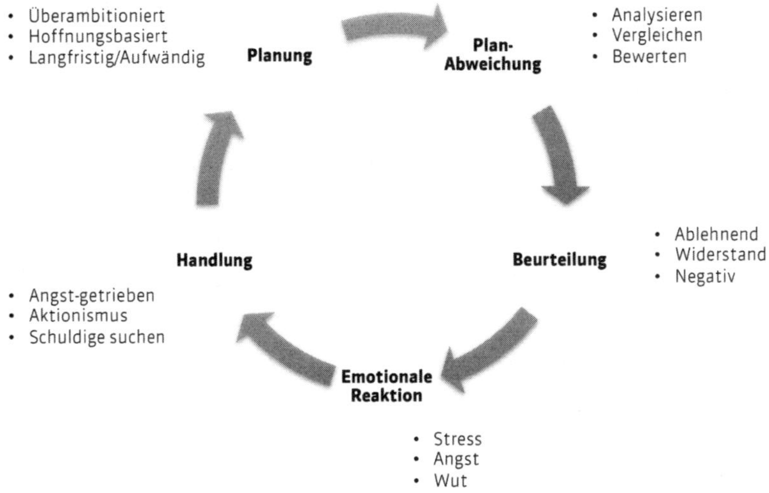

Es muss in den verbleibenden Perioden aufgeholt werden, es muss ein positiverer Forecast gemacht werden!«

Infolge der Differenz zwischen dem Plan und der Ist-Situation und einer damit einhergehenden negativen Beurteilung treten nun unmittelbar die negativen emotionalen Reaktionen auf, die ich bereits weiter oben ausführlicher beschrieben habe, wie zum Beispiel:

- Angst vor der Unzufriedenheit der Aufsichtsgremien und Shareholder
- Angst vor fallenden Börsenkursen (und möglichen feindlichen Übernahmen)
- Angst, dass sich die Lage nicht bessert, sondern noch verschlechtert

Zusammen mit und infolge der Angst entsteht negativer Stress, der den Führungskräften nachts den Schlaf raubt. Oftmals entsteht aber auch Wut – Wut auf sich selbst und andere. Und diese Wut breitet sich aus, und zwar gerade dann, wenn der wahrgenommene Handlungsdruck noch weiter steigt und sich Anzeichen tatsächlicher Überforderung einstellen, beispielsweise Wut auf das Controlling und auf andere, die offenbar unfähig sind, den aufgestellten Plan einzuhalten. Und so beginnt die Suche nach den »Schuldigen«, die hierfür verantwortlich gemacht werden müssen.

Angst- und wuterfüllt und im Widerstand gegen das, was ist, handeln die beteiligten Führungskräfte dann unkonzentriert, aktionistisch, oftmals panisch und hektisch. Gleichzeitig wird intern Druck ausgeübt, überkontrolliert und gegeneinander gearbeitet. In der Folge wird jeden Tag »eine andere Sau durchs Dorf getrieben«, und wenn die Krise noch größer wird, jagt ein Rettungsplan den nächsten, noch bevor der letzte überhaupt seine Wirkung entfalten bzw. dieser umgesetzt werden konnte. Parallel dazu führen die hektischen Kurswechsel zu Frustration, zunehmender Ignoranz und Gleichgültig der Mitarbeiter (»Morgen ist ja ohnehin wieder etwas anderes wichtig!«). Gleichzeitig wird die Darstellung dessen, was tatsächlich ist, gegenüber Aufsichtsgremien, Shareholdern und Mitarbeitern oftmals so lange wie möglich »geschönt« bzw. als zu positiv dargestellt – in der Hoffnung, dass in der Zukunft doch noch ein Wunder geschieht.

Das eigene negative Denken sowie das angsterfüllte Handeln (das auf keinen Fall natürlich so benannt werden darf!) wirken sich so zunehmend negativ auf andere Führungskräfte und Mitarbeiter aus. Gerade wenn es die Unternehmensspitze ist, die so denkt und handelt, legt sich dies wie eine lähmende Krake über das ganze Unternehmen und lässt alle erstarren. In diesem Stadium sind Fehler, Demotivation und unvorteilhafte Ressourcenallokationen vorprogrammiert, wodurch die Einhaltung des Planes in noch weitere Ferne rückt. Die Kluft zwischen Plan und Ist-Situation wird so immer größer, genauso wie auch die individuelle und kollektive Angst. Auf den Fluren werden schließlich Fragen gestellt wie: »Wie kommen wir nur jemals wieder aus der Krise heraus?«, »Ob es dieses Jahr schon wieder ein schlechtes Jahr ohne Bonus geben wird?«, »Wie lange kann das noch gut gehen?«

Es entsteht also ein negativer, sich selbst verstärkender Teufelskreis. So führt das zunächst überambitionierte und später angsterfüllte und widerstrebende Denken und Handeln letztlich genau das herbei, was am meisten befürchtet wird: Das Unternehmen gerät immer tiefer in die Krise, das eigene »Scheitern« wird immer offensichtlicher. Der »Schuldige« bzw. diejenigen, die schuldig gemacht werden, sind dann selbst vom »Scheitern« bedroht und darüber hinaus von heftiger Ausgrenzung durch die anderen, die ja nicht »schuld« waren, die aber dennoch unter den negativen Auswirkungen der vermeintlich falschen oder unterlassenen Handlungen des »Schuldigen« zu leiden haben. Dass jedoch grundsätzlich alle vor demselben unlösbaren Dilemma stehen, wenn sie diese negative Grundhaltung zur Basis ihres Handelns machen, wird dabei nicht erkannt. Letztlich bleiben bei jedem Einzelnen nur noch Angst und die Hoffnung, dass man nicht derjenige sein wird, bei dem dieses unlösbare Dilemma offensichtlich wird.

Der positive Regelkreis

Das Gegenteil hierzu ist der *positive Regelkreis,* der sich oftmals in eher florierenden Unternehmen findet.

Charakteristisch für den positiven Regelkreis ist, dass bereits die Ausgangslage nicht so »druckbelastet« ist wie im negativen Regelkreis. Das Aufsetzen eines von vornherein realistischen und zeitlich überschaubaren Plans in einer Grundhaltung der Liebe (auch wenn diese so nicht erkannt oder benannt wird) bewirkt zunächst mehr Gelassenheit im Unternehmen. Wahrheiten – auch wenn sie einen Abschwung bedeuten – werden authentisch ausgedrückt und thematisiert, nicht vermieden oder umgangen. Alle

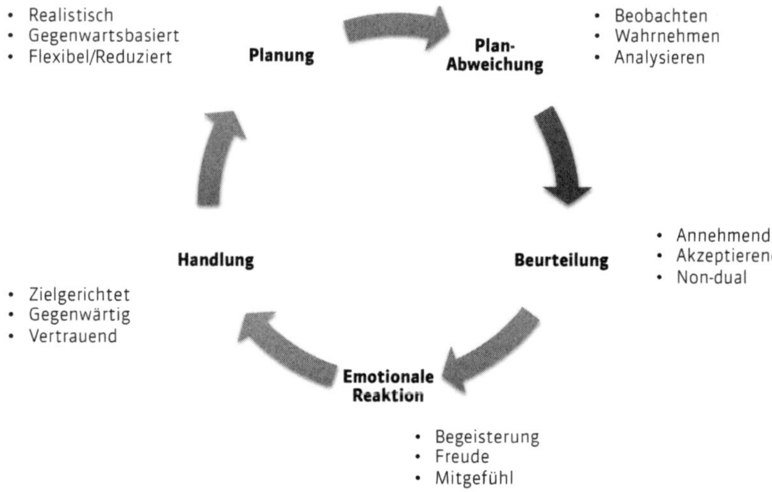

spüren, dass von ihnen nicht erwartet wird, das Unmögliche wahr zu machen, sondern in einem überschaubaren Rahmen qualitativ hochwertige Leistung zu erbringen, d.h., das zu tun, was machbar ist. Plan, Ziel und Fähigkeit stehen in einem angemessenen Verhältnis zueinander. Bereits dies wirkt sich förderlich auf die Motivation der einzelnen Mitarbeiter aus, da sie sich vor einer Aufgabe wiederfinden, von der sie wissen, dass diese zwar herausfordernd ist, die aber innerhalb der vorgegebenen Zeit und mit den ihnen zur Verfügung stehenden Mitteln zu lösen sein wird.

Auch ist bei realistischen und nicht auf Hoffnung basierenden Plänen die Chance, die Differenz zwischen Plan und Ist-Zustand gering zu halten, natürlich deutlicher größer bzw. ist hier zumindest ein unverhältnismäßig großes Auseinanderklaffen zwischen Plan und Ist-Zustand eher unwahrscheinlich. Dadurch, dass so bereits im Vorfeld dafür gesorgt wird, dass Abweichungen zwischen Plan und Ist-Situation – so sie denn überhaupt auftreten – verhältnismäßig gering ausfallen, wird negativ beurteilter Differenzbildung und den damit einhergehenden Konsequenzen (angst- und wuterfülltes Handeln, siehe negativer Regelkreis) der Nährboden entzogen. Gleichwohl ist aber auch hier bei Abweichungen die Art der Beurteilung dieser Abweichungen durch die jeweilige Führungskraft von entscheidender Bedeutung: Fällt die Beurteilung negativ aus, zieht auch diese Beurteilung wieder – wie oben dargestellt – negative Emotionen nach sich. Ein realistischerer Plan allein ist somit keine Garantie für einen positiven Regelkreis.

Der zentrale Punkt zur Vermeidung eines negativen Regelkreises liegt daher darin, das, was sich unternehmerisch als Tatsachen einstellt, in der Grundhaltung der Liebe anzunehmen und auf dieser Basis ohne Negativität und Angst zu handeln.

Statt Energie in sinnlose Zyklen der Erklärung von Planabweichungen zu überambitionierter Pläne zu stecken und den Ist-Zustand zu leugnen, kann diese Energie vielmehr dafür genutzt werden, sich auf das, was jetzt getan werden kann, zu konzentrieren und aus der Anerkennung der Ist-Situation mit den gegebenen Möglichkeiten weiterzuarbeiten. Dies ermöglicht, sich vollumfänglich mit den Gegebenheiten auseinanderzusetzen und offen für neue, möglicherweise bessere Lösungen zu sein. In der Folge wird kein unnötiger Druck aufgebaut, etwas erreichen zu müssen, was in Wirklichkeit gar nicht möglich ist.

Negative Emotionen – als Ergebnis der negativen Beurteilung von Abweichungen und des inneren Widerstands gegen diese – werden so vermieden. Es herrscht vielmehr ein positiver und vertrauensbasierter Umgang in der Grundhaltung der Liebe, der wiederum die Grundlage für besonnenes, motiviertes und konzentriertes Handeln darstellt. Dies gilt nicht nur für das Gesamtunternehmen, sondern analog auch für die einzelnen Unternehmensbereiche und Projekte. Verstärkt wird dies noch dadurch, dass dieser Prozess gemeinsam mit Kollegen durchlaufen wird, die sich ebenfalls nicht unter Druck setzen lassen, sondern gemeinsam auf dasselbe Ziel hinarbeiten.

Auf diese Weise verstärkt sich der positive Regelkreis zunehmend: Durch weniger gedanklich negative Auseinandersetzung mit der ohnehin unsicheren Zukunft und durch eine weniger überzogene Erwartungshaltung gibt es weniger negativ beurteilte Differenzen und folglich weniger psychologische Angst. Das gegenseitige Vertrauen, die Freude und Lust am eigenen Tun und der Sinn in der Arbeit beflügeln das (vielleicht sogar schon holistische) Handeln und Miteinander im Unternehmen. Letztlich wird durch diese Haltung die ständige Auseinandersetzung mit der Zukunft auch immer weniger notwendig. Denn je mehr sich Führungskräfte und alle anderen Beteiligten *aus einer achtsamen Grundhaltung der Liebe heraus* auf annehmende Weise mit dem auseinandersetzen können, was ist bzw. was auch immer eintreten mag – unabhängig davon, was es ist –, desto weniger Kontrolle der Zukunft in Form von Planung und Abweichungskontrolle sind notwendig und sinnvoll. Stattdessen wird in zunehmendem Maße eine gegenwärtigere Steuerung auf der Basis von dem, was ist, sinnvoll.

Übergang vom negativen zum positiven Regelkreis

Sicherlich sind hier beide Regelkreise bewusst etwas überzogen dargestellt worden, um die Differenz aufzuzeigen, Aber sie finden so oder so ähnlich auf allen Ebenen vieler Unternehmens statt, meist von der Spitze des Unternehmens nach unten kaskadierend. Insofern haben alle Führungskräfte eines Unternehmens Einfluss darauf, in welchen Regelkreis das Unternehmen bzw. der Bereich, die Abteilung, das Projektteam eintritt. Den größten Einfluss hierauf aber hat sicherlich die Unternehmensspitze, d. h. die Geschäftsführung des Unternehmens. Die überzeichnete Darstellung der beiden Regelkreise macht den Unterschied zwischen beiden sehr deutlich: *Die Grundhaltung* der Führungskraft bzw. der Führungskräfte ist entscheidend, z. B. bei der Erstellung von Plänen oder der

Beurteilung und Kommunikation von Planabweichungen und vor allem für den Eintritt und das Durchleben des einen oder anderen Regelkreises. Und der Übergang vom negativen zum positiven Regelkreis erfordert genau die hier schon häufig genannte achtsame Grundhaltung der Liebe.

Weitere Stimmen und Fallbeispiele aus der Praxis

Im Jahr 2017 habe ich für dieses Buch 12 Thesen formuliert und diese mit einem Kreis erfahrener Interviewpartner und -partnerinnen auf Basis eines standardisierten Fragebogens diskutiert. Die Idee dahinter war, auf breiterer Basis Stimmen und Erfahrungen über die Liebe im Unternehmensführungskontext einzusammeln und einen Dialog zu starten, um die Tabuisierung dieses Themas – der Liebe im Kontext der Unternehmensführung – zu überwinden.

Insgesamt haben sich dankenswerterweise 25 Personen – erfahrene Führungskräfte und Unternehmer, Partner von Unternehmensberatungen und langjährige Coaches in einem gleichgewichtigen Verhältnis – zur Teilnahme an dieser nicht alltäglichen Befragung bereit erklärt. Auf meiner Website *www.holistic-company.com* finden Sie die Interviewergebnisse zu jeder dieser 12 Fragen bzw. Thesen. Dabei werden die Interviews so wiedergegeben, als habe es bereits tatsächlich eine Round-Table-Diskussion zu diesem Thema gegeben – in der Hoffnung, dass in der Folge solche und ähnliche Diskussionen auch in der Realität stattfinden und ein möglichst lebendiger, achtsamer und noch wesentlich breiterer Dialog zum Thema Liebe entsteht. Gerne können Sie dort selbst Ihre eigenen Beiträge ergänzen und sich an der virtuellen Diskussion beteiligen. Ich würde mich sehr darüber freuen!

Hier nun einige Auszüge und Teilnehmerstimmen aus den Interviews – Sie werden überrascht sein:

»Vor meiner Selbständigkeit war ich bei einem Konsumgüterunternehmen tätig, wo ich Liebe empfunden habe. Gespürt habe ich diese durch eine sehr stark vorherrschende Grundhaltung, Mitarbeitern die Möglichkeit zur Entwicklung geben und sich um diese kümmern zu wollen. Auch wurde dort wohlwollend mit solchen Mitarbeitern umgegangen, die Fehler gemacht

hatten. Aber auch in meiner jetzigen Tätigkeit begegnet mir Liebe immer wieder. Gerade in Start-up-Unternehmen, in denen auch viele jüngere Menschen aktiv sind und in denen ein gewisser Gründergeist herrscht. Dort sind viele Führungskräfte vertreten, die mit sich im Reinen sind und dies anderen dementsprechend sehr gut vermitteln können. Auch sind sie im Umgang mit anderen sehr wohlwollend und viel toleranter, wenn es um andere Lebensmodelle geht.«

»Ich habe beruflich wie auch privat Kontakt zu einem kleinen mittelständischen Unternehmen, in dem in der entsprechenden Weise miteinander umgegangen wird. Es kommt einem wie ein großer Familienverbund vor, zumal auch schon gemeinsame Unternehmungen durchgeführt werden. Wenn man diese Firma betritt, stellt sich einfach das Gefühl ein, dass dort Vertrauen herrscht sowie eine gewisse Art von Zuneigung vorhanden ist, gleichzeitig aber auch Engagement und Einsatz. Auch zeigt sich seitens der Mitarbeiter Liebe zur Firma, und zwar in Form von Respekt und Wertschätzung. und jeder ist um das Wohlbefinden des jeweils anderen durchaus bemüht.«

»Ich habe Liebe bei meinem ehemaligen Chef im Institut erlebt. Der hatte zu mir gesagt: ›Seien Sie doch einmal barmherziger zu sich selbst.‹ Dies kam aus einer wohlwollenden, liebevollen Haltung heraus, wobei er durchaus auch ganz schön streng oder auch mal hart in seinen Urteilen sein konnte. Das eine schließt das andere allerdings nicht aus. Im Übrigen habe ich dies bei drei Menschen erlebt, die mit mir in Aufsichtsratssitzungen sitzen. Diese hatten mir, als ich noch alleiniger Aufsichtsrat war, eine wohlwollende, respektvolle Grundhaltung entgegengebracht. Zwar schloss diese kritische Fragen nicht aus, ganz im Gegenteil, aber deren Art hatte es mir leichter gemacht, mit diesen kritischen Fragen umzugehen und sie anzunehmen, da sie eben aus einer wohlwollenden Grundhaltung heraus kamen.«

»Mir ist Liebe im Unternehmenskontext schon in ganz vielen Facetten begegnet. Am ausgeprägtesten habe ich sie erlebt, als mir gegenüber Verständnis für die Situation des anderen gezeigt wurde. Wenn jemand

Schwierigkeiten hatte, mit etwas nicht zurechtkam oder einen Fehler gemacht hatte, ist man damit wohlwollend umgegangen, ohne es schönzureden, aber auch ohne die Dinge nicht anzusprechen bzw. diese unter den Teppich zu kehren. Letzteres hat meines Erachtens nach auch gar nichts mit Liebe zu tun. Im Gegenteil, man soll die Dinge sehr wohl ansprechen, ihnen auf den Grund gehen (»Was ist da passiert und warum?«) und dann wohlwollendes Verständnis dafür aufbringen, weshalb ein Fehler passiert ist. Da findet für mich Liebe statt. Aber genauso im alltäglichen Miteinander, wenn das Team gemeinsam an etwas arbeitet, mit Liebe zum Ergebnis, zur Qualität. Liebe für das, was man tut, Liebe zur Passion, als Faible, als persönliche Erfüllung. Wenn jemand mit Leidenschaft dabei ist, dann ist das in der Atmosphäre spürbar.«

»Erst bei meinem jetzigen Unternehmen habe ich Liebe erfahren, denn dort ist der Begriff schon lange Teil der Unternehmenskultur. Nach außen hin propagieren wir diese allerdings auch nicht als Liebe, sondern wir verwenden andere Begriffe wie Wertschätzung, Fürsorge etc. Dies aus dem Grund, da Liebe in unserer Gesellschaft – wie hier schon mehrfach erwähnt wurde – doch eher mit Mann, Frau, Eltern und Kindern assoziiert wird als mit Wertschätzung und Akzeptanz. Im Kontext von Gesundheit/Wirtschaft ruft dies dann eher Stirnrunzeln hervor.«

»Jetzt ist also die beste Zeit, wenn ich ein schlauer Unternehmer bin, die Liebe zu etablieren und Menschen zu Höchstleistungen zu motivieren – und wir haben ja Lust! Das hat ja nichts mit Ausbeutung zu tun! Gerade erst habe ich einen Vortrag eines Professors gehört zu dem Thema ›Wie sieht es in der Zukunft mit den Menschen aus? Haben wir genug Fachkräfte?‹ Wir wissen das ja schon seit Jahren, die Alterspyramide und was so passiert, und für Deutschland wird ein Chaos gesehen und dass wir bis mindestens 70, 75 arbeiten müssen. Die Kennzahl der Menschen aber, die Mitarbeiter durch Liebe, durch eine andere Führung zu motivieren, damit sich diese nicht mehr nur zu 15 Prozent, sondern zu 100 Prozent engagieren, ist interessanterweise noch überhaupt nicht auf deren Agenda. Ich hatte auch eine spannende Diskussion mit diesem Professor, der jetzt

nämlich einfach mal anfangen will, diese Kennzahl zu messen. Ja, Liebe wird das Ganze wecken.«

»... dazu kommt, dass ich ja nun in der Welt der Achtsamkeit unterwegs bin und allein schon deshalb viele Führungskräfte treffe, bei denen ich Liebe im Unternehmen erlebe. Es gehört aber immer sehr viel Bewusstsein bzw. Achtsamkeit dazu, die Quelle der Liebe in uns sprudeln zu lassen, und deshalb ist dies immer sehr personenabhängig.«

»Liebe begegnet mir täglich. Das fällt mir deshalb so auf, weil ich das Wort ›Liebe‹ noch bis vor zwei bis drei Jahren ignoriert habe und nicht wahrnehmen wollte. Im Gegenteil, ich dachte immer, man müsste nicht nur viel arbeiten, sondern auch stark kämpfen, um eine gewisse Position in der Firma, ein gewisses Standing den Kunden gegenüber zu haben, sich beweisen müssen und ›Hero‹ sein usw. Dann habe ich die Liebe aber irgendwann einmal zugelassen, und allein dadurch, dass ich sie zugelassen habe, hat es sich so ergeben, dass ich mit den gleichen Menschen ganz, ganz anders umgehe. Und dadurch, dass ich anders mit ihnen umgehe, gehen wiederum auch sie anders mit mir um. Gerade in den letzten Monaten ist mir Folgendes passiert: Da nämlich teilte ich mehreren Kunden mit, sie aufgrund beruflicher Veränderung nicht mehr betreuen zu können. Diese sagten mir dann, dass sie gar nicht von mir wegwollen. In diesem Moment wusste ich, was Liebe ist, da ging mir das Herz auf. Inzwischen nehme ich meine Kunden auch mal in den Arm, was ich vor ein paar Jahren noch niemals getan hätte. Allein dieser körperliche Kontakt zeigt ja schon, dass es sich letztendlich um Liebe handelt. Mit meinen Mitarbeitern gehe ich ähnlich um, da kommt es tatsächlich auch darauf an, wie diese auf dieses Sich-Öffnen reagieren. Es gibt Mitarbeiter, die reagieren darauf gar nicht, lassen es nicht zu. Bei denen ist das dann natürlich schwierig. Liebe kann man schließlich niemandem aufoktroyieren, das muss etwas Gegenseitiges sein.«

»Liebe ist mir sowohl bei einzelnen Personen begegnet, die ich als besonders tolle Führungskräfte erlebt habe, als auch in Teilen in der Kultur von Unternehmen. Insbesondere in der Beratungspraxis, in der spezifischen Kultur

von Familienunternehmen, wo die Familie solche Werte im Unternehmen geprägt hat und diese Werte dann auch im Unternehmen gelebt werden. Das äußerte sich in einem ganz konkreten Beispiel: In einem Outsourcing-Projekt werden Mitarbeiter in einem Bereich obsolet, und dort sind Mitarbeiter dabei, die z. B. durch lange Krankheiten viel zu Hause sind. Dann wird sich vonseiten der Unternehmensführung persönlich um diese Leute gekümmert und gesagt, dass der Bereich, in dem derjenige bisher gearbeitet hat, wegfalle, er in der Zukunft aber eine weit über den normalen Maßstäben liegende Entschädigung oder Abfindung erhalte. Damit kann derjenige dann auch beruhigt zu Hause sein und muss sich nicht über seine Krankheit hinaus noch Sorgen um Jobfragen oder Arbeitsplatzsicherheit machen. Alternativ zu einer Abfindung bekommen jene Mitarbeiter manchmal auch einen anderen Job angeboten. Das hat viel mit Respekt vor dem anderen und vor seiner Situation zu tun, aber auch mit Fürsorge und einer Grundhaltung des Wohlwollens, also durchaus eine liebevolle Haltung den Mitarbeitern gegenüber. Wie gesagt, eine Haltung, die ich sehr viel in Familienunternehmen erlebt habe.«

»... überhaupt finde ich, dass die eigene Lebensfreude steigt, und zwar die Lebensfreude desjenigen, der bereit ist, Liebe zu geben, zu zeigen und sich zu öffnen. Derjenige hat selbst deutlich mehr Freude bei der Arbeit, auch wenn er die gleiche Tätigkeit wie vorher ausübt. Es kommt nicht darauf an, was man macht, es kommt darauf an, wie man es macht. Macht man etwas mit Liebe/Freude, dann ist das alles überhaupt nicht mehr anstrengend. Ich gehe davon aus, dass je friedvoller und liebevoller man etwas macht und je liebevoller ich mit den Kunden umgehe, sei es in der Auftragsanbahnung oder auch in der Auftragsabwicklung, desto weniger Schwierigkeiten habe ich, einen Auftrag zu bekommen oder meinen Preis durchzusetzen. Ich mache also etwas viel lieber, weil ich die Menschen liebe. Das kommt bei den Menschen auf irgendeine Art und Weise an, die spüren das und sind dann eben auch bereit, für die gleiche Leistung tatsächlich mehr oder zumindest den von mir festgesetzten Preis in einer angemessenen Zeit zu zahlen. In der Vergangenheit habe ich gegenteilige Erfahrungen gemacht: Je kraftvoller

und dominanter mein Auftreten war, desto schwieriger war es letztendlich, Preise durchzusetzen, desto langsamer haben die Kunden schließlich gezahlt, desto mehr Gelder sind ausgefallen, und da ist es schon der Liebe zuzuschreiben, dass das nicht mehr so ist. Tatsächlich messbar ist Liebe im Unternehmen daher monetär, aber eben auch an dem Lebensgefühl; durch die Liebe tritt eine deutliche Steigerung der Lebensqualität ein.«

»Mir fällt eine Situation ein, in der Liebe Positives im Unternehmen bewirkt hat. Und zwar gibt es unterschiedliche Formen, mit ›schwierigen‹ Mitarbeitern umzugehen. Mit ›schwierig‹ meine ich: Derjenige passt nicht mehr so ganz ins Unternehmen, will eigentlich auch nicht mehr so richtig, ist nicht mehr motiviert und bringt keine tolle Leistung mehr. Von solch einem Mitarbeiter haben wir uns vor einigen Jahren mit dem üblichen Procedere – Aufhebungsvertrag, Abfindung etc. – getrennt. In vier anderen Fällen aber haben wir uns auf eine andere Art von Mitarbeitern getrennt, und zwar indem ich mich als deren Vorgesetzter bemüht habe, diesen Menschen erst mal mit einer positiven, wohlwollenden Haltung gegenüberzutreten. Gleichzeitig habe ich ihnen aber trotzdem ein klares Feedback gegeben, und zwar dahingehend, dass deren Perspektive bei uns sehr begrenzt sei, wenn sich bestimmte Dinge nicht ändern würden. Dies geschah, wie gesagt, aus einer Haltung vom Herzen heraus. Das Erstaunliche daran war, dass – alle vier hatten dann über kurz oder lang gekündigt – zwei davon mit einem schlechten Gewissen gegangen sind, weil sie mich nun ›alleine lassen würden‹. Die anderen beiden hatten dieses schlechte Gewissen zwar nicht, sie sind aber so aus der Firma ausgeschieden, dass wir uns heute gut akzeptieren können und ich ihnen gegenüber auch kein schlechtes Gefühl habe. Es war einfach eine gute Trennung, die 1.) für die Betroffenen nicht besonders schmerzhaft war, 2.) im Unternehmen keine Schäden angerichtet und 3.) kein Geld gekostet hatte. Ganz im Gegensatz zu der zunächst angesprochenen Auflösungsvertragsgeschichte, die natürlich zusätzlich auch Unruhe etc. erzeugt hätte.«

LIEBE UND »HARTE« ENTSCHEIDUNGEN

»Die Liebe drängt oft auf Opfer der wichtigen Interessen unseres Egos. Ab und zu diktiert sie sogar ein freiwilliges Aufopfern des Lebens eines Einzelnen. Offensichtlich kann es aus der Sicht eines egozentrierten Menschen keine logischen Gründe für ein solches Opfer geben.«[327]

PITIRIM SOROKIN

Ich vermute, dass der Begriff einer liebevollen bzw. von Liebe erfüllten Unternehmensführung bei sehr vielen von Ihnen zunächst Assoziationen wie Harmoniebedürftigkeit, Konfliktvermeidung, Nachgiebigkeit und Kuschelkurs auslösen wird, die in der vermeintlich »harten« Geschäftswelt nichts zu suchen haben. Aber ist eine Führungskraft, die aus einer achtsamen Grundhaltung der Liebe wie hier beschrieben agiert, tatsächlich eine schwache und (zu) nachsichtige, viel zu weiche und daher nicht qualifizierte Persönlichkeit? Und vielleicht als Führungskraft überhaupt nicht geeignet?

Ganz im Gegenteil! Meiner Meinung nach sind es gerade diejenigen, die in der eigenen Wahrhaftigkeit und der (Selbst-)Liebe gefestigt sind und damit aus innerer Freiheit heraus agieren können, diejenigen, die auch die »härtesten« Entscheidungen treffen (können). Genauer gesagt, bin ich davon überzeugt, dass sie nur aufgrund dieser Tatsache sogar hierzu erst in der Lage sind und nicht mehr aufgrund eines extrem hohen Liebes- und Anerkennungsbedürfnisses, aus der Notwendigkeit, »Everybody's Darling« zu sein, davor zurückschrecken.

Der »Weg der Liebe« beginnt mit der Entscheidung, sich von dem derzeit gelebten Konformismus in Unternehmen frei zu machen und sich auf einen Weg zu begeben, der letztlich dazu führt (oder zumindest führen kann), die hier dargestellte Form der Liebe authentisch zu leben und in der Unternehmenswelt zu vertreten.

Die Geschichte zeigt aber, dass diese Entscheidung – zugunsten eines konsequenten Lebens in der Liebe – nicht nur eine der »härtesten«, sondern auch eine der gefährlichsten Entscheidungen sein kann. Es gibt unzählige Beispiele dafür, dass aus Liebe getroffene Entscheidungen für die, die sie getroffen haben, (lebens-)gefährlich waren, z. B. Soldaten, die sich für ihre Kameraden in kriegerischen Auseinandersetzungen selbstlos geopfert haben, Eltern, die ihr eigenes Leben hinter das ihrer Kinder stellten, und Retter, die in Geistesgegenwart gehandelt haben, ohne danach zu fragen, ob ihr eigenes Leben gefährdet wird.

Und es gibt auch eine ganze Reihe historischer Altruisten, die für die Liebe ihr Leben verloren haben und deren Lebensläufe und Schicksale u. a. Sorokin in seinem Buch »The Ways and Power of Love« sehr detailreich aufgearbeitet hat, angefangen bei Jesus von Nazareth.[328]

Liebe und Wahrhaftigkeit statt (falsch verstandene) Loyalität

Generell müssen Menschen, die eine universelle Liebe leben wollen, mit erheblichen Konfrontationen rechnen: Denn diejenigen, die lediglich in Loyalität und Zuwendung zu einer speziellen »geliebten« Person oder Gruppe leben können – sei es die eigene Beziehung, die eigene Familie, der eigene Stamm, das eigene Unternehmen, die eigene Religion, die eigene Partei oder die eigene Nation –, werden zwangsläufig in Konflikt mit ihnen geraten, und zwar aus zwei Gründen: Erstens können sie Menschen, die in der vollkommenen Liebe und damit auch in einer großen inneren Freiheit angekommen sind, nicht auf dieselbe Weise »einschüchtern« und steuern wie alle diejenigen, die diesen Punkt noch nicht erreicht und vielleicht noch nicht einmal kennengelernt haben. Und zweitens – und noch wichtiger – fürchten sie um ihren Einfluss und ihre Machtposition als »Führer«, sollten andere ihrer strikten Aufteilung der Welt in »Freund und Feind« nicht mehr folgen. Solche »Anführer« müssen daher (unbedingte) Loyalität zur eigenen Gruppierung (Unternehmen, Team, Abteilung, Nationen etc.) und Abgrenzung gegenüber allen anderen fordern. Daher führen sie Dispute, Konkurrenzkämpfe, Handelskriege bis hin zu verschiedenen Formen gewalttätiger Auseinandersetzung mit denjenigen, die als außerhalb dieser Gruppierung stehend wahrgenommen werden. Diejenigen, die »loyalitätsbezogene« Beziehungen und Gruppen anführen, müssen Menschen fürchten, die der vollkommenen Liebe das Wort reden und aus dem Wissen und Gefühl der Einheit heraus handeln. Jene müssen sie sogar noch mehr als gegnerische Gruppierungen, Konkurrenten und ihre äußeren Feinde fürchten: Denn der Kampf gegen den anderen Pol bekräftigt die Differenzierung noch und hebt sie nicht auf. Doch die Kraft der Liebe hat auf einer viel tieferen, inneren Ebene die Möglichkeit, Gruppierungen ihre Systemgrenze – und damit ihre Differenzierung und ihre Existenzgrundlage – zu entziehen, und zwar dadurch, dass die Liebe auf die Wiederherstellung von Einheit hinwirkt. Vermutlich wissen bzw. spüren dies Anführer von Gruppierungen instinktiv und kämpfen so gegen die Altruisten, da sie letztlich der Liebe nichts entgegensetzen können. Sie spüren, dass die Liebe die einzige Kraft ist, die der Macht und den Mächtigen wirklich »gefährlich« werden kann, wenn ein zu großer Teil ihrer Anhänger von ihr erfasst wird.

Es gibt viele Beispiele in der Geschichte hierfür, wie durch die Macht der Liebe auf friedlichem Wege eine Vielzahl von zum Teil stark verkrusteten Machtstrukturen nachhaltig und oftmals auf geradezu wundersame Weise verändert wurden. Man denke nur in der noch nicht so lange zurückliegenden Vergangenheit an das Wirken von Martin Luther King und Mahatma Gandhi. Formal hatten sie so gut wie keine Macht – außer die der Liebe.[329] Diesen

Menschen ist gemein, dass sie aus einer eigenen Wahrhaftigkeit und der Grundhaltung der Liebe gehandelt haben – und gleichzeitig vielen persönlichen Repressalien durch die Mächtigen ausgesetzt waren. Diese Gefährdung durch Repressalien gilt im besonderen Maße auch für mutige Gruppen-Abtrünnige, d.h. für diejenigen, die vorher Teil einer Gruppe waren und sich ihren Loyalitätsanforderungen gebeugt haben und sich nunmehr in die eigene Freiheit wagen und der Gruppe entziehen wollen. Viele Führungskräfte haben ihren früheren Arbeitgeber in solchen Situationen plötzlich noch einmal von einer ganz anderen Seite kennengelernt. Jahrelange Treue und Verdienste sind von einem Tag auf den anderen vergessen, früher vertrauensvolle Beziehungen verwandeln sich jäh in juristische Schlammschlachten. Es ist im Interesse der Mächtigen, dass sich die Liebe nicht entfaltet und mit ihr einhergehend auch nicht die Freiheit. Sorokin fasst dies wie folgt zusammen:

> »Die engere Stammesliebe der Gruppe kann nicht anders, als mit der umfassenden Liebe zu kollidieren. Daher wurden solche Personen durch die Gruppe verfolgt: Daraus ergibt sich das tragische Martyrium der Apostel der universellen Liebe, die zum Tode verurteilt, gefangen genommen, verbannt, gefoltert und von den Partisanen der Stammesloyalität auf unterschiedliche Weise verfolgt wurden. Sokrates, Jesus, Petrus, Paulus, Al-Hallaj, Gandhi und etwa 37 Prozent der heiligen christlichen Altruisten sind herausragende Beispiele für ihre Opfer. Die Gesamtzahl der Märtyrer des Stammespatriotismus verschiedener politischer, ethnischer, rassischer, religiöser, wirtschaftlicher, beruflicher und anderer Kollektive mit Solidarität ausschließlich für die eigene Gruppe war in der Menschheitsgeschichte enorm.«[330]

Dem allem unterliegt aber ein grundlegender Irrtum (des Egos): Denn der wahrhaft Liebende hat überhaupt kein Interesse daran, den Mächtigen ihre Differenzierung und damit ihre Systemgrenze »wegzunehmen«, er würde nur ihrer Absolutheit nicht folgen. Er würde sie vielmehr also solche anerkennen, wie auch die Position des Opponenten, Konkurrenten bzw. generell des Gegenpols, um sie nicht durch Widerstand noch zu festigen. Er würde, wie schon ausgeführt, die Dualität der Pole transzendieren. Er würde erkennen, dass die Differenzierung in Pole im Äußeren notwendig ist, da sonst nichts existieren könnte. Im Erkennen des Einsseins aber, d. h. aus der Haltung der Liebe heraus, würde er die vordergründige Trennung überwinden, ohne die Individualität und Eigenständigkeit des jeweiligen Pols zu bedrohen. Dies kann zwar letztlich auch dazu führen, dass die Grenze und Differenzbildung im Äußeren überwunden werden – aber dies geschieht nicht zwangsläufig, es führt lediglich zu einer Relativierung der Polarität und der Konkurrenz.

»Harte« Entscheidungen treffen – was heißt das?

Was bedeutet all das nun übertragen auf den Führungsalltag? Zunächst stellt sich wohl die Frage, was denn überhaupt »harte« Entscheidungen im Führungsalltag sind. Hierzu zähle ich aus eigener Erfahrung (ohne Anspruch auf Vollständigkeit):

- eigene Fehler und Fehlentscheidungen einzugestehen,
- unbequeme Wahrheiten auszusprechen,
- Mitarbeiter mit Feedback zu konfrontieren,
- Mitarbeiter zu entlassen bzw. Kündigungen auszusprechen,
- unterschwellige Konflikte anzusprechen,
- unangemessene Anweisungen ›von oben‹ nicht auszuführen,
- Aufträge abzulehnen, die Mitarbeitern unzumutbar sind,
- berufliche Veränderungen abzulehnen, die der Familie schaden,
- sich vor Mobbing-Opfer zu stellen etc.

Die meisten dieser Entscheidungen sind aber eigentlich nur deshalb »hart«, weil sie erfordern, klar Stellung zu beziehen, eigene Grenzen zu ziehen, Rückgrat zu zeigen und letztlich wahrhaftig, frei und authentisch gegenüber sich selbst, Kunden, Mitarbeitern und Vorgesetzten zu sein. Mit diesem Verständnis ist nachvollziehbar, warum die (Selbst-)Liebe und die Liebesfähigkeit wesentliche Grundlagen für die Fähigkeit sind, eine wirklich gute Führungskraft zu sein: Sie ermöglichen es überhaupt erst klar und aus innerer Weisheit handeln zu können. Denn wo Liebe ist, ist keine Angst – und Angst ist gerade der Grund für Harmoniebedürftigkeit und Konfliktscheu. Ich kenne das selbst nur zu gut!

Und diese Entscheidungen sind oftmals auch deshalb (jedoch vollkommen unnötig) »hart«, weil mit Menschen bei ihrer *Umsetzung* nicht menschlich, liebevoll und mitfühlend bzw. emphatisch umgegangen wird. Es macht meiner persönlichen Erfahrung nach einen großen Unterschied, wie Menschen behandelt werden, deren Tätigkeit im Betriebsablauf redundant geworden ist – auch wenn der eigentliche Fakt derselbe bleibt. Sprich, ob man als Führungskraft in einer Kündigungssituation (ebenfalls aus Angst und eigener Unsicherheit) auf einer möglichst »sachlichen« Ebene bleibt und die Einwände von Betroffenen mit (Schein-)Argumenten abspeist und diese mit »Wischiwaschi«-Aussagen und Ausflüchten sogar verärgert oder ob man andererseits die Betroffenen mit großer Klarheit und Entschlossenheit, aber gleichzeitig verbindlich, respektvoll und wertschätzend mit Entscheidungen konfrontiert. Selbst in so einer schwierigen Situation kann man sich immer noch auf Augenhöhe von Mensch zu Mensch mit Liebe begegnen. Genauso kann man sein Gegenüber – selbst bei einem möglichen Fehlverhalten – immer noch als Mensch sehen, ihm vergeben und ihn nicht grundsätzlich »abwerten«. Dies erfordert die hohe Fähigkeit, bewusst zwischen dem Fehlverhalten einerseits und dem Menschen als solchem anderseits unterscheiden zu können.

Die Entscheidung, zum Wohle aller zu handeln

Besonders »harte« Entscheidungen erfordern jedoch noch mehr von Führungskräften, als klar zu sein und sich den eigenen Ängsten zu stellen – was schon anspruchsvoll genug ist. Und es erfordert auch mehr, als auf eine mitmenschliche Art und Weise mit Mitarbeitern umzugehen, auch wenn man sie mit notwendig gewordenen Konsequenzen konfrontieren muss – was aus meiner Sicht eher eine Selbstverständlichkeit ist.

Meines Erachtens ist es für eine Führungskraft in der heutigen Wirtschaftswelt vor allem eine harte Entscheidung, wahrhaft das Wohl aller Menschen an die erste Stelle ihres Handelns zu stellen statt das eigene Vorankommen, das einer speziellen Interessensgruppe oder das des eigenen Unternehmens – und damit tatsächlich aus der vollkommenen Liebe zu handeln. Dies impliziert nämlich – ganz analog zu dem weiter oben Ausgeführten –, aus tieferen Motiven als der rein ökonomischen Zweckrationalität zu handeln, so beispielsweise auf etwas zu verzichten, was man eigentlich »hätte haben können«, wie einen persönlichen Vorteil oder einen kurzfristigen Gewinn, weil dieser zu nicht-sinnvollem Handeln für alle oder zu negativen Folgewirkungen für Dritte führen würde. Denn letztendlich bedeutet dies nichts anderes, als dem derzeit zentralen Paradigma zuwider zu handeln: statt aus dem Motiv der Gewinnmaximierung als Selbstzweck zugunsten aller Menschen und der Schöpfung zu handeln. Möglicherweise würde einem solches Führungsverhalten sogar von einigen als Untreue, zumindest aber von vielen als Illoyalität ausgelegt werden.

Zu solchen »harten« Entscheidungen waren beispielsweise einige Verantwortliche der beteiligten Unternehmen in der »Abgasaffäre« offensichtlich nicht fähig.[331] Sie sind damit aber beileibe nicht allein, im Gegenteil! Gleichzeitig machen es sich diejenigen viel zu leicht, die hierüber von außen moralisierend befinden und negativ urteilen; sie haben zumeist keinerlei Vorstellung, welchem Druck gerade Führungskräfte und Aufsichtsräte von unterschiedlicher Seite in der heutigen Wirtschaftswelt ausgesetzt sind. Und oftmals sind es dann gerade auch die, die in solchen Situationen am lautesten schreien und auf andere zeigen und so nur von sich ablenken wollen. Womit ich aber umgekehrt unangemessenes Verhalten von Beteiligten im Abgasskandal nicht gutheißen oder verteidigen möchte, sondern nur mein Argument für die Tatsache vorbringen möchte, dass es tatsächlich eine harte Entscheidung einer Führungskraft sein kann, *zum Wohle aller zu handeln,* so betrüblich dies ist.

Diese Haltung, zugunsten des Gemeinwohls auf Eigenwohl und kurzfristigen Gewinn zu verzichten, hatten wir auch schon weiter oben bei den großen und historisch bekannt gewordenen Altruisten beobachtet. Die Liebe weist hier den Weg, wenn es vermeidbare Konflikte zwischen den Anforderungen von Vorgesetzten, Kunden, Investoren und Dritten sowie der gesamten Schöpfung gibt. Doch muss man ausreichend in der Selbstliebe und damit der eigenen Freiheit angekommen sein, um dann die ggf. notwendigen »harten« Entscheidungen auch umsetzen zu können, anstatt »lieb Kind« zu machen.

Die zuvor beschriebene Liebesfähigkeit als Befähigung auch zu »harten« Entscheidungen und jedes wahrhaft liebevolles Verhalten sind die Grundlage hierzu – nicht gedanklich hergeleitete ethische Verhaltensnormen oder moralische Vorschriften oder Kodexe für Führungskräfte. Denn wie schon weiter oben angesprochen: Wer nur einen Menschen oder eine Gruppe von Menschen lieben kann (z. B. seine Kunden), nicht aber alle Menschen, liebt gar nicht.[332]

Universelle Liebe konsequent im eigenen (Führungs-)Leben umsetzen zu wollen ist eine grundlegende Transformation, die ebenso »harte« Entscheidungen von denen verlangt, die diesen Weg gehen wollen. Denn der Weg einer solchen Transformation ist möglich, aber nicht einfach.[333] Er erfordert von demjenigen, der sich auf den Weg macht, nicht nur, sein Welt- und Selbstbild zu hinterfragen, sondern auch seine Grundhaltungen sich selbst und anderen Menschen gegenüber zu überdenken und sich in die

Erfahrung der Liebe zu begeben. Ihre Kollegen und Vorgesetzten werden Sie nicht wiedererkennen, sollten Sie sich auf diesen Weg der Liebe machen.

»Ich bin ja nicht verrückt«, sagen Sie sich jetzt vielleicht, wenn Sie überlegen, was dies in aller Konsequenz für Ihre jetzige Führungsrolle, aber auch für Sie ganz persönlich bedeuten würde. Ich habe aber auch nicht behauptet, dass Liebe zu »weich gespültem« Verhalten führt. Zudem ist das oben ausgeführte Lebenskonzept sicherlich nicht der Anfangspunkt, sondern eher ein Leitbild, das nur in den wenigsten Fällen auch tatsächlich vollkommen erreicht werden wird. Glücklicherweise gibt uns Sorokin nicht nur dieses Leitbild, sondern auch einen tröstlichen Rat mit auf den Weg, wie wir uns diesem Leitbild auf ganz menschliche Weise in einem ständigen *Entwicklungsprozess* nähern können – eben Schritt für Schritt:

> »Es versteht sich von selbst, dass ein idealer Plan nur von einem kleinen Teil der Menschen erreicht werden kann. Die Mehrheit kann nur bis zu den unteren Graten dieses hoch aufragenden Gipfels aufsteigen. Dennoch stellt jeder Schritt zu ihm hin einen moralischen Fortschritt der Menschheit dar, und die zunehmende Sichtbarkeit des Gipfels führt die Vielzahl der Pilger auf ihrem Weg zum moralischen ›Heiligen der Heiligen‹.«[334]

Jeder Schritt, auch der erste, den Sie unternehmen, um sich auf die Suche nach sich selbst und der Liebe zu machen, kann eine »harte Entscheidung« sein, die, wenn sie über die rein kognitive Auseinandersetzung hinausgeht, mit Konsequenzen für Ihr Leben und Ihr Handeln als Führungskraft verbunden sein wird. Aber es muss eben mehr sein, als nur darüber nachzudenken und zu philosophieren, denn: *»Keine logische, egozentrierte Ethik kann den Einzelnen dazu bringen, sein Ego zu transzendieren. Noch weniger kann sie den*

Einzelnen auffordern, seine Interessen zu opfern. Aus der Sicht der Logik des rationalen Egos ist die Logik der Bergpredigt unsinnig und vollkommen unlogisch. Und umgekehrt: Vom Standpunkt der Ethik der Bergpredigt aus gesehen ist jede rationale, egozentrierte Ethik nur ›die moralische Arithmetik‹ der egoistischen Interessen des Einzelnen, der die ganze Welt als bloßes Mittel zur Befriedigung seiner Vorteile betrachtet.«[335]

LIEBE UND WIRTSCHAFTLICHER ERFOLG

»Wenn die Anhäufung von Reichtum nicht mehr von hoher sozialer Bedeutung ist, wird es große Veränderungen im Moralkodex geben. Wir werden in der Lage sein, uns von vielen der pseudomoralischen Prinzipien zu befreien, die uns zweihundert Jahre lang gequält haben, durch die wir einige der widerwärtigsten menschlichen Eigenschaften in die Position der höchsten Tugenden erhoben haben. Wir werden es uns leisten können, es zu wagen, das Geldmotiv mit seinem wahren Wert zu bewerten. Die Liebe zum Geld als Besitz – im Gegensatz zur Liebe zum Geld als Mittel zu den Freuden und Realitäten des Lebens – wird als das anerkannt werden, was es ist – eine etwas ekelhafte Morbidität, eine jener halbkriminellen, semipathologischen Neigungen, die man mit Schaudern an die Spezialisten für psychische Erkrankungen übergibt. Wir werden dann endlich frei sein, alle Arten von sozialen Bräuchen und Wirtschaftspraktiken, die sich auf die Verteilung des Reichtums und der wirtschaftlichen Belohnungen und Strafen auswirken, die wir heute um jeden Preis aufrechterhalten, so widerwärtig und ungerecht sie auch sein mögen, weil sie für die Förderung der Kapitalakkumulation äußerst nützlich sind, zu verwerfen.« [336]

JOHN M. KEYNES (1930)

Um beantworten zu können, ob Liebe zum wirtschaftlichen Erfolg eines Unternehmens beitragen kann, ist aus meiner Sicht zunächst die Frage zu stellen, was denn eigentlich der »wirtschaftliche« Erfolg eines Unternehmens ist und wie er gemessen werden kann. Die meisten von Ihnen werden wahrscheinlich reflexhaft sagen (so wie auch ich früher): »Na, das ist doch klar: am Gewinn!« Diejenigen, die schon mehr Erfahrung in wertorientierter Unternehmensführung haben, werden wahrscheinlich etwas differenzierter antworten und auf die (Free) Cash-Flow-Entwicklung des Unternehmens hinweisen oder auf irgendeinen anderen finanziellen KPI, der den Gewinn und die Cash-Flow-Entwicklung ins Verhältnis zu anderen Variablen setzt, wie beispielsweise dem TSR (= Total Shareholder Return), dem ROE (= Return on Equity), dem ROI (= Return on Invest), dem ROCE (= Return on Capital Employed) oder sonst einem für geeignet befunden Quotienten (die Liste ist lang), der zum Teil auch industrieabhängig aus weiteren Faktoren gebildet wird.

Nachhaltigkeit statt kurzfristigem Gewinnstreben

Selbstverständlich gilt: Nur Unternehmen, die wirtschaftlich und kaufmännisch profitabel arbeiten, Gewinne erzielen und ausreichend finanziert sind, können ihren Kunden langfristig dienen und ihren Zweck erfüllen.[337] Daher hat in einem kapitalistisch geprägten Wirtschaftssystem auch schon immer die Bereitstellung von Finanzmitteln in Form von Wagnis- und Eigenkapital (durch Eigentümer, Aktionäre, Private Equity etc.) und Fremdkapital (durch Banken, Versicherungen und sonstige Kreditgeber) einen Wert für Unternehmen gehabt, vor allem um notwendige Investitionen tätigen oder Zeiträume zwischen Geldausgabe und -einnahme überbrücken zu können (unter anderem sog. »Working-Capital-Effekte«).

Die Finanzierung, Kreditvergabe und Transaktionsabwicklung sind aber aus meiner Sicht eben nur eine Unterstützungsfunktion für die eigentliche Wertschöpfung in der Realwirtschaft. Und für diese Form der Wertschöpfungsunterstützung und den damit verbundenen Risiken hat sich ein Geldgeber Lohn in Form eines »Zinses« oder einer »Gewinnbeteiligung« (in seinen vielfältigen Ausprägungen) verdient – genauso wie sich jeder andere Dienstleister eines Unternehmens, der die Wertschöpfung des Unternehmens unterstützt, einen Lohn verdient hat.

Das Mittel »Gewinn« jedoch zum zentralen Zweck zu erheben und entsprechend den Erfolg von Unternehmen, Bereichen und Führungskräften nur an monetären Kennzahlen und Ziel-KPIs zu messen, von denen dann zumeist wieder individuelle und kollektive Boni abhängen, führt meiner Ansicht nach zu *vielfachem und zumeist auch sehr kurzsichtigem Fehlverhalten* in Unternehmen. *Denn, wie schon weiter vorn ausgeführt, besteht für mich der wahre Zweck eines Unternehmens darin, allen Menschen zu dienen, und nicht primär darin, für Eigenzwecke Gewinne zu erzielen. Das Primat der (kurzfristigen) Gewinnmaximierung ist daher letztlich ein grundlegend falscher Gedanke und Ansatz des aktuellen, primär gewinnorientiert geprägten Wirtschaftsgeschehens.* Ich bin auch der festen Überzeugung, dass das *kurzfristige* Gewinnstreben als Primärziel ein wesentlicher, wenn nicht sogar der wesentliche Grund dafür ist, dass es nur sehr wenigen Unternehmen wirklich gelingt, langfristig erfolgreich zu sein. Dies ist aus meiner Sicht eben genau deshalb so, weil Unternehmen durch die Gewinnfokussierung den mittel- und langfristen Nutzen für Menschen als ihr primäres Ziel aus den Augen verlieren und sie sich auch intern entsprechend organisieren und kulturell aufstellen.

Der Gewinn sollte also – wie es auch schon Friedrich-Wilhelm Raiffeisen formulierte – wieder ein Mittel zum Zweck werden, statt Zweck zu sein[338]. Ich glaube, dass hierzu aufseiten aller Beteiligten ein grundlegender Bewusstseinswandel notwendig ist und dass dieser Wandel vielleicht sogar der zentrale Wegbereiter für eine grundlegende Veränderung unseres Wirtschaftssystems sein könnte. Glücklicherweise kommen die Dinge hier zunehmend in Bewegung – so nehmen immer mehr große Unternehmen mittlerweile langfristige Nachhaltigkeit und das Thema ESG (Abkürzung für die englischen Begriffe *Environment Social Governance,* also »Umwelt, Soziales und Unternehmensführung«) sehr ernst und als wichtigen Parameter ihrer Erfolgsbeurteilung. Sie, aber auch die vielen kleinen und größeren traditionellen Familienunternehmen in Deutschland, sind nicht (mehr) nur geleitet von kurzfristig rendite- und gewinnorientierter Optimierung, sondern vielmehr von Verantwortung und Wertschätzung gegenüber ihren Kunden, Mitarbeitern und der Gesellschaft, in der sie leben. Der offene Brief von BlackRock-Chairman und CEO Larry Fink vom Januar 2019, mit dem Hinweis, dass in der Tat Sinn und Gewinn untrennbar miteinander verbunden sind, ist hier sicherlich wegweisend.[339]

Verbindung von Sinn und Gewinn

Darum geht es letztlich: auf sinnvolle Weise Sinn und Gewinn miteinander zu verbinden, was aus meiner Sicht nur in der Grundhaltung der Liebe tatsächlich stattfinden kann. Hierzu braucht es meines Erachtens aber nicht primär (möglicherweise aber vielleicht auch) mehr Regulierung vonseiten des Gesetzgebers. Stattdessen eher die Einsicht, dass es im eigenen wirtschaftlichen Interesse von Unternehmen und Investoren ist, eine längerfristige und nachhaltige Perspektive, aber auch eine bewusste Haltung einzunehmen, die wieder den Kundennutzen und sogar den Nutzen aller Menschen, auch und gerade unter Nachhaltigkeitsgesichtspunkten, in den Mittelpunkt stellt. Das Ziel, seine Kunden zu lieben, ihnen wirklichen Nutzen zu bieten, kann aus dieser Haltung gleichgeordnet mit dem Ziel verbunden werden, seine Mitarbeiter zu lieben – genauso wie seine Investoren und Geldgeber und letztlich gleichermaßen alle Menschen inner- und außerhalb des Unternehmens, ohne Ausbeutung (auch der Natur) und Trickserei. Jede irgendwie geartete »Höherstufung« eines Menschen über den anderen führt früher oder später in die Sackgasse: Um einen Kundennutzen zu erfüllen, kann es nicht darum gehen, seine Mitarbeiter oder die Gesellschaft auszubeuten, genauso wenig wie nur darum, kurzfristige Renditeinteressen zu erfüllen. Aber auch genauso gilt es, Investoren und Kapitalgeber nicht für ihre berechtigten Renditeerwartungen zu verurteilen, sondern gemeinsam »den Menschen zu dienen« und damit nachhaltig Wert zu schaffen; daher sollte es auch nicht »Customer first« oder »Client first« heißen, sondern »Human being first«. Oder besser noch »Being first«, weil auch jedes Ausbeuten anderer Geschöpfe, Lebewesen und der Natur zugunsten des Menschen ein Irrweg ist. Womit wir wieder bei der Liebe als Urquell des Seins angekommen sind. Karlheinz Kögel, selbst erfolgreicher Unternehmer, drückte es wie folgt aus: *»›Politiker, die die Menschen nicht lieben, werden scheitern.‹ Das gelte im Übrigen auch für Unternehmer.«*[340]

Wahrer wirtschaftlicher Erfolg wird also vielmehr immer nur dann gegeben sein, wenn Unternehmen (und andere wirtschaftlich ausgelegte Kooperationen) aus einer achtsamen Grundhaltung der Liebe und mit ihr einhergehender kaufmännischer Tugendhaftigkeit allen Menschen und der gesamten Schöpfung dienen und so Sinn und Gewinn nachhaltig verbinden.

Ist die monetäre Gewinnmaximierung also wirklich ein unabänderlicher Teil des Systems oder »nur« Ergebnis eines eher fehlgeleiteten und kurzsichtigen Verständnisses, bei dem das Mittel (der Gewinn, der Aktienkurs, der Shareholder-Return) zunehmend zum Zweck gemacht wurde? Was wäre, wenn Analysten und Wirtschaftsjournalisten weniger auf monetäre KPIs schauen und bei kurzfristigen »Gewinnwarnungen« von Unternehmen nicht überreagieren würden, sodass sie Börsenkurse negativ beeinflussen – was wiederum in den Unternehmen die Angst vor feindlichen Übernahmen schürt? Was wäre, wenn sie aus einem umfassenderen Verständnis heraus – wie in diesem Buch vorgetragen – über die Performance von Unternehmen »urteilen« würden, insbesondere in ihrer Fähigkeit, Sinn und Gewinn tatsächlich miteinander zu verbinden und so für alle Menschen dienlich zu sein? Was wäre, wenn die Incentivierung, also das Geben von Anreizen zur Steuerung der Mitarbeiter, und die Boni von Vorständen, Geschäftsführern und leitenden Führungskräften nicht mehr primär an eher kurzfristige Gewinnziele und Aktienperformance gekoppelt wären, sondern an die nachhaltige, langfristige Entwicklung des Unternehmens (ausgedrückt in Zeiträumen von 5+ Jahren und nicht in Quartalen oder gar wöchentlichen/täglichen Kursentwicklungen)? Wollen die vielen Millionen Shareholder von Unternehmen wirklich nur kurzfristigen Gewinn machen? Oder wollen sie nicht auch gleichzeitig in einem lebenswerten, sinnerfüllten, menschlichen Umfeld leben und arbeiten?

Darüber, dass wir aber hiervon in der Breite noch weit entfernt sind, bin ich mir im Klaren. Dessen ungeachtet ist es Unternehmen, Investoren, Analysten und Führungskräften auch jetzt, und nicht erst in einer fernen Zukunft, möglich, aus der Grundhaltung der Liebe heraus zu handeln und Obiges zunehmend zu beherzigen bzw. umzusetzen, um wirtschaftlich erfolgreich zu sein. Und zum Glück gibt es auch hier schon an vielen Stellen Bewegung in die richtige Richtung und erfreuliche Ausnahmen.[341]

Annäherung an eine monetäre Bewertung

Weil derzeit eben aber alles »noch ganz anders ist« und Sie wahrscheinlich in Ihrer Rolle als Führungskraft primär Gewinninteressen verfolgen (müssen oder wollen), möchte ich im Folgenden einen grob umrissenen »Business Case« für die positiven Effekte von Liebe in Unternehmen in Bezug auf die Messgröße »Gewinn« herleiten – auch um zu vermeiden, dass Sie mich für einen »Sozialromantiker« halten. Dabei möchte ich – den klassischen Hut des »Finanzers« aufsetzend – versuchen, die in diesem Buch gemachten Vorschläge auch monetär zu quantifizieren. Leider ist die empirische Faktenlage hierzu sehr begrenzt. Meine Nachforschungen haben hinsichtlich des direkten Zusammenhangs von Liebe und wirtschaftlichem

Erfolg zu keinen verwertbaren Studien und empirischen Ergebnissen geführt. Dies ist auch nach allem, was ich hier aufgeführt habe, keineswegs überraschend. Es gibt aber Anhaltspunkte, von denen ich einige exemplarisch nennen möchte:

Mittlerweile gibt es eine ganz Anzahl von Studien, die belegen, dass eine höhere Zufriedenheit bei den Mitarbeitern zu mehr Kundenzufriedenheit und besseren Geschäftszahlen führt. Dass sich die Zufriedenheit von Mitarbeitern und Mitarbeiterinnen und das Betriebsklima in einem Unternehmen, welches von der Grundhaltung der Liebe getragen ist, verbessert, möchte ich als gegeben ansehen. Insofern kann die Studie zur Mitarbeiterzufriedenheit von International Survey Research (ISR) für erste Hinweise verwendet werden. Das ISR hat im Laufe der letzten drei Jahre etwa 360.000 Mitarbeiter aus 40 der größten europäischen Firmen interviewt, um den Einfluss des »Betriebsklimas« auf den Geschäftserfolg zu messen – und dieser lässt sich in Zahlen belegen. Demnach *»konnten Firmen, die sehr zufriedene und engagierte Mitarbeiter haben, in den letzten drei Jahren ihren Gewinn um zwei Prozent steigern. Im Kontrast dazu mussten Unternehmen, zu denen eher frustrierte Angestellte gehören, Gewinneinbußen von 1,5 Prozent vermerken. Eine überdurchschnittliche Leistungsbereitschaft entsteht übrigens dann, wenn eine Unternehmensführung es vermag, gleichzeitig klare Ziele vorzugeben und umfassend zu kommunizieren.«*[342]

Auch John Flemming und Jim Asplund kommen in einer Studie des Marktforschungsinstituts Gallup zu ähnlichen Ergebnissen: Hier war das Thema die »Arbeitszufriedenheit«, und das zentrale Ergebnis lautet: *»Je zufriedener die Mitarbeiter sind, desto zufriedener sind auch ihre Kunden. Diese Abhängigkeit gilt auch umgekehrt. Darüber hinaus erzielen engagierte Arbeitsgruppen in Bezug auf Produktivität, Profitabilität, Sicherheit am Arbeitsplatz, Abwesenheit durch Krankheit und Wechselbereitschaft eine bessere Bilanz.«*[343] Geschäftsbereiche mit einem hohen Mitarbeiterengagement können entsprechend der Untersuchung weitaus bessere Zahlen vorlegen, als jene mit wenig motivierten Angestellten:

- 12 Prozent höhere Kundenempfehlung
- 18 Prozent höhere Produktivität
- 12 Prozent höhere Profitabilität

Die Bewertung in den Geschäftsbereichen, die im unteren Viertel liegen, zeigten erhebliche Negativquoten:

- 31 bis 51 Prozent mehr Mitarbeiterwechsel
- 51 Prozent höheres Schrumpfen des Lagerbestands (z. B. durch Diebstahl)
- 62 Prozent mehr Unfälle[344]

Zu ähnlichen Ergebnissen kommt auch die Studie des Betriebswirtschaftsprofessors Alex Edmans: *»Aktiengesellschaften, die in den USA zu den 100 beliebtesten Arbeitgebern gehören, entwickeln sich an der Börse dauerhaft besser als ihre Konkurrenten.«*[345] Edmans fokussierte sich in seiner Studie auf die Firmen, die jedes Jahr von der US-amerikanischen Zeitschrift »Fortune« als die »100 best Companies to work for« gelistet werden. Die Aktien dieser Unternehmen erzielten zwischen 1998 und 2005 im Schnitt Kursgewinne von rund 14 Prozent pro Jahr. Damit entwickelten sie sich mehr als doppelt so gut wie der Gesamtmarkt. Eine weitere Studie findet sich bei Nicholas Bloom, John van Reenen und ihren Kollegen vom National Bureau of Economic Research, die wiederum nach »neuen Management-Grundsätzen« geführte Unternehmen befragten, die sicherlich zu dem Vorgesagten bezüglich der Liebe in Zusammenhang gebracht werden können. Ergebnis hier: Unternehmen, die nach modernen Management-Grundsätzen geleitet werden, »performen« besser und bieten ihrer Belegschaft gleichzeitig eine bessere »Work-Life-Balance«.[346]

Schließlich gibt es auch Studien, die so etwas wie die Abwesenheit von Liebe und die maximale Ausprägung von Dualität in Form von Arbeitskämpfen thematisieren: Alexandre Mas, Wirtschaftsprofessor an der Princeton University, hat in mehreren Studien nachgewiesen, dass langwierige Arbeitskämpfe zu massiven Qualitätsproblemen, Produktionsausfällen und höheren Kosten führen können. So zeigt er am Beispiel des amerikanischen Baumaschinen-Herstellers Caterpillar, dass die während des Arbeitskampfes in den US-Werken produzierten Bulldozer, Bagger und Radlader auf dem Gebrauchtmarkt mit einem deutlichen Preisabschlag gehandelt werden. Ähnliches haben Alexandre Mas und sein Kollege Alan Krueger für einen Reifenhersteller nachgewiesen: Ein langer Arbeitskampf in einer der Fabriken war wohl der Hauptgrund für massive Qualitätsprobleme, die später zu einem Rückruf von 14,4 Millionen Reifen geführt haben. Und noch viel schlimmer: Die Qualitätsprobleme kosteten über 200 Menschenleben aufgrund einer Unfallserie in den USA.[347]

»Business Case«

Ausgangspunkt sei also ein fiktives, klassisch-hierarchisches Unternehmen mit ca. 300 Mio. Euro Umsatz, mit einer EBIT[348]-Marge von 5 Prozent und ca. 400 Mitarbeitern (gemessen in FTE, also Vollzeit-Arbeitskräften), von denen 50 Führungskräfte unterschiedlicher Seniorität sind. Für dieses Unternehmen werden hier »durchschnittliche« Kennzahlen angenommen, was die Ausgangssituation angeht. Darauf aufbauend werde ich Annahmen für die Veränderung dieser Kennzahlen treffen, die als Effekte durch eine Grundhaltung der Liebe bewirkt werden könnten – entlang der bereits ausgeführten Erkenntnisse aus den vorherigen Kapiteln. Ich werde also im Folgenden versuchen, möglichst plausible Annahmen zu treffen und pragmatische »Dreisätze« zu entwickeln, um eine monetäre Bewertung der Effekte von Liebe in Unternehmen zu ermöglichen. Ich bitte hierbei all diejenigen um Nachsicht, die an dieser Stelle zurecht anmerken werden, dass Liebe absichtslos ist und nicht das Ziel hat, etwas zu erreichen – erst recht nicht monetären Erfolg. Ihnen sei gesagt, dass es für ein

Unternehmen meiner Meinung nach ebenso wichtig ist, langfristig Gewinn zu erzielen, wie im Sinne aller Menschen zu agieren. Dieses Vorgehen soll auch meine These unterstreichen, dass Liebe in der Unternehmensführung keineswegs im Widerspruch zu Gewinn steht, sondern im Gegenteil die Grundlage für nachhaltigen, wirtschaftlichen Erfolg ist – und sich Sinn und Gewinn also durchaus miteinander verbinden lassen. Ebenso möchte ich auf der anderen Seite bei allen Controllern unter Ihnen um Verständnis für mein eher pragmatisches und »hemdsärmeliges« Vorgehen bitten. Es ist aber ein Vorgehen, welches in der Praxis nach meiner persönlichen, umfangreichen Erfahrung in der Erstellung von Business Cases nicht viel anders gewählt wird. Natürlich wird man aber jede der hier angeführten Annahmen immer auch hinterfragen können.

Mehr Innovation

Der Ökonom Joseph Schumpeter definierte den Begriff »Innovation« in seiner Theorie der wirtschaftlichen Entwicklung im Jahre 1911 als die »Durchsetzung einer technischen oder organisatorischen Neuerung im Produktionsprozess«. Unbestritten ist Innovation ein wesentlicher Wachstumsmotor für die Wirtschaft und für Unternehmen. So hat die im Jahr 2015 herausgegebene Innovationsstudie von PricewaterhouseCoopers (PWC) mit über 1700 befragten Führungskräften in Deutschland eine Zustimmungsquote von über 88 Prozent zu der Aussage ergeben, dass Innovationen wichtige, wenn nicht sogar unabdingbare Vorrausetzung für ihr weiteres Wachstum seien.

»Innovative Unternehmen wachsen schneller, generieren mehr Umsatz und sind erfolgreicher«, führt die Studie weiter aus; »die innovativsten 20 Prozent sind in den letzten drei Jahren im Durchschnitt um 16 Prozent mehr gewachsen als die Nachzügler.«[349] Eine 2015/2016 in Österreich durchgeführte Studie des Österreichischen Instituts für Wirtschaftsforschung (WIFO) zeigte, wenn auch mit weniger »drastischen« Zah-

len, dass »*innovative Unternehmen im Schnitt um rund 2,5 Prozent stärker wachsen als jene Betriebe, die nicht in Forschung und Entwicklung investieren. (...) Dabei zeigt sich, dass die Beschäftigten von innovativen Unternehmen seltener den Arbeitsplatz wechseln und im Schnitt um etwa zwei Prozent mehr verdienen. Zudem weisen diese Unternehmen mehr höher qualifizierte Arbeitskräfte auf und sind attraktiver für junge ArbeitnehmerInnen.*«[350]

Doch wie kann man ein »Mehr an Innovation« monetär bewerten, insbesondere wenn man dabei zusätzlich nachweisen will, dass durch ein Mehr an Liebe mehr grundlegende Innovation als unter »normalen« Umständen entsteht? Schaut man in die Statistik, findet man im Monitoring Report »Wirtschaft Digital 2015«, den das Bundesministerium für Wirtschaft und Energie (BMWi) herausgegeben hat, dass im Jahr 2013 die »Innovatorenquote« (also der Anteil an Unternehmen, die innerhalb eines Jahres zumindest ein neues Produkt oder einen neuen Prozess eingeführt haben) in der Chemie- und Pharmaindustrie mit 76 Prozent am höchsten war, gefolgt von der Branche der Informations- und Kommunikationstechnik (IKT) mit 74 Prozent.[351]

Dies erscheint auf den ersten Blick sehr hoch. Jedoch halte ich eine Innovatorenquote, die nur misst, ob überhaupt eine Innovation stattgefunden hat, für keinen wirklich aussagekräftigen Indikator, denn wie umfangreich, grundlegend und nachhaltig die Innovation ist, kann dieser Indikator nicht erfassen. Nach meiner eigenen Erfahrung scheint es mir trotz einer Fülle an angemeldeten Patenten eher so zu sein, dass die Mehrzahl von Unternehmen in Wirklichkeit nur aufgrund von einigen wenigen, aber dafür umso »durchschlagenderen« Innovationen und Erfindungen erfolgreich ist. Als Beispiele möchte ich hier die Firma Fischer nennen, die durch die Erfindung von kleinen Plastikdübeln zu großem wirtschaftlichen Erfolg kam, außerdem Ford mit Modell T, Apple mit dem bahnbrechenden iPhone (und infolge mit dem iPad) oder Google, die im Wesentlichen auf Basis eines überlegenen Suchalgorithmus zum Marktführer wurden.

Viele Unternehmen warten jedoch schon seit Jahren auf die nächste »große Idee«, während sie auf der Suche nach solchen großen Ideen Milliarden in Forschungsetats stecken. »Gefunden« bzw. entwickelt werden aber überwiegend nur kleine Innovationen und Produktverbesserungen.

Schaut man weiter, findet man Statistiken darüber, wie viel Umsatz Unternehmen *mit neuen Produkten im Verhältnis zum Gesamtumsatz machen.* Hier war im Jahr 2016 in Deutschland die Automobilbaubranche mit über 50 Prozent vom Gesamtumsatz führend, deutlich vor Elektronik, Messtechnik und Optik.[352] Auch dies gibt dasselbe Bild: Gerade in der Automobilbranche fließen in jedes Modell-Update neue Technologien und Innovationen ein, die unablässig Komfort, Sicherheit und auch Effizienz der Fahrzeuge und Motoren zum Wohle des Kunden und der Umwelt verbessern (sollen), und dies ist sehr gut so. Aber wirklich »bahnbrechend« hat sich – mit Verlaub – die deutsche Automobilbaubranche in den Jahren 2015/2016 nicht verändert – erst jetzt kommt mit der Elektromobilität, dem zunehmenden Carsharing und dem autonomen Fahren Grundlegendes in Bewegung.

Nach meiner Erfahrung sind es – branchenübergreifend – eher die Marketing- und Vertriebsabteilungen, die ständig »neue« Produkte fordern, um neue Kaufanreize setzen zu können. Spannend wird es eher, finde ich, wenn man an das untere Ende der Statistik geht, wo es eine Vielzahl von Branchen gibt, wie etwa die Transport- und Finanzdienstleistungen, die weniger als 10 bis 15 Prozent ihres Umsatzes mit neuen Produkten erzielen. Dies lässt meines Erachtens nach auch Rückschlüsse zu – nämlich darauf, dass hier neue Ideen und Innovationen offensichtlich fehlen, geschweige denn große und bahnbrechende Neuerungen eingeführt wurden.

Die Abwesenheit nachhaltiger Innovation scheint mir aber einer der zentralen Gründe bzw. Erklärungen dafür zu sein, warum die Mehrzahl der Unternehmen *nicht* dauerhaft erfolgreich ist – nach den Studien von Keller/Price sind dies weniger als 30 Prozent der Unternehmen. Dies hatte ich schon weiter oben beleuchtet und ist auch das Fazit der schon zuvor zitierten PWC-Studie, in der es heißt, dass Innovationsfähigkeit über den langfristigen Unternehmenserfolg entscheidet. So sind es gerade die vielen kleinen Start-ups, die mit ihren frischen Ideen wahre Innovationen in den Markt bringen und auf Basis digitaler Technologien mittlerweile sogar Großkonzerne »vor sich hertreiben« können.

Dies ist letztlich der zentrale Hebel: Durch technologische Innovation können neue Nutzenpotenziale geschaffen und die Produktivität nachhaltig gesteigert und so die Durchschnitts- und vor allem die Grenzkosten für Produkte gesenkt werden. So wurden in der zweiten industriellen Revolution durch den Einsatz von Dampf- und später elektrisch betriebenen Maschinen erhebliche Produktivitätsvorteile erzielt, die durch innovative Management- und Organisationsmethoden (Taylorismus) nochmals signifikant gesteigert werden konnten. Wie schon weiter vorn beschrieben, hat Rifkin gezeigt, dass wir aufgrund der aktuellen industriellen Revolution (insbesondere der zunehmenden Digitalisierung und dem Internet der Dinge) vor einer noch signifikanteren Produktivitätssteigerung stehen – bis hin zu einem Punkt der (nahezu) Null-Grenzkosten.[353] Aktuelle Prognosen der Unternehmensberatung Bain & Company gehen davon aus, das dauerhaft 25 Prozent aller Arbeitsplätze durch Produktivitätssteigerungen und den Einsatz digitaler Technologien in Gefahr sind, andere Studien kommen zu leicht abweichenden Ergebnissen.[354]

Ein Mehr an grundlegender Innovation durch ein Mehr an Kreativität, das aus dem Überbewusstsein, dem schöpferischen Nichts, als Folge einer achtsameren Grundhaltung der Liebe (bzw. der absichtslosen Bewusstheit eines offenen Anfängergeists) einfließt, würde also ganz eindeutig und maßgeblich zu einem Mehr an langfristigem Unternehmenserfolg beitragen. In diesem Sinne ist die Liebe wie ausgeführt der eigentliche »Motor« der Innovation und der Entwicklung selbst. Daher und dennoch möchte ich hier aus pragmatischen Gründen und in Ermangelung eines wirklich nachvollziehbaren Ansatzes auf eine monetäre Bewertung im Business Case verzichten.

Mehr Liebe zur eigenen Arbeit

Anders sieht es bei der Bewertung der Liebe zur eigenen Arbeit aus. Hier finden sich aus meiner Sicht zwei Bewertungsansätze, nämlich die Mitarbeiterzufriedenheit und der Krankenstand, für die gewählte Form des Unternehmens, die ich gerne einfließen lassen möchte:

- In der schon erwähnten Gallup-Studie heißt es, dass über 15 Prozent der Mitarbeiter bereits innerlich gekündigt haben; weitere 70 Prozent sind mit ihrer Arbeit und ihrem Arbeitgeber nicht positiv emotional identifiziert und machen nur »Dienst nach Vorschrift«.[355] In Summe sind dies wie gesagt 85 Prozent der Mitarbeiter und Mitarbeiterinnen – nicht gerade wenig. Wenn ein Mitarbeiter innerlich gekündigt hat oder nicht positiv emotional identifiziert ist mit seiner Arbeit, wird er nicht ansatzweise mit demselben Elan, Arbeitseifer und Herzblut arbeiten wie ein voll motivierter Mitarbeiter. Im Gegenteil: Nicht nur, dass er Arbeit vermeidet und versucht, möglichst viel Lohn für möglichst wenig Arbeit zu erhalten, er wird auch dazu neigen, andere von der Arbeit abzuhalten und möglicherweise dazu beitragen, »schlechte Stimmung zu verbreiten«, was sich weiter schädlich auf die Produktivität und den Erfolg des Unternehmens auswirken wird.

  Wenn wir annehmen, dass ein »normal motivierter« Mitarbeiter zu 100 Prozent produktiv ist, würde ich nach eigener Erfahrung (und ohne dass mir hierzu eine Studie vorliegt) annehmen, dass ein weit überdurchschnittlich motivierter Mensch, der seine Arbeit liebt und mit großer Begeisterung ausführt, mindestens um 20 bis 50 Prozent produktiver ist als ein

»normal Produktiver«. Umgekehrt würde ich annehmen wollen, dass sich dies bei jemandem, der innerlich bereits gekündigt hat oder der emotional distanziert zu seiner Arbeit ist, genau umgekehrt verhält: Er ist zu 20 bis 50 Prozent weniger produktiv als ein »normal« motivierter Mitarbeiter. In einem Expertenpanel, u. a. mit erfahrenen Arbeitsrechtsexperten, in dem ich dies neulich diskutiert habe, war man einstimmig derselben Meinung. Die Schere zwischen maximaler und minimaler Produktivität lag nach Einschätzung dieser Experten *bei ungefähr 80 Prozent(!)*, also zwischen dem Punkt, wenn jemand seine Arbeit wirklich liebt und voll und ganz in ihr aufgeht, im Vergleich zu jemandem, der seiner Arbeit ablehnend gegenübersteht; Letzterer bringt anders ausgedrückt nur 20 Prozent seiner maximalen Fähigkeiten und Produktivität in das Unternehmen ein.

Unterm Strich möchte ich daher folgende Annahmen für meinen Business Case treffen wollen: Da das fiktive Unternehmen ein »ganz normales« Unternehmen ist, würde ich auch in diesem Unternehmen davon ausgehen wollen, dass von den 400 Mitarbeitern viele innerlich gekündigt haben und/oder zumindest »nicht voll« bei der Sache sind. Doch nehme ich hier nicht 85 Prozent, sondern nur 50 Prozent als Anteil der Mitarbeiter an, die »Dienst nach Vorschrift« machen. Dies würde bedeuten, dass 200 Mitarbeiter nicht mit ihrer vollen Produktivität arbeiten, die sich entfalten würde, wenn sie ihre Arbeit lieben könnten. Von dem oben genannten Delta von maximaler und minimaler Arbeitsproduktivität von 80 Prozentpunkten nehme ich ebenfalls nur die Hälfte an, d.h. einen Wert von 40 Prozent weniger Produktivität. Dies ergibt einen jährlichen »Produktivitätsverlust« von 400 FTE[356] * 50 Prozent * 40 Prozent = 80 FTE. Bei Gesamtkosten pro Mitarbeiter von durchschnittlich 80 000 Euro pro Jahr ergibt sich hieraus eine potenzielle Einsparung von 6,4 Mio. Euro. Wenn alle Mitarbeiter ihre Arbeit lieben könnten, wäre also eine Steigerung der Produktivität (Output pro Input) von 25 Prozent möglich. Oder anders ausgedrückt wäre bei unveränderter Mitarbeiterzahl eine Umsatzsteigerung von mindestens 25 Prozent möglich. Ich möchte hier aber aus Vereinfachungsgründen keine Umsatzsteigerung, sondern eine mögliche Kostenreduktionsmöglichkeit annehmen: von 20 FTE im ersten, 40 FTE im zweiten und 60 FTE im dritten Jahr, und danach erst die Einsparung von 80 FTE, bei unverändertem Umsatz.

- Der durchschnittliche Krankenstand in Deutschland liegt nach einer Studie des Instituts der deutschen Wirtschaft (IWD) aus dem Jahr 2016 bei 17,4 Tagen pro Jahr, wobei dieser Wert seit 2006 konstant um über 50 Prozent angestiegen ist[357] – von noch 11,5 Tagen vor 10 Jahren. Unternehmen in Deutschland mussten im Jahr 2017 schätzungsweise 53 Milliarden Euro an Gehältern für kranke Mitarbeiter zahlen, im Jahr 2006 waren es nur gut 25 Milliarden Euro. Hier liegt also sogar eine Steigerung um ungefähr 100 Prozent vor. Gerade die Kosten für psychische, stressbedingte Erkrankungen haben in den letzten 10 Jahren in einem unglaublichen Umfang zugenommen: Mit 16,3 Prozent stehen psychische Erkrankungen mittlerweile an zweiter Stelle bei den Krankmeldungen, wobei deren durchschnittliche Behandlungsdauer pro Krankheitsfall mit fast 40 Tagen einsam »an der Spitze« aller Erkrankungen steht. Sicher hat diese Entwicklung auch etwas mit einer insgesamt alternden Bevölkerung zu tun, die sich natürlich auch auf die Gruppe der Erwerbstätigen auswirkt und so aufgrund des höheren Alters tendenziell zu mehr Krankheit führt. Ich glaube aber nicht daran, dass dies der einzige und wesentliche Grund ist.
  Vielmehr nehme ich aus eigener Erfahrung an, dass die Tendenz dazu, krank zu werden und »krank zu machen«, sehr wohl etwas mit dem allenthalben zunehmenden Stress, dem (fehlenden) Sinn in der Arbeit, der (mangelnden) Freude an der Arbeit

und natürlich auch mit den Arbeitsbedingungen zu tun hat, wie auch ein aktueller Fehlzeiten-Report bestätigt.[358] Dies ist auch daran zu erkennen, dass der durchschnittliche Krankenstand in sehr gut und menschlich geführten Unternehmen mit sinnerfüllten Tätigkeiten bei z. T. deutlich unter 10 Tagen liegt. Zudem wird angenommen, dass Stress aufgrund seiner negativen Wirkung auf das Wachstum und die »allgemeine Versorgung der Zellen« inzwischen eine der Hauptursachen für Krankheiten und sogar für 90 (!) Prozent aller Arztbesuche sei.[359]
Aus diesem Grund möchte ich hier folgende Annahmen treffen: In unserem kleinen Unternehmen herrscht ein durchschnittlicher Krankenstand von 17,4 Tagen. Würde ein insgesamt liebevollerer Umgang, sinnvollere Arbeitsgestaltung, mehr innere Erfüllung und mehr Liebe zur eigenen Arbeit möglich sein, reduziert sich dieser Krankenstand um mindestens 6 Tage auf den Durchschnittswert von vor 10 Jahren (also auf 11,5 Tage). Da ein durchschnittlicher Krankheitstag 400 Euro kostet (bei Gesamtkosten pro Mitarbeiter von durchschnittlich 80 000 Euro pro Jahr und 200 Arbeitstagen), würde für das Unternehmen so eine Ersparnis von ca. 6 Tagen * 400 Euro *400 FTE = 960 000 Euro, d.h. fast eine Million Euro möglich sein. Nicht berücksichtigt sind hier die Konsequenzen und Kosten, die sich ergeben, wenn Mitarbeiter krankheitsbedingt ganz ausscheiden und ihre Stellen neu besetzt werden müssen. Auch entgangene Geschäftsmöglichkeiten in der krankheitsbedingten Abwesenheit von Mitarbeitern lassen wir hier außen vor, ganz zu schweigen von dem noch viel wesentlicheren Effekt für die Gesundheit und das Wohlergehen der Mitarbeiter selbst. Schon allein die gesetzliche Fürsorgepflicht des Arbeitgebers sollte Ansporn genug sein, nicht nur für das physische Wohlergehen der Mitarbeiter, beispielsweise durch eine ergonomische Arbeitsplatzgestaltung, sondern auch für deren psychische und seelische Wohlbefinden zu sorgen.

Mehr Liebe zu Mitarbeitern und Kollegen

Nach den eher einleitenden Bemerkungen weiter oben über den Zusammenhang eines im weitesten Sinne »liebevolleren und wertschätzenden Umgangs in Unternehmen« einerseits und dem wirtschaftlichen Erfolg andererseits möchte ich hier zwei aus meiner Sicht leicht nachvollziehbare Annahmen für meinen Business Case treffen, die ich auch für bewertbar halte: erstens die Reduktion von Fluktuation (die weiter oben auch schon erwähnt wurde) und zweitens die Vermeidung unproduktiver Zeit in Meetings.

Gleichzeitig bewerte ich damit mangels eines nachvollziehbaren Ansatzes und empirischer Daten viele potenziellen Einflussfaktoren von gelebter Liebe im Umgang zwischen Mensch nicht, die in einem solchen Business Case ebenfalls theoretisch einfließen könnten und weiter oben auch schon genannt wurden, so zum Beispiel der Einfluss eines positiven Betriebsklimas auf die generelle Produktivität, die Abwesenheit von Auseinandersetzungen von Geschäftsführung und Betriebsräten (mit verhärteten Fronten, bis hin zu Arbeitskämpfen), die Abwesenheit von eher selbstsüchtig motivierten Entscheidungen Einzelner zum Nachteil des Unternehmens, die Abwesenheit politischer und sogar feindlicher Auseinandersetzungen am Arbeitsplatz und von Dauerkonflikten von Führungskräften und Mitarbeitern untereinander, die Reduktion von Diebstahl von Firmeneigentum, von Compliance-Verstößen der Mitarbeiter, von Mobbing usw. Hier nun also zu den beiden genannten Aspekten, der Reduktion von Fluktuation und der Vermeidung unproduktiver Zeit in Meetings:

- Mit 13 Prozent pro Jahr steht die Branche der Software-Entwickler nach einer LinkedIn-Studie an der Spitze in Deutschland, was die Fluktuation in Unternehmen angeht, dicht gefolgt von anderen Branchen. Im Durchschnitt sind es über 10 Prozent. Spiegelbildlich liegt die Quote der Neueinstellungen pro Jahr nach Auswertungen des Statistischen Bundesamts in Deutschland im

Durchschnitt bei 13 Prozent, was ebenso ein guter Indikator für Fluktuation ist. Fluktuation hat viele Ursachen und Einflussfaktoren, so sind dafür unter anderem die aktuellen Bedingungen am Arbeitsmarkt und die generelle Wirtschaftslage verantwortlich, aber auch individuelle Faktoren. Es gibt so etwas wie eine »natürliche Fluktuation«, die dem Umstand geschuldet ist, dass Menschen immer auch wegen persönlicher Veränderungen ihren Arbeitsplatz wechseln. Diese natürliche Fluktuation würde ich bei ca. 5 Prozent ansetzen wollen. Was ist also mit dem Delta von 5 Prozent zu den 10 bis 13 Prozent? Schaut man in die Zahlen und Statistiken von Unternehmen, die sich eine sehr »menschliche« Unternehmensführung und -kultur zu eigen gemacht haben, wie etwa bei dem IT-Dienstleister für Software-Projekte MaibornWolff, so findet man dort eine »weit unterdurchschnittliche Fluktuationsrate«[360], nahe oder z. T. sogar eine bessere als die »natürliche« Fluktuationsrate. Wenn es gelingt, gerade in dem heiß umkämpften Arbeitsmarkt für Software-Entwickler, also der Branche mit der höchsten durchschnittlichen Fluktuation, eine deutlich niedrigere Fluktuation zu haben, hat das Delta meiner Ansicht nach sehr wohl etwas mit der Art der Unternehmens- und Mitarbeiterführung zu tun. Ich möchte hier also annehmen, dass durch einen achtsamen und liebevollen Umgang im Unternehmen (wie weiter oben ausführlich ausgeführt) eine Reduktion der Fluktuation von 5 bis 8 Prozentpunkten möglich ist, konservativ nehme ich 5 Prozentpunkte an.

Natürlich ist Fluktuation immer mit Kosten verbunden: einerseits für das Finden und Rekrutieren von neuem Personal, je nach Level, Funktion und Branche zwischen 10 000 Euro bis weit über 100 000 Euro pro Fall (ich nehme hier durchschnittlich 30 000 Euro an), sowie für den Produktivitätsverlust während der Zeit zwischen Kündigung des scheidenden Mitarbeiters und seinem tatsächlichen Ausscheiden sowie während der Zeit der

Einarbeitung des neuen Mitarbeiters. Diese Zeit würde ich in Summe mit mindestens 6 Monaten ansetzen, in der Regel ist sie meiner Erfahrung nach sogar länger. Ebenso gehe ich davon aus, dass die Produktivität, wie weiter oben ausgeführt, in der Zeit des Ausscheidens und der Einarbeitung bei maximal 60 Prozent der vollen Produktivität liegt. So ergibt sich für unser Beispielunternehmen folgende Rechnung bei 10 Prozent Fluktuation:
Kosten für Recruiting/Personalbeschaffung: 10 Prozent * 400 FTE * 30 000 Euro = 1,2 Mio. Euro/Jahr
Kosten aufgrund von Produktionsausfall: 10 Prozent * 400 FTE * 6/12 * 40 Prozent * 80 000 Euro/FTE/Jahr = 640 000 Euro/Jahr.
Diese Werte könnten bei einer Reduktion der Fluktuation um 5 Prozent halbiert werden, d.h. um 600 000 Euro für Personalbeschaffung und 320 000 Euro für Produktionsausfall. Dies möchte ich ansetzen, obwohl mir mein Bauchgefühl sagt, dass die Folgekosten von Fluktuation in manchen Branchen weitaus teurer ausfallen.

- Meetings sind neben der immer größer werdenden E-Mail-Flut der »Zeitkiller« Nummer 1 in Unternehmen. Eine Studie der Zeitschrift »brand eins« aus dem Jahr 2014 ergab hierzu, dass Mitarbeiter deutscher Unternehmen und Institutionen mittlerweile durchschnittlich rund sechs Stunden in 2,4 Meetings pro Woche verbringen, und in dem Artikel dazu heißt es weiter: *»Die Hälfte dieser Stunden, so das bedrückende Ergebnis neuer Studien, ist unproduktiv und damit überflüssig. Und zwar nicht nur gefühlt, sondern gemessen. Da wird also kostbare Arbeitskraft und kreative Energie auf Kunstfaserstühlen oder Ledersesseln platt gesessen, über Millionen von Stunden hinweg. Schließlich verbringen Spitzenmanager sogar bis zu 90 Prozent ihrer Arbeitszeit in Meetings – bei einer 40-Stunden-Woche sind das 36 Stunden. Bei mittleren Führungskräften sind es immer noch bis zu 60 Prozent. Paradox ist nur: Dieselben Manager, die Treffen einberufen, kreuzen dann auf den einschlägigen Fragebögen der Forscher ›reine Zeitverschwendung‹ an.«*[361]

Wow – genau so habe ich das auch erlebt! In meiner Rolle als Vorstand eines mittelständischen Unternehmens, aber auch zuvor als Unternehmensberater gab es viele Tage, an denen ich trotz meiner Anwesenheit im Unternehmen von meinen Kollegen nicht gesehen wurde. Stattdessen habe auch ich gefühlt 80 bis 90 Prozent meiner Zeit in Meetings verbracht, die zum überwiegenden Teil nur mäßig produktiv waren, und dies aus vielerlei Gründen: Zum einen waren (und sind) Meetings die Arena für Ego- und Machtspiele und für unproduktiven rationalen Schlagabtausch zwischen unterschiedlichen Positionen. Sie waren in ihrer Häufigkeit oft das Resultat der Tatsache, dass man nicht selbst entscheiden und nicht Verantwortung übernehmen wollte, nicht ausreichend vorbereitet war oder Meetings ständig vertagt wurden, was wiederum weitere Meetings notwendig machte. Und Meetings waren auch oft das Ergebnis einer hierarchischen, zu kleinteiligen und kontrollgetriebenen Arbeitsorganisation. So mussten die Teilnehmer nicht selten ihren Kollegen und Vorgesetzten in diesen Meetings zunächst aufwendig Details erklären, um diese in die Lage zu versetzen, Entscheidungen zu treffen, die dann aber u. a. im folgenden Meeting wieder infrage gestellt wurden.

Ich hoffe, ich habe weiter oben ausführen können, dass ein solches Verhalten in einer von der achtsamen Grundhaltung der Liebe getragenen »Holistic Company« deutlich seltener zu beobachten wäre und entsprechend dort weitaus weniger und produktivere Meetings stattfinden würden. Was bedeutet das für unser kleines Unternehmen? Ich möchte den Ausgangspunkt wie folgt wählen: Wenn im Durchschnitt jeder Mitarbeiter 6 h pro Woche in 2,4 Meetings verbringt wären das Ausgangskosten von 400 FTE * 6 h/8 h * 400 Euro/Tag * 50 Wochen = 6 Mio. Euro (Arbeitszeitkosten), von denen nur 50 Prozent produktiv sind, d. h., es entstehen mindestens 3 Mio. Euro »Produktivitätsverlust« pro Jahr. Da jedoch wiederum der durchschnittliche »Tagessatz« für Führungskräfte deutlich höher anzusetzen ist, sie weitaus öfter in Meetings sitzen und die Produktivität in Meetings mit ihrer Beteiligung nach der zitierten Studie und nach eigener Erfahrung niedriger als 50 Prozent ist, gehe ich von einem Ausmaß an Zeitverschwendung aus, das mindestens 5 Mio. Euro pro Jahr kostet. Ließe sich also der Zeitaufwand für Meetings von durchschnittlich 6 h auf 3 h pro Woche reduzieren, was ich hier annehmen möchte, könnte die Hälfte hiervon reduziert werden, was eine Ersparnis (und letztlich eine Produktivitätssteigerung) von ca. 2,5 Mio. Euro pro Jahr ergäbe.

Mehr Liebe zu Kunden

Weiter oben habe ich bereits ausgeführt, welche signifikanten Veränderungen sich einstellen würden, wenn wahrhaft der Kunde und nicht (kurzfristiger) Gewinn oder andere Eigeninteressen im Mittelpunkt des unternehmerischen Fokus stünden. Doch viel zu oft wird auch der Kunde mit seinen Bedürfnissen eher als Mittel zum Zweck angesehen und die Erfüllung seiner Bedürfnisse als der eigentliche Zweck des Unternehmens vernachlässigt. Dabei gibt es ausreichend Studien, die belegen, wie bedeutend treue und loyale Kunden für Unternehmen sind. Auch ist es mittlerweile breit untersucht, wie viel einfacher es ist, die eigenen Produkte an loyale und zufriedene Bestandskunden als an Neukunden zu verkaufen. So weist das Beratungsunternehmen Bain & Company in einer Studie darauf hin, dass eine fünfprozentige Erhöhung der Kundenbindung die Profitabilität eines Unternehmens um 75 Prozent erhöhen kann.[362] Kundenbindung- und Vielfliegerprogramme, für die ich lange Zeit als Unternehmensberater gearbeitet habe, zielen darauf ab, sich die Loyalität des Kunden durch »Goodies« wie Freiflüge und Lounge-Zugang zu erhalten, in der Regel auch mit sehr gut messbarem Effekt, weswegen viele dieser Programme auch zu Recht sehr erfolgreich sind. Aber ist das wirkliche Loyalität? Würden

Sie – sehr überspitzt ausgedrückt – Ihrem besten Freund Geld dafür anbieten, sich ihnen gegenüber loyal zu verhalten?

Und doch wird die Bedeutung der Bestandskunden aus meiner Sicht allzu gern vergessen. In vielen Branchen tut man so, als ob man die Kunden immer wieder neu gewinnen müsste, unter anderem auch in der Reisebranche, obwohl eine überdurchschnittliche Anzahl an Kunden (Reisenden) eine sehr große Tendenz dazu hat, immer wieder mit demselben Anbieter an denselben Urlaubsort und in dasselbe Ressort zu fahren. Diese Problematik wird in folgenden Zitaten schön zusammengefasst:

»Unternehmen bemühen sich so sehr, neue Kunden zu finden und zu gewinnen, dass inzwischen große Marketing- und Sales-Abteilungen als entscheidend für Erfolg angesehen werden. Allerdings wird eines häufig vergessen oder mit zu wenig Aufmerksamkeit bedacht: der Haufen an Kunden, den Sie bereits an Bord geholt haben. Wie wichtig diese Kunden sind, zeigt sich unter anderem in einer Studie, in der herausgefunden wurde, dass ein Unternehmen eine Chance von 5 bis 20 Prozent hat, einem Nichtkunden etwas zu verkaufen. Bei bereits bestehenden Kunden steigt diese Chance aber auf 60 bis 70 Prozent (Marketing Metrics). Mit einem derart einfach erreichbaren Markt, der quasi auf der Hand liegt, wäre es sehr sinnvoll, sich um bestehende Kunden zu kümmern und auf sie einzugehen. (...) Indem man seine Kundenbeziehungen pflegt und seinen Kunden zeigt, wie wichtig sie für einen sind, kann man exzellentes organisches Wachstum erreichen, und dies zu einem Bruchteil der Kosten, die die Anwerbung von Neukunden kostet. Es gibt verschiedene Schätzungen, aber allgemein akzeptiert ist die Annahme, dass es etwa 6 bis 7 Mal weniger kostet, einen bestehenden Kunden zu halten als einen neuen zu gewinnen (White House Office of Consumer Affairs). Dies bedeutet, dass man mit den richtigen

Einblicken in die Bedürfnisse seines Kundenklientels eine Abwanderung der Kunden verhindern kann. (...) Das ist aber nicht der einzige Vorteil. Indem man Bestandskunden mehr Aufmerksamkeit widmet, kann man auch das Einkommen, das aus dieser Quelle stammt, steigern. In einer American Express Umfrage wurde gezeigt, dass 70 Prozent der Kunden mehr Geld bei Unternehmen ausgeben möchten, die ihnen einen exzellenten Kundenservice bieten.

Neben den offensichtlichen Vorteilen für Ihr Unternehmen, die durch die Konzentration auf eine Bevölkerungsgruppe, die nachweislich mehr Einkommen zu geringeren Kosten erzeugt, entstehen, gibt es eine ganze Menge weiterer Pluspunkte, von denen Sie profitieren können, wenn Kundenbeziehungen verbessert werden. Treue Kunden können exzellentes Feedback liefern, das zeigt, in welche Richtung sich Ihr Unternehmen entwickelt oder in Zukunft entwickeln sollte. (...)

Die Kernpunkte: Hören Sie Ihren Bestandskunden zu und konzentrieren Sie sich auf sie. Das Stärken der Kundentreue sollte für jedes Unternehmen höchste Priorität haben. Das Nutzen von effektiven Umfragen kann Ihnen die Einblicke liefern, die Sie benötigen, um einen großen Unterschied in Ihrem Reingewinn zu erzielen.«[363]

Und Businesscoach Anne M. Schüller schreibt sehr treffend über den »wertvollen Schatz« Kundenloyalität: *»Ein durch und durch loyaler Kunde kommt nicht nur immer wieder, er ist auch blind und taub für den Wettbewerb. Er verteidigt seinen Lieblingsanbieter gegen jede Art von Angriffen. Vor allem aber: Er spricht voll Begeisterung über ihn und generiert auf diese Weise die so wertvolle Mundpropaganda. Positive Mundpropaganda ist die Vorstufe zum Empfehlungsgeschäft. Fan-Kunden sind die besten Verkäufer. Als glaub- und vertrauenswürdige Multiplikatoren übertrumpfen sie jede klassische Werbung. Verbunden zu einer Community* *können sie Unternehmen und Marken schnell ganz weit nach oben hieven. Und all das tun sie kostenlos, freiwillig und gerne.«*[364]

Dies sind alles sehr wichtige wirtschaftliche Argumente, um eine »Liebesbeziehung« im oben definierten Sinne zu seinen Kunden zu unterhalten. Natürlich ist ein Kunde, der eine echte Wertschätzung, ein wahres Dienen, eine wirkliche und authentische Auseinandersetzung mit seinen Bedürfnissen, mithin sogar Liebe spürt (und zwar nicht nur im Verkaufsprozess, sondern an allen »Touchpoints«), loyaler, treuer und eher bereit weiter nachzufragen. Dies erscheint unmittelbar und intuitiv einsichtig.

Dies will ich nun in meinem kleinen Business Case bewerten. Lassen Sie uns annehmen, dass das Unternehmen über ein Werbebudget von 5 Prozent des Umsatzes verfügt, sprich ungefähr 15 Mio. Euro (inklusive aller Aufwendungen für CRM- und Kundenbindungsmaßnahmen, Digitales Marketing, Suchmaschinenmarketing und Vertriebsmarketing). Dies ist in vielen Industrien kein sehr hoher Wert, insbesondere nicht bei B2C-Geschäftsmodellen. Weiterhin möchte ich annehmen, dass in der Ausgangssituation die übliche Fokussierung der Marketingausgaben auf Neu- statt auf Bestandskunden liegt, sagen wir also, 80 Prozent des Budgets geht in diese Maßnahmen. Nehmen wir weiter an, dass es, wie weiter oben ausgeführt, 6 bis 7 Mal weniger Aufwand bedeutet, etwas an einen Bestandskunden zu verkaufen statt an einen Neukunden. Dies würde vereinfacht bedeuten, dass mit demselben Marketingbudget bei einer Umverteilung des Budgets von 80:20 zugunsten von Neukunden zu Altkunden in Richtung 20:80 ungefähr 10 Mio. Euro eingespart werden könnten, um denselben Effekt zu erzeugen. Ich gebe zu, dass dies – vor allem für die Marketingexperten unter Ihnen – eine sehr vereinfachte Betrachtung sein mag.

Ich kann hier aber auch noch das Argument einbringen, dass, wenn man seinen Kunden wirklichen Kundennutzen bietet und ihnen dient, sich dies mittel- und langfristig auf ihre Treue und wahre Loyalität auswirkt, so gut wie überhaupt kein Marketingbudget mehr nötig ist – und keine Maßnahmen zur Kundenbindung in Form von Loyalitätsprogrammen und auch keine Big-Data-gestützten CRM-Analysen, Newsletter und Mailings. Dies wäre fast alles hinfällig, sprich (fast) die kompletten 15 Mio. Euro könnten eingespart werden. Oder haben Sie von den erfolgreichsten digitalen Playern schon einmal Werbung gesehen? Soweit ich das erkennen kann, betreiben diese Firmen keinerlei Form von (klassischer) Werbung, wie übrigens auch viele andere sehr erfolgreiche und kundenorientierte Unternehmen aller Größenordnungen. Sie sind einfach »nur« Unternehmen, die Kunden echten Nutzen und Mehrwert bieten und die vor allem durch die Weiterempfehlung von treuen Kunden »wie von selbst« ihre Produkte verkaufen. Wobei ich keineswegs sagen will, dass die genannten Unternehmen (schon) aus der Liebe in dem hier beschriebenen Sinne handeln.

Was ich hier noch überhaupt nicht bewertet habe, ist, wie viel mehr Umsatz das Unternehmen machen würde, wenn es seinen Bestandskundenstamm ausweiten würde. Wenn wir annehmen, dass das Unternehmen 20 Prozent Bestandskunden hat, und es mit der Zeit gelänge, Kunden an allen Touchpoints mit wahrer Liebe zu begegnen und so den Anteil von Bestandskunden von 20 auf 80 Prozent zu erhöhen und deutlichen Mehrumsatz mit diesen treuen Bestandskunden zu machen, würde das für das genannte Unternehmen leicht einen geschätzten Mehrumsatz über 50 bis 100 Prozent bedeuten. Dies klingt aber derart utopisch, dass ich dies (konservativ gedacht) hier nicht in den Business Case einfließen lasse.

Umgekehrt vernachlässige ich den Umsatzverlust, der sich als Konsequenz einstellen würde, wenn man Produkte aus dem Portfolio nehmen und alle unternehmerischen Aktivitäten zu Gewinn- und Umsatzmehrung unterlassen würde, die im oben definierten Sinne keinen wirklichen Kundennutzen erfüllen. Sicherlich wäre dies für Unternehmen, die nur oder überwiegend solche Produkte anbieten und solchen Aktivitäten nachgehen, existenzbedrohlich.

Aber sind wir mal ehrlich: Welchen langfristigen Existenzgrund hat ein Unternehmen, wenn es keinen wirklichen Mehrwert für Kunden bietet?

Nachhaltige Lösung unternehmerischer Probleme

Wenn weniger als 30 Prozent aller Transformationsprojekte erfolgreich sind und noch weniger Unternehmen auf Dauer bzw. langfristig bestehen,[365] demonstriert dies ein unglaublich hohes Potenzial dafür, auf nachhaltigere Weise unternehmerische Probleme zu lösen. Wie viele kostenintensive und leidvolle Change-Projekte könnten vermieden werden, wenn Probleme in Unternehmen, wie weiter oben beschrieben, nachhaltiger gelöst werden würden oder erst gar nicht auftreten würden. Ich denke hier an bekannt gewordene Übernahmen großer Konkurrenten, mit großen anschließenden Integrationsprojekten, die später quasi wieder rückabgewickelt wurden. Wie viel Shareholder Value mag dabei vernichtet worden sein? Was hat es für Tausende von Mitarbeitern bedeutet?

Ich denke auch an das brachliegende Potenzial von Menschen, die von einem Change-Prozess zum nächsten getrieben werden und dann letztlich doch nur noch frustriert ihre Arbeit erledigen, um »Geld zu verdienen«. Ich denke an die vielen IT-Implementierungs- und Business-Change-Großprojekte, die oftmals mit hohen Millionenbudgets gestartet sind, im Laufe ihres Lebenszyklus dann immer mehr Zeit und Budget nachgefordert haben und schließlich – nicht selten an ihrer eigenen Komplexität – gescheitert oder hinter den Erwartungen zurückgeblieben sind. Auch das habe ich persönlich erlebt.

Weiter oben habe ich hoffentlich aufzeigen können, wie fundamental anders eine »Holistic Company« agieren wird, die von einer Grundhaltung der Liebe und einem Bewusstsein der Einheit getragen ist. Ich bin der festen Überzeugung, dass sich die

Veränderungen, die sich dann einstellen, in ihrem Ausmaß heute noch gar nicht zu ermessen sind. Und ich glaube fest daran, dass die Transformation hin zur Vision einer »Holistic Company« in einem sich entfaltenden Entwicklungsprozess Unternehmen auf völlig neue Skalenkurven führen wird, auch hinsichtlich ihrer Wirtschaftlichkeit.

Frederic Laloux hat in seinem wegweisenden Buch »Re-Inventing Organisations« sehr anschaulich den *nächsten Schritt in diesem Entwicklungsprozess* hin zu einer Holistic Company in Bezug auf die Organisation von Unternehmen beschrieben. Zudem hat er anhand von Fallbeispielen nicht nur auf die positiven Konsequenzen für die Arbeitszufriedenheit, sondern auch auf den besonderen wirtschaftlichen Erfolg für Unternehmen verwiesen, die solche Schritte gegangen sind.[366] Auch er betont sehr deutlich die Notwendigkeit eines »ganzheitlicheren, integralen Bewusstseins« auf der Ebene des Top-Managements als Voraussetzung für die Verwirklichung von sinnerfüllteren und selbstorganisierenden Organisationen. Aber nicht nur die Arbeit, die Prozesse und die Organisation werden sich in solchen Unternehmen anders gestalten, vielmehr werden alle Aspekte des Unternehmens von der Veränderung erfasst – angefangen bei der Vision, der Zwecksetzung, dem Geschäftsmodell, dem Produktangebot und der Strategie bis hin zur Kultur, Steuerung, Personalführung und Finanzierung.

Und es werden sehr wahrscheinlich noch weitere Entwicklungsschritte auf dem Weg zu einer »Holistic Company« folgen, die heute noch nicht abzusehen sind. Denn die Transzendenz der Dualität, d.h. das Erkennen der Einheit in Zweiheit und letztendlich die gelebte Überwindung der Getrenntheit durch die Kraft der Liebe ist die vermutlich fundamentalste Transformation, die ein Mensch und auch ein Unternehmen durchlaufen kann.

Für meinen Business Case möchte ich aber zunächst einen nachvollziehbareren Ansatz wählen, der sich aus der Veränderung der Organisation in diesem nächsten Entwicklungsschritt ableitet, d. h. der Weiterentwicklung hin zu mehr Selbstorganisation. Was all diesen Prozessen gemein zu sein scheint, sind die Konsequenzen für die mittlere und obere Führungsebene, denn diese werden an den Stellen, wo mehr Selbstorganisation gewagt und Hierarchie reduziert wird, letztlich weniger benötigt. So ist es wahrscheinlich, dass diese Führungskräfte am stärksten und nachhaltigsten von der Veränderung betroffen sein werden. Nicht nur wird ihnen ihre Entscheidungskompetenz und Personalverantwortung »genommen«, sondern auch der mit ihrer bisherigen Rolle verbundene Status und klassische »Karrieremöglichkeiten«. Dennoch kann dieser Veränderungsprozess aus der richtigen Haltung heraus auch für die Betroffenen sehr positiv gestaltet werden, wie bei der Firma Guthmann Aluminium Draht GmbH zu beobachten war.[367]

Ich möchte hier die Annahme treffen, dass, vorsichtig geschätzt, mittel- bis langfristig im eingeschwungenen Zustand 30 Prozent der Kapazität von Führung in dem Unternehmen nicht mehr benötigt wird, da Management- und Führungsaufgaben wie das Entscheiden, Organisieren, Planen, Führen und Kontrollieren in einer Selbstorganisation effizienter erfolgen und Rollenverantwortliche dezentral entscheiden oder sich in selbstorganisierenden Teams abstimmen. Dies würde für unser kleines Unternehmen bei einem durchschnittlichen Gesamtkostensatz für eine Führungskraft von 150 000 Euro im Jahr folgende Einsparung bedeuten: 50 FTE Führungskräftekapazität * 30 Prozent * 150 000 Euro = 2,25 Mio. Euro. Was ich hier wiederum nicht berücksichtige ist die Produktivitäts- und Umsatzsteigerung, die sich ergeben würde, wenn das Unternehmen durch die Einführung von mehr Selbstorganisation weitaus veränderungsfähiger, agiler und reaktionsfähiger würde. Ich bin mir sicher, dass dieser Effekt den Kosteneinsparungseffekt in seiner wirtschaftlichen Wirkung noch deutlich übertreffen würde.

Zusammenfassung und notwendige Investitionen

Wenn ich alle vorgenannten, aus meiner Sicht eher vorsichtig geschätzten Einzelpositionen in einem über 10 Jahre laufenden »Business Case« zusammenfasse und nochmals sicherheitshalber wegen Überschneidungen einen Abschlag von 30 Prozent auf alle Produktivitätssteigerungen annehme, ergibt sich folgendes Bild (siehe Abbildung auf der rechten Seite).

Es ergibt sich also ceteris paribus mehr als eine Verdopplung des Gewinns, sprich EBIT[368] gegenüber der Ausgangslage – und zwar ausgelöst durch die Veränderungen, die sich wie hergeleitet vor allem infolge einer veränderten, achtsamen Grundhaltung der Liebe einstellen könnten.

»Sehr schön«, mögen Sie jetzt sagen, »die Liebe führt also zu Entlassungen!« Dem möchte ich dreierlei entgegnen: Zum einen habe ich hier, wie weiter oben ausgeführt, rein aus methodischen Gründen alle Veränderungen und Produktivitätssteigerungen als Kostensenkungen bewertet und nicht als Potenzial zur Umsatzsteigerung bei gleicher Personalstärke. In der Realität gehe ich davon aus, dass es aufgrund der einzelnen Veränderungen zu umfangreichen Umsatz- und Gewinnsteigerungen für das kleine Unternehmen kommen wird, so wie es auch in der Praxis zu beobachten ist. Daher wird sich die Frage von Personalveränderungen nur in begrenztem Umfang stellen. Zweitens – und auch das habe ich schon weiter oben ausgeführt – kann es durchaus sein, dass es notwendig wird, aus Liebe auch »harte Entscheidungen« zu treffen, die auch Personalveränderungen miteinschließen können. An dieser Stelle ist es wie gesagt wesentlich, in welcher Haltung diese Entscheidungen getroffen und umgesetzt werden. Und drittens können natürlich diese Produktivitätssteigerungen auch zur Schaffung nachhaltigerer, menschenwürdigerer Arbeitsplätze, Arbeitsumfelder und für gerechtere Entlohnung genutzt werden – innerhalb des Unternehmens und auch über entsprechende Lieferketten hinweg – mit entsprechend höheren Faktorkosten.

Mn Euro	Jahr 1	Jahr 2	Jahr 3	Jahr 4	Jahr 5	Jahr 6	Jahr 7	Jahr 8	Jahr 9	Jahr 10
Ausgangslage										
Umsatz	300,0	300,0	300,0	300,0	300,0	300,0	300,0	300,0	300,0	300,0
COGS	235,0	235,0	235,0	235,0	235,0	235,0	235,0	235,0	235,0	235,0
Marketing	15,0	15,0	15,0	15,0	15,0	15,0	15,0	15,0	15,0	15,0
Personalkosten	32,0	32,0	32,0	32,0	32,0	32,0	32,0	32,0	32,0	32,0
Sonstige Kosten	3,0	3,0	3,0	3,0	3,0	3,0	3,0	3,0	3,0	3,0
EBIT	**15,0**	**15,0**	**15,0**	**15,0**	**15,0**	**15,0**	**15,0**	**15,0**	**15,0**	**15,0**
EBIT (in %)	5,0%	5,0%	5,0%	5,0%	5,0%	5,0%	5,0%	5,0%	5,0%	5,0%
Personal (FTE)	400,0	400,0	400,0	400,0	400,0	400,0	400,0	400,0	400,0	400,0
Einsparungen/Produktivitätssteigerung										
Innere Kündigung	1,6	3,2	4,8	6,4	6,4	6,4	6,4	6,4	6,4	6,4
Krankenstand	0,2	0,5	0,7	1,0	1,0	1,0	1,0	1,0	1,0	1,0
Fluktuation	0,2	0,5	0,7	0,9	0,9	0,9	0,9	0,9	0,9	0,9
Meetings	0,6	1,3	1,9	2,5	2,5	2,5	2,5	2,5	2,5	2,5
Selbstorganisation	0,6	1,1	1,7	2,3	2,3	2,3	2,3	2,3	2,3	2,3
Abschlag 30%	-1,0	-2,0	-2,9	-3,9	-3,9	-3,9	-3,9	-3,9	-3,9	-3,9
Marketing	2,5	5,0	7,5	10,0	10,0	10,0	10,0	10,0	10,0	10,0
Summe	*4,8*	*9,6*	*14,3*	*19,1*	*19,1*	*19,1*	*19,1*	*19,1*	*19,1*	*19,1*
EBIT	**19,8**	**24,6**	**29,3**	**34,1**	**34,1**	**34,1**	**34,1**	**34,1**	**34,1**	**34,1**
EBIT (in %)	6,6%	8,2%	9,8%	11,4%	11,4%	11,4%	11,4%	11,4%	11,4%	11,4%

Es bleibt zuletzt die Frage nach den notwendigen Investitionen. Sicherlich werden Sie – wie bei allen Investitionsentscheidungen – keine EBIT-Verdopplung »für umsonst« bekommen. In diesem Fall sind die Investitionen aber nicht (vor allem) in Technologien oder IT zu tätigen, sondern sind vollkommen anderer Art: Es ist viel mehr erforderlich, in sich selbst, die Veränderung Ihrer Selbst- und Weltbilder und in Ihre Persönlichkeitsentwicklung zu investieren. Die Investition fließt in die Veränderung Ihrer Grundhaltung und Präsenz und dem, was Sie aus dieser präsenten, achtsamen Grundhaltung der Liebe im Unternehmen vorleben. Wenn Sie sich und Ihre Mitarbeiter und Mitarbeiterinnen mit auf diese eher langfristige Reise nehmen wollen, wird das sicherlich immer wieder Investitionen auch in externe Begleitung und Schulungen beinhalten, aber vor allem in gemeinsame Zeit für individuelle Weiterentwicklung, aber auch gemeinsame Workshops, Open-Space-Veranstaltungen und andere Formen der Begegnung. In welchem Umfang dies direkt oder indirekt zu Investitionen führt und wie dieser Prozess genau stattfindet, ist sicherlich im Einzelfall sehr unterschiedlich. Im oben genannten Fall aber würde sich selbst bei einer angenommenen Abzinsung von 10 Prozent pro Jahr noch ein positiver Kapitalwert bzw. NPV (Net Present Value) einstellen, wenn Sie im Jahr 0 ein Investitionsbudget von 80 Mio. Euro für solche Maßnahmen »beiseitelegen« würden. Und dieses Budget halte ich für mehr als ausreichend.

Und noch eine Schlussbemerkung möchte ich mir erlauben: Natürlich ist dieser »Business Case« – wie alle, die ich bisher gesehen habe – tendenziell zu optimistisch und stark abhängig von den getroffenen Annahmen. Es ging mir im Wesentlichen darum zu zeigen, dass es starke Indikationen dafür gibt, dass mit der achtsamen Grundhaltung der Liebe zu handeln und zu wirtschaften nicht weniger, sondern nachhaltig erfolgreicher macht bzw. machen kann, auch monetär betrachtet.

Teil III: Ausblick und zu überwindende Hindernisse

»Wenn wir Vernunft verkürzen auf eine algorithmische (= einer Rechenregel folgenden) Vernunft, dann können wir das Geschäft des Denkens an Computer übergeben. Die sind die besseren Rechenmaschinen als wir Menschen. Wenn wir allerdings Denken und Vernunft in einem erweiterten Sinn auffassen, dann spielt Spiritualität eine wichtige Rolle. Denn sie bringt uns mit den Quellen des Denkens und der Vernunft in Verbindung und führt uns gleichzeitig darüber hinaus.«[369]

HARALD WALACH

Es könnte gut sein, dass den Wirtschaftswissenschaften ein ähnlich radikaler Wandel bevorsteht wie den Naturwissenschaften in den letzten hundert Jahren, in denen das mechanistische Weltbild Newtons, geprägt von Materie und Objekten, von der quantenphysikalischen Sichtweise der Beziehungen, Energien und Informationen abgelöst wurde. Dieser Wandel war grundlegender und radikaler, als man ihn sich in den davor liegenden Jahrhunderten je hätte vorstellen können. Möglicherweise stehen den Naturwissenschaften aber noch weitere Veränderungen bevor, da sie zunehmend erkennen, dass sie noch nicht einmal in die Nähe einer Lösung aller wesentlichen Fragen gekommen sind, insbesondere bei ihrer Suche nach einer Theorie, die die Quantentheorie und die allgemeine Relativitätstheorie miteinander vereint. Und ähnlich radikal könnte in den nächsten Jahren auch der Wandel in der Betriebswirtschaftslehre sowie der Unternehmenswelt vonstattengehen, getrieben durch den technologischen Wandel, aber insbesondere auch durch eine Veränderung des ihr zugrunde liegenden Weltbilds, was die wahre Natur der Welt, des Menschen und von Organisationen angeht.

Zwar gibt es – beispielsweise in Form der »Behavioral Economics«[370] – eine zunehmende Öffnung der Wirtschaftswissenschaft für die Psychologie, die Neurobiologie und die Verhaltenswissenschaften. Aber welche Business School lehrt bereits heute ein Verständnis von Betriebswirtschaft und Führung wie jenes, das ich hier vorgetragen habe und das den ernsthaften Versuch unternimmt, den Mensch in all seiner Komplexität zu erfassen und darüber hinaus klassisch-kognitives Denken und äußeres Wissen mit Themen der Liebe und Spiritualität, als wesentliche innere Dimensionen des Menschseins, zu verbinden? Welche Universität stellt (entsprechend ihrem ursprünglichen Wortsinn) den Menschen in seiner Ganzheit – Körper, Geist und Seele – in den Mittelpunkt der ökonomischen Lehre?[371] Ich persönlich kenne in dieser »Konsequenz« keine.[372]

Denn hierzu müsste man meines Erachtens – ähnlich wie in der Physik – bislang als allgemein »vernünftig« betrachtete Grundannahmen der Modellbildung hinterfragen und an den Grundfesten des stark vereinfachten Menschenbilds (dem des »Homo oeconomicus«) rütteln. Interessanterweise findet aber genau eine solche Bewegung gerade statt – und zwar nicht »von oben«, sondern »von unten«, wie die britische Wirtschaftswissenschaftlerin Kate Raworth einleitend in ihrem beeindruckenden Buch »Donut-Ökonomie« darstellt.[373] Seit 2014 gibt es eine zunehmend breite und globale »Revolte« von Studierenden der Wirtschaftswissenschaft, die sich in mehreren öffentlichen Appellen gegen ihre Lehre gestellt und ihre Professoren aufgefordert haben, endlich die Betriebswirtschaftslehre den menschlichen Gegebenheiten anzupassen. Dies ist ein bisher einzigartiger Vorgang in der Wissenschaftswelt. Doch wenn man die schon einleitend erwähnte, ernüchternde »Erfolgsbilanz« des derzeitigen Führungshandelns auf Basis der bisherigen Lehre reflektiert – und den erschreckenden Zustand der Welt dazu mit in den Blick nimmt –, kann man eigentlich auch nur zu dem Schluss kommen, dass diese nur wenig zur nachhaltigen Lösung aktueller unternehmerischer Probleme beiträgt. Als kleinen Beitrag meinerseits für eine solche »Weiterentwicklung« der Lehre möchte ich gerne noch einmal einen Schritt zurückgehen und mit Ihnen einen weiteren Ausflug in die betriebswirtschaftliche Theorie unternehmen:

RATIONALITÄT VON FÜHRUNG

Ganz grundlegende Überlegungen zum Wesen der »Geschäfts- und Betriebsleitung« finden sich in der produktionsorientierten Theorie der Unternehmung bei Erich Gutenberg:[374] Neben den drei Elementarfaktoren »Arbeit«, »Betriebsmittel« und »Werkstoffe« unterscheidet er den an die Führung geknüpften »dispositiven Faktor«, der für die produktive Kombination der Elementarfaktoren sorgt. Den »dispositiven Faktor« unterteilt er weiter in einen »irrationalen« Faktor (insbesondere der »Entscheidungsfindung«), einen »rationalen« Faktor (Planung) und einen »gestaltend-vollziehenden« Faktor (Organisation).[375] Während Gutenberg in der Theoriebildung bewusst und zweckmäßig für die seiner Zeit zu untersuchenden Fragestellungen den »irrationalen« Teil des dispositiven Faktors aus der Modellbildung ausblendete,[376] schenkte er dem rationalen Teil und der Betriebswirtschaftslehre weitaus größere Aufmerksamkeit.

Rationalität näher betrachtet

Ausgangspunkt von Rationalität ist im überwiegenden Teil der betriebswirtschaftlichen Literatur der einzelne Mensch, der nach dem wirtschaftlichen Prinzip arbeitet, also der sogenannte und schon zuvor erwähnte »Homo oeconomicus«.[377] Dessen Rationalität wird in der ökonomischen Theorie fast durchgängig als Zweckrationalität aufgefasst, die sich nach Gutenberg wie folgt äußert: *»An sich liegt nun allem das Denken in der Zweck-Mittel-Relation zugrunde, und zwar nicht nur im wirtschaftlichen Leben, sondern im menschlichen Leben überhaupt. ›Unvernünftig‹ handeln heißt, überhaupt unzweckmäßig zu handeln, heißt, die Mittel nicht richtig auf den Zweck, dessen Erreichung sie dienen sollen, abgestimmt zu haben. Welcher Art dieser Zweck sei, der zu realisieren ist, bleibt dabei ohne Belang.«*[378] Auch Weber definiert Zweckrationalität als *»ausschließlich (...) an subjektiv adäquat vorgestellten Mitteln orientiert für subjektiv gefasste Zwecke«*,[379] wobei in dieser Formulierung bereits eine erste Begrenzung von Rationalität im Rahmen einer *subjektivierten* Zweck-Mittel-Funktion sichtbar wird.[380] Die umfassendere Definition Webers lautet daher: *»Zweckrational handelt, wer sein Handeln nach Zwecken, Mitteln und Nebenfolgen orientiert und dabei sowohl die Mittel gegen die Zwecke, wie die Zwecke gegen die Nebenfolgen, wie endlich auch die verschiedenen möglichen Zwecke gegeneinander rational abwägt, also allenfalls weder affektuell (...) noch traditionell handelt.«*[381]

Diese Zweck-Mittel-Rationalität[382] wurde von vielen Autoren aufgegriffen und erweitert und unter anderem durch Berücksichtigung von verhaltenswissenschaftlichen Erkenntnissen hinterfragt,[383] zum Beispiel dahingehend, dass jedes Mittel bzw. jeder Zweck mindestens einem übergeordneten Zweck zugeordnet werden kann, was letztlich zu einer Zweck-Mittel-Kette und »letzten Zwecken« führt,[384] die sich einer Zweckrationalität entziehen und nur durch eine *Wert-Rationalität* erklärbar sind.[385] Aus diesem Verständnis heraus wurden bei der Beurteilung von Rationalität neben sozialen Wertmaßstäben zunehmend auch psychologische und emotionale Komponenten in die Betriebswirtschaft mit einbezogen.[386] Auch wurden mehr und mehr Erkenntnisse anderer Wissenschaften, insbesondere der Verhaltenswissenschaften, der Psychologie und der Soziologie, berücksichtigt. Dies kann als eine Reaktion auf veränderte Fragestellungen verstanden werden, bei denen die rein rationale Modellierung von Organisationsproblematiken und deren rein theoretische Beantwortung nicht mehr zweckmäßig ist.[387] Denn die Untersuchungen von Verhaltenswissenschaftlern, Psychologen und Neurobiologen zeigen, dass die Wahrnehmung und Beurteilungsfähigkeit des Menschen vielfältigen Verzerrungen ausgesetzt sind: Begrenzte kognitive Fähigkeiten führen in jeder Handlungssituation zu unvollständigen Beurteilungen; Emotionen können zu einer anderen Bewertung der Zweck-Mittel-Relation führen oder die vorweggenommene Zweck-Mittel-Relationen stören, sodass konkurrierende Präferenzen situationsabhängig handlungsleitend werden. Anders ausgedrückt bedeutet dies, dass die individuelle Nutzenfunktion von Menschen nicht als universell gültig anzusehen ist, sondern beispielsweise durch aktuelle emotionale Zustände und Präferenzen nachhaltig beeinflusst wird.[388]

Bei genauer Betrachtung entsteht so eine wesentliche »Begrenztheit« der (Zweck-Mittel-)Rationalität als Resultat der besonderen Eigenschaften, aber auch als Folge der begrenzten Fähigkeiten des Menschen.[389]

Gleichzeitig wurde auch die rein instrumentelle Zweckrationalität Webers, die auf das Erreichen individueller Ziele gerichtet ist, von Soziologen wie Habermas als unzureichend beurteilt. Aus diesem Grund erweitert Habermas das rein instrumentelle, zweck-orientierte Handeln um ein verständigungsorientiertes, kommunikatives Handeln, dem eine *prozedurale Rationalität* zugrunde liegt: *»Im kommunikativen Handeln sind die Beteiligten nicht primär am eigenen Erfolg orientiert, sie verfolgen ihre individuellen Ziele unter der Bedingung, dass sie ihre Handlungspläne auf der Grundlage gemeinsamer*

Situationsdefinition aufeinander abstimmen müssen.« [390] Damit wird nicht mehr das einzelne Subjekt *»zum Ausgangspunkt für die Bestimmung der Möglichkeit ›wahrer Erkenntnis‹, sondern die intersubjektive Geltung in der idealen Kommunikationsgemeinschaft.«*[391] Zentral verändert sich so auch die *Beurteilung von Rationalität*: Sie ist nicht mehr substanziell oder zweck-mittel-orientiert, sondern nach Luhmann durch eine *soziale Interaktionsgemeinschaft* bestimmt, was zu einer *Systemrationalität* führt, bei der die Rationalität der Beteiligten nicht unabhängig von dem zugrunde liegenden System beurteilt werden kann.[392] Da Kommunikation und Handlung zumeist innerhalb einer sozialen Interaktionsbeziehung mit anderen Menschen stattfindet, wird die eigene Handlung vor dem Hintergrund dieser Beziehungen beobachtet und auf Rationalität beurteilt. Die Beurteilung von Rationalität von (Führungs-)Handeln erfolgt sodann auf der Basis eines *Rationalitätsmaßstabs* des jeweils kollektiv »für richtig und wahr« bzw. »rational« Befundenen, der sich zumeist emergent aus derselben Interaktionsbeziehung ergibt.[393] Das »Abbruchkriterium« für die Definition dieses Rationalitätsmaßstabs ist nach Habermas der Moment, in dem ein gemeinschaftlicher Konsens über Rationalität vorliegt,[394] bei dem mit den Worten Maturanas »keine weiteren Fragen mehr notwendig sind«.[395] Wenn daher die Rationalität von (wirtschaftlicher bzw. Führungs-)Handlung beurteilt wird, wird damit letztlich auf eine soziale Wirklichkeit rekurriert, die ihren Maßstab in dem Konsens hierüber selbst findet.[396] Hierauf verweist auch Jens Beckert, Direktor am Max-Planck-Institut für Gesellschaftsforschung und Professor für Soziologie: *»Auch die Welt der Investoren und Analysten funktioniert nur scheinbar rein rational.«* [397] *Denn »ein genauerer Blick verweist auf verblüffende Übereinstimmungen zwischen dem Wesen fiktionaler Texte und den Kontexten, in denen Wirtschaftsakteure unter der Bedingung von Ungewissheit ihre Entscheidungen treffen. In diesen Entscheidungen spiegeln sich die Vorstellungen der Wirtschaftsakteure vom zukünftigen Zustand der Welt. Da es keine in der Zukunft liegenden Fakten* *geben kann und die Zukunft sich nicht einfach wie die Fortsetzung der Vergangenheit verhält, sind diese Vorstellungen keine gesicherte Vorwegnahme einer zukünftigen Gegenwart. Vielmehr sind die imaginierten Zukünfte Geschichten, die als ›Platzhalter‹ dienen und es den Akteuren ermöglichen, Entscheidungen zu treffen, als ob sich die Zukunft in die angenommene Richtung entwickeln würde. Hierfür müssen sie von der Geschichte überzeugt sein: Sie muss ihnen glaubwürdig erscheinen, nicht aber richtig sein.«*[398]

Entstehung und Bedeutung der Unternehmenskultur

Nach derselben Logik wie die Entstehung von Rationalitätsmaßstäben kann auch die Entstehung und Wirkung von (Unternehmens-)Kulturen erklärt werden, die typischerweise zur Ausbildung von Regeln und Normen eines sozialen Interaktionsbeziehung führen:[399] Kultur wird in der einschlägigen Literatur zumeist als Schichten- oder Ebenen-Modell beschrieben (siehe Abbildung).[400]

Ebenen-Modell der Kultur[401]

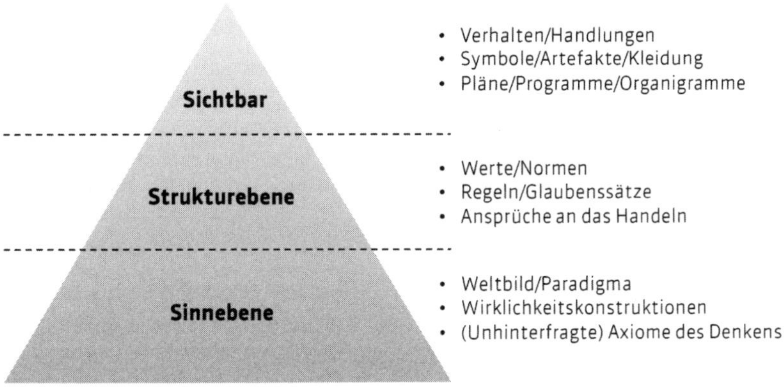

Die sichtbare Ebene der Kultur wird als »Oberflächenstruktur« bezeichnet und erschließt sich dem Beobachter in Form von Symbolen, Verhalten, Artefakten, Sagen, Legenden und Kommunikationshandlungen.

Die darunterliegende »Tiefenstruktur« wird in eine Struktur- und eine Sinnebene unterschieden: Die Strukturebene umfasst die kollektiven Regeln und Normen, die einen *Anspruch an das Handeln und Verhalten stellen.* Die wiederum der Bildung von diesen Regeln, Normen und Werten zugrunde liegende *Sinnebene* umfasst die noch grundlegenderen »Wirklichkeitskonstruktionen«, die als »Axiome des Denkens« oder auch als »Weltbilder« beschrieben werden können.[402] Diese Wirklichkeitskonstruktionen bzw. Weltbilder sind sehr beständige, dennoch aber subjektiv und in sozialen Interaktionsgemeinschaften konstruierte Modelle, mit denen sich die Menschen »die Welt erklären«.[403] Diese Wirklichkeitskonstruktionen und ihre Verwechslung mit der Wirklichkeit ist das, was nach dem Physiker Thomas S. Kuhn auch als Paradigma charakterisiert.[404]

In der Summe konstituieren die zugrunde liegenden Paradigmen bzw. Wirklichkeitskonstruktionen, aus denen sich die Regeln, Werte und Normen der Kultur ableiten, die dann letztlich auf sichtbarer Ebene handlungsleitend werden, die *»Kultur«* einer Interaktionsgemeinschaft. Aus der Kohärenz von Wirklichkeitskonstruktionen folgt die Kohärenz der Handlungsauswahl von Menschen, die durch gemeinsame Kulturen verbunden sind: Aus einer gemeinsamen Wirklichkeitskonstruktion entstehen gemeinsame Regeln und Normen sowie Maßstäbe dessen, was in der Interaktionsgemeinschaft als »richtig«, »angemessenen«, »moralisch-korrekt« und »rational« angesehen wird. Diese Normen, Werte und Maßstäbe fließen in die Handlungsauswahl ein und können so von außen als kohärent beobachtet werden.[405]

Der Organisationstheoretiker Alfred Kieser beschreibt die Bedeutung und Notwendigkeit dieser gemeinsamen Interaktionsregeln, Normen und Weltbilder wie folgt: *»Nur Personen, die über einen* *gemeinsamen Satz an Regeln verfügen, die dem Handeln unmittelbar zugrunde liegen, können zu einem koordinierten Handeln gelangen. (...) Regeln, die dem Handeln unmittelbar zugrunde liegen, werden von ›tiefen‹ Regeln und Strukturen erzeugt (...), deren Anwendung meist nicht bewusst ist.«*[406]

Die Werte, Normen und Rationalitätsmaßstäbe einer Interaktionsbeziehung haben so die Eigenschaft, die soziale Wirklichkeit der Beteiligten dadurch zu »erhärten«, indem sie aus den vielen Möglichkeiten der Interaktion diejenigen selektieren, die die Besonderheit der Interaktionsbeziehung ausmachen. Ihre Bedeutung erwächst aus ihrer Funktion, die Unsicherheit und Komplexität für die beteiligten Personen zu reduzieren: Menschen vertrauen darauf, dass die Regeln der Zusammenarbeit und der Rationalität eingehalten werden. Hierdurch wird effizienteres und gesicherteres Zusammenwirken möglich.[407]

Da eine solche Übereinstimmung des individuellen Handelns mit den gemeinsamen Regeln, Normen und Maßstäben als eine wesentliche Grundlage der Interaktionsgemeinschaft angesehen wird,[408] werden »Regelverletzungen« durch Einzelne von der Interaktionsgemeinschaft kaum oder gar nicht toleriert, da durch sie letztlich auch das Vertrauen in die Ordnung und somit die komplexitätsreduzierende Wirkung der Normen, Werte und Maßstäbe ja gerade verloren ginge.[409] Das Befolgen der »Spielregeln« und des Rationalitätskonsenses wird so eine wesentliche Grundlage des Überlebens und der Akzeptanz des Einzelnen – gerade auch für Führungskräfte.[410] Wer in der Außenperspektive als Führungskraft daher »vernünftig«, d. h. »rational« handeln möchte, muss sich den jeweils geltenden Rationalitätsmaßstäben der Interaktionsgemeinschaft so gut wie möglich unterordnen. Ganz vereinfacht ausgedrückt: Wer als Führungskraft bestehen will bzw. sichergehen will, dass er von anderen nicht für sein Führungshandeln verurteilt wird, muss das tun, was andere/die meisten von Führungskräften erwarten und für richtig ansehen.

Entsprechend wird das Hinterfragen von Regeln und Normen, aber noch mehr das Hinterfragen von grundlegenden Wirklichkeitskonstruktionen und Weltbildern in sozialen Gemeinschaften schließlich *tabuisiert und mit (sozialen) Strafen sanktioniert.*[411] Dies geschieht zum Beispiel dadurch, dass man eine Auseinandersetzung mit der Liebe im Führungskontext als esoterische und damit sinnlose Übung abtut.

NOTWENDIGE ERWEITERUNG VON FÜHRUNGSRATIONALITÄT

Wie kommen wir also auf Basis dieser theoretischen Überlegungen zu einer Unternehmens- und Führungskultur der Liebe, in der dieselbe nicht mehr tabuisiert, sondern Teil dessen wird, was für »wahr und richtig« gehalten wird? Wie aus dem oben Beschriebenen deutlich wird, kann ein für immer »wahrer« und absolut richtiger Rationalitätsmaßstab im Prozess menschlicher Interaktion nie gefunden werden.[412] Jeder Rationalitätsmaßstab ist selbst stets relativ und somit aber auch veränderbar, selbst wenn er aufgrund der vorbeschriebenen Logik die Rationalität der Interaktionsgemeinschaft auf eine Weise beeinflusst, als sei er ein absoluter Maßstab.[413]

Diese Erkenntnis ist wichtig, da sie meiner Ansicht nach der zentrale Ansatzpunkt für eine Veränderung dessen ist, was in der Lehre und in der täglichen Praxis in Unternehmen für »richtig und wahr« befunden und als »rational« angesehen wird: und zwar durch *einen Paradigmenwechsel der Weltbilder, die dem Führungs- und Wirtschaftsgeschehen zugrunde liegen.* Nur indem sich unsere Weltbilder und Wirklichkeitskonstruktionen auf der Sinnebene verändern und wir so zu anderen Regeln und Verhaltensweisen finden, wird die Liebe in der Breite in der hier beschriebenen Form in die Führung von Unternehmen einfließen können und sich das bisherige Rationalitätsverständnis von Führung erweitern.

Es ergibt sich also aus meiner Sicht die Notwendigkeit, auf der Ebene unserer Weltbilder und Wirklichkeitskonstruktionen den oben erwähnten »irrationalen Teil« des dispositiven Faktors mit all seiner (vermeintlichen) Irrationalität weitaus umfassender als bisher zu berücksichtigen und mit dem klassisch »rational-gestaltenden« Teil neu zu verbinden. Das bedeutet letztlich, den Menschen wirklich als Mensch zu verstehen und nicht als den allem Menschlichen beraubten »Homo oeconomicus«.

Hierzu wäre es meines Erachtens auch für die Wirtschaftswissenschaft erforderlich, über den Schatten ihres derzeitigen Weltbilds zu springen und sich u. a. für die Möglichkeiten der inneren Erfahrung als gleichwertige Erkenntnismöglichkeit zu öffnen – mithin also auch für die Liebe und die Spiritualität in der hier dargestellten Form. In diesem Sinne schreibt Walach: *»Die historisch-systematische Analyse der Prozesse, die zu einer Trennung der Bereiche der wissenschaftlichen Erfahrung und der inneren Erfahrung geführt haben, hat in mir die Überzeugung reifen lassen, dass wir an einem historischen Ort angekommen sind, an dem diese Trennung mindestens fragwürdig, wenn nicht sogar hinderlich für die weitere Entwicklung des Einzelnen und der Gesellschaft insgesamt, ja vielleicht der Welt als Ganzer ist.«*[414] *Er fährt fort: »Wenn wir die Aufklärung konsequent fortführen wollen, ist eine undogmatische Spiritualität die natürliche, ja die notwendige Konsequenz für unsere Kultur und ihre Rationalität. Ohne eine solche Spiritualität sehe ich wenig Hoffnung, weder für unsere Kultur noch für ihre Rationalität, noch für die Aufklärung.«*[415] *Und Walach kommt schließlich zu dem Fazit: »Wir stehen heute, am angeblichen Ende der Aufklärung, eigentlich noch immer an ihrem Anfang, in einer zerberstenden Welt, die wir mit den Mitteln der rationalen Erkenntnis, die wegleitend und wegbereitend für die moderne Wissenschaft war, allein nicht zusammenhalten können. Was dazu nötig ist, meine ich, ist ein erweiterter Begriff von Rationalität, der die spirituelle Erfahrung einschließt,* *ja diese sogar zu seiner Basis macht, und eine Wissenschaft, die den begrifflichen, systematischen und institutionellen Raum dafür zur Verfügung stellt.«*[416]

Dies würde zu einem umfassenderen, verbundenen Verständnis aus Rationalität und Irrationalität, Wissen und Weisheit, klassischem Denken und holistischem Handeln führen – man könnte auch sagen, zu einer Verbindung von Herz und Verstand. Erst durch die Integration der absichtsvollen Zweck-Mittel-Rationalität mit ihrem Gegenpol, der auf absichtsloser Liebe basierenden »Irrationalität«, entsteht eine neue, umfassendere Form von Führungsrationalität, die beide Pole erkennt und auf einer höheren Ebene integriert. Und nur so könnten sich in der Breite (Unternehmens-)Kulturen der Liebe ausprägen, die weit über die derzeitige Moralethik hinausgehen. Denn nur ein grundlegend verändertes Weltbild, in dem die Liebe eine wesentliche Rolle einnimmt und welches unsere illusionären, uns voneinander trennenden Fehlwahrnehmungen mit einer höheren Bewusstheit transzendiert, führt zu anderen Normen, Regeln und Werten sowie letztlich auch zu anderen Haltungen, Einstellungen und Verhaltensweisen.

Ich plädiere daher für einen Paradigmenwechsel nicht nur auf der äußeren Ebene des »rational-gestaltenden Teils« vor dem Hintergrund der vorschreitenden Digitalisierung, sondern gleichzeitig und mit ihr einhergehend auch für einen derartigen Wechsel auf der *inneren Ebene*. Auf der Basis eines erweiterten Verständnisses von Rationalität und des Menschseins könnte meines Erachtens die Betriebswirtschafts- und Führungslehre weiterentwickelt werden, um adäquate Antworten für die (Unternehmens-)Welt des 21. Jahrhunderts zu finden. Und nur so kann sie Führungskräften eine wirkliche Hilfe bei der Bewältigung ihrer ungeahnten Herausforderungen sein. *Dies wäre eine Betriebswirtschaft und Führungslehre, die den rational-gestaltenden Teil des dispositiven Faktors, das Planen,*

Organisieren und Koordinieren, vor dem Hintergrund der fundamentalen Veränderungen der Digitalisierung neu beschreibt und diesen mit einer umfassender verstandenen, wie hier dargelegten »Irrationalität« verbindet. Dann verlöre die Liebe auch ihren Tabustatus im Unternehmenskontext, und die derzeit immer noch vorherrschende Zweckrationalität als Rationalitätsmaßstab des Wirtschaftslebens könnte einem neuen und umfassenderen Konzept bzw. Paradigma der Rationalität von Führungshandlungen Platz machen. *Die Holistic Company – als Vision eines mit Liebe geführten Unternehmens – könnte hierbei ein erster Anstoß sein.*

AUSBLICK

Was heißt das für Sie? Kann die Liebe in der hier beschriebenen Form in Ihr Unternehmen einfließen, auch wenn sie noch nicht Teil der Betriebswirtschaftslehre oder des derzeit allgemein anerkannten Rationalitätsmaßstabs von Führung ist? Oder müssen Sie auf eine Veränderung der Lehre und/oder gar einen »Systemwechsel« warten?[417]

Ich glaube nicht, denn jeder und jede kann im eigenen Interaktions- und Tätigkeitsfeld an der Verwirklichung von Liebe in Unternehmen mitwirken[418] – und zwar dann, wenn Sie hier und jetzt den »Tabubruch« mutig wagen und dabei Ihre eigene Angst vor Ablehnung durch andere überwinden.[419] Dann werden Sie aus der gegenwärtigen Grundhaltung der Liebe zu dieser fundamentalen Veränderung beitragen: zunächst angefangen bei sich selbst und in Ihrem eigenen Wirkungskreis, dann zunehmend in dem Unternehmen, für das Sie arbeiten, und schließlich innerhalb der Gesellschaft, in der Sie leben. *Wenn Sie sich selbst verändern und die gegenwärtige Grundhaltung der Liebe authentisch vorleben, wird auch eine grundlegende Veränderung in Ihrem eigenen Umfeld und in Ihrem Unternehmen stattfinden.* Und ich glaube, darum geht es vor allem im 21. Jahrhundert: um eine wirkliche innere Veränderung in der Haltung, der Bewusstheit und der Einstellung eines jedes Einzelnen statt um einen ideologischen Systemwechsel »von oben«.

Für diese innere Veränderung einer einzigen (Führungs-)Person, die letztlich auch kollektiv einen wesentlichen Unterschied gemacht hat, gibt es für mich ein historisches Vorbild: *König Asoka*, der in Nordindien von 268 bis 232 v. Chr. regierte und selbst heute noch in Indien sehr verehrt wird. Nachdem er jahrelang blutigste Kriege angezettelt hatte und für große Gräueltaten bekannt war, hatte er beim Anblick des Schlachtfelds, der Toten und Verletzen eines Tages die tiefe Erkenntnis, dass all das Leid und Verderben, das er über Abertausende von Menschen gebracht hatte, keinen Sinn ergab. Er wurde daraufhin Schüler eines buddhistischen Ordens und führte nach einer Zeit der eigenen Veränderung sein Reich fortan nach vollkommen anderen Maßstäben – aus der Liebe und achtsamem Mitgefühl. In der Folge nahm er unzählige Reformen vor und ließ – um die radikale Veränderung nachhaltig zu machen – unter anderem viele Regierungsbeamte in dem buddhistischen Glauben ausbilden (oder ersetzte jene, die sich dem verwehrten). Es folgte eine in der Geschichte der Menschheit beispielslose Periode der Blüte des Landes, der Bildung und des Friedens, lange über seinen Tod hinaus.[420]

Von Asoka können wir aus meiner Sicht einige grundlegende Dinge lernen, von denen auch in diesem Buch die Rede war. Wenn Sie hierzu Willens und »Herzens« sind, kann eine solche grundlegende Veränderung auch durch Sie und in Ihrem Unternehmen geschehen.[421] Sollten Sie also den Mut haben, zunehmend in die Liebe hineinzugehen, d. h., bereit zu sein, sich selbst und anderen immer öfter in der *achtsamen Grundhaltung der Liebe* zu begegnen, wird dies einen Entwicklungsprozess einleiten, der wahre Veränderung herbeiführen kann. Und wenn Sie den ersten Schritt tun, werden Ihnen wahrscheinlich weitaus mehr Menschen folgen, als Sie vermuten. Oder hätten Sie gewusst, dass eine repräsentative

Umfrage ergeben hat, dass über 80 Prozent die hier beschriebene Form der Liebe kennen und zumindest gelegentlich erleben?[422] Wagen Sie den ersten Schritt. *Denn die Liebe liegt in der Natur des Menschen. Der Glaube an die Möglichkeit der Liebe ist ein rationaler Glaube – auch und gerade im Kontext der Unternehmensführung.*

Vision ohne Liebe ist sinnentleert.
Handeln ohne Liebe macht selbstsüchtig.
Innovation ohne Liebe macht ideenlos.
Management ohne Liebe macht bürokratisch.
Organisation ohne Liebe bringt Trennung.
Planung ohne Liebe macht starr.
Problemlösung ohne Liebe macht rechthaberisch.
Digitalisierung ohne Liebe bringt Entfremdung.
Führung ohne Liebe macht kontrollbesessen.
Verantwortung ohne Liebe macht einsam.
Arbeit ohne Liebe macht unerfüllt.
Wirtschaften ohne Liebe macht ausbeuterisch.
Gewinnstreben ohne Liebe macht eigennützig.

VOLKMAR KOCH

DANK

Da ein Buch im Kontext der Liebe naturgemäß ein sehr persönliches Buch ist, möchte ich allen danken, die mich auf meinem bisherigen privaten und beruflichen Lebensweg begleitet und mit geprägt haben – insbesondere meiner Familie, Freunden und Freundinnen, Kollegen und Kolleginnen sowie allen anderen Wegbegleitern, mit denen ich eigene Erfahrungen der Liebe (und genauso wichtig: ihrer Abwesenheit) machen durfte.

Im Kontext der Erstellung dieses Buches möchte ich besonders den Teilnehmern an meiner nicht gerade alltäglichen Interviewserie für ihre Bereitschaft und wertvolle Anregungen danken sowie besonders herzlich Regine Kötschau, die mich vor allem auch bei der Vorbereitung, Durchführung und Auswertung dieser Interviews maßgeblich unterstützt hat. Zudem möchte ich Dr. Harald Herz und Patrick Zimmerer für viele gemeinsame Stunden intensiven und inspirierenden Austauschs danken.

Und schließlich möchte ich auch meiner Lektorin Susanne Klein danken, die mich mit Engelsgeduld, interessanten Anregungen und unglaublicher Akribie in der Schlussphase der Erstellung des Buchs unterstützt hat, sowie dem Europa Verlag und seiner Leitung, Herrn Strasser und Frau Petersen, für ihre große Bereitschaft und Flexibilität bei der Betreuung dieses Buches.

LITERATUR

Ach, Narziss: Analyse des Willens. In: Abderhalen, E. (Hrsg.): Handbuch der biologischen Arbeitsmethoden. Vol. VI, Berlin 1935.

Ach, Narziss: Über die Willenstätigkeit und das Denken. Göttingen 1905.

Acham, Karl: Über einige Rationalitätskonzeptionen in den Sozialwissenschaften, in: Schnädelbach, H. (Hrsg.): Rationalität – Philosophische Beiträge. Frankfurt am Main 1984.

Agor, Weston H.: Intuitives Management – Die richtige Entscheidung zur richtigen Zeit durch integrierten Einsatz der Fähigkeiten des linken und rechten Gehirns Berlin 1989.

Albach, Horst: Der dispositive Faktor in Theorie und Praxis, in: Zeitschrift für Betriebswirtschaft, 60. Jg. (1990) Nr. 6, S. 533–548.

Albach, Horst: Zur Theorie der Unternehmung, in: Schriften und Reden von Erich Gutenberg; aus dem Nachlass, Berlin 1989.

Albert, U./Silverman, M.: Making Management Philosophy a Cultural Reality, Part I, in: Personell, Vol. 61 (1984) Nr. 1, S. 12–21.

Anacker, U.: Vernunft, in: Krings, H./Baumgartner, H. M./Wild, C. (Hrsg.): Handbuch philosophischer Grundbegriffe. München 1973.

Ariely, Dan: Denken hilft zwar, nützt aber nichts. Warum wir immer wieder unvernünftige Entscheidungen treffen. München 2015.

Arrow, Kenneth J.: The Limits of Organization. New York, NY, 1974.

Axelrod, Robert: The Evolution of Cooperation. New York, NY, 1984.

Bach, Sabine et. al.: Grundmodell einer dynamischen Theorie ökonomischer Akteure, in: Weber, J./Schäffer, U. (Hrsg.): Rationalitätssicherung der Führung. Wiesbaden 2001, S. 95–104.

Bach, Sabine et. al.: Grundmodell einer dynamischen Theorie ökonomischer Akteure, in: CCM-Forschungspapier Nr. 6, Vallendar 2002, zugleich ebs working paper von Management Accounting & Control Nr. 1, Oestrich-Winkel.

Bass, Bernard M.: From Transactional to Transformational Leadership: Learning to Share the Vision, in: Organisational Dynamics, Vol. 18 (1990), S. 32–45.

Bateson, Gregory: Geist und Natur – Eine notwendige Einheit. Frankfurt am Main. 1982

Bateson, Gregory: Ökologie des Geistes – Anthropologische, psychologische, biologische und epistemologische Perspektiven. Frankfurt am Main 1985.

Beck, Hanno: Behavioral Economics – Eine Einführung, Wiesbaden 2014.

Beck, Don Edward/Cowan, Christopher C.: Spiral Dynamics – Leadership, Werte und Wandel. 7. Auflage, Bielefeld 2017.

Becker, Albrecht/Küpper, Willi/Ortmann, Günther: Revisionen der Rationalität, in: Küpper, W./ Ortmann, G. (Hrsg.): Mikropolitik – Rationalität, Macht und Spiele in Organisationen. Opladen 1992, S. 89–113.

Beer, Stafford: Brain of the Firm. 2. Auflage, Chichester, UK, 1981.

Beer, Stafford: The Heart of the Enterprise, Chichester, UK, 1979.

Bergmann, Frithjof: Neue Arbeit, Neue Kultur, Freiburg, 2017.

Blake, Robert R./Shepard, H. A./Mouton, Jane S.: Managing Intergroup Conflict in Industry. Houston, TX, 1964.

Bohm, David: Wholeness and the Implicate Order. New York, NY, 1980.

Bower, Gordon H.: How Might Emotions Affect Learning?, in: Christianson, S.-A. (Hrsg.): Handbook of Emotion and Memory – Research and Theory. Hillsdale, NJ, 1992.

Bowers, Kenneth S./Meichenbaum, Donald: The Unconscious Reconsidered. New York, NY, 1984.

Brettel, Malte/Endres, John/Plag, Martin/Weber, Jürgen: Grundgedanken zu einer Theorie des Veränderungsmanagement, WHU-Forschungspapier Nr. 89/August, Valendar 2002.

Brewer, Marilynn B.: Ingroup Bias in the Minimal Intergroup-Situation: A Cognitive-Motivational Analysis, in: Psychological Bulletin, Vol. 86 (1979), S. 307–324.

Burns, James M.: Leadership. New York, NY, 1978.

Butollo, Willi: Die Angst ist eine Kraft. Komplett überarbeitete Neuauflage, München, 2015.

Chalmers, Alan F.: Wege der Wissenschaft – Einführung in die Wissenschaftstheorie. 2. Auflage, Berlin, Heidelberg, 1989.

Chu, Victor: Scham und Leidenschaft. Zürich 1994.

Chu, Victor: Vaterliebe. Stuttgart 2016.

Claparède, Édouard: Recognition and Me-ness«, in: Rapaport, D. (Hrsg.): Organization and Pathology of Thought, New York, NY, 1951, S. 58–75.

Coase, Ronald H.: The Nature of the Firm, in: Economia, New Series, 4. Jg. (1937), S. 386–405.

Cohen, Neal J.: Neuropsychological Evidence for a Distinction Between Procedural and Declarative Knowledge in Human Memory and Amnesia. San Diego, CA, 1980.

Csíkszentmihályi, Mihály: Finding Flow – The Psychology of Engagement with Everyday Life. New York, NY, 1998.

Csíkszentmihályi, Mihály: Das Flow-Erlebnis: Jenseits von Angst und Langeweile – im Tun aufgehen. 4. Auflage, Stuttgart 1992.

Cyert, Richard M./March, James G.: A Behavioral Theory of the Firm. Englewood Cliffs, NJ, 1963.

Dalai Lama: How to See Yourself As You Really Are. New York. NY,2006.

Damasio, Antonio R.: Descartes' Irrtum – Fühlen Denken und das menschliche Gehirn. 4. Auflage, Berlin 2006.

Damasio, Antonio R.: Ich fühle, also bin ich – Die Entschlüsselung des Bewusstseins. 2. Auflage., München 2002.

Damasio, Antonio R.: Selbst ist der Mensch – Körper, Geist und die Entstehung des menschlichen Bewusstseins. 2. Auflage, München 2013.

Damasio, Antonio R.: Der Spinoza-Effekt – Wie Gefühle unser Leben bestimmen. 8. Auflage, Berlin 2014.

Dewey, John: Wie wir denken. Zürich 1951.

Dolde, Ulrich: Wirtschaft und Liebe – Mit Management 2.0 zu höherer Produktivität. Bad Schönborn 2012.

Dovidio, John F./Gaertner, Samuel L./Kawakami, Kerry: Integroup Contact – The Past, Present, and Future, in: Group Processes & Intergroup Relations, Vol. 6 (2003), Nr. 1, S. 5–21.

Drucker, Peter F.: Management im 21. Jahrhundert. 4. Auflage, Berlin 2005.

Dürr, Hans-Peter: Es gibt keine Materie! Amerang 2012a.

Dürr, Hans-Peter: Geist, Kosmos und Physik – Gedanken über die Einheit des Lebens. 9. Auflage, Amerang 2016.

Dürr, Hans-Peter: Was unsere Welt im Innersten zusammenhält – Hans-Peter Dürr im Gespräch mit bedeutenden Vordenkern, Philosophen und Wissenschaftlern, von R. Ropers, München 2012b.

Eccles, John C.: Das Gehirn des Menschen – Das Abenteuer der modernen Hirnforschung. Weyarn 2000a.

Eccles, John C.: Gehirn und Seele – Erkenntnisse der Neurophysiologie. 3. Auflage, Berlin, Heidelberg, 1991b.

Eccles, John C.: Wie das Selbst sein Gehirn steuert. 3. Auflage, Berlin, Heidelberg, 2000b.

Eccles, John C./Robinson, Daniel N.: Das Wunder des Menschseins – Gehirn und Geist. 3. Auflage, München 1991a.

Eisenführ, Franz/Weber, Martin: Rationales Entscheiden. 2. Auflage, Berlin, Heidelberg, New York, 1994.

Eisenstein, Charles: Keine Forderung kann groß genug sein – Die Revolution der Liebe. Der Geist von Occupy. München 2012.

Fannin, Jeffrey L. / Williams, Robert M.: Neuroscience Reveals the Whole-Brain State and Its Applications for International Business and Success. The international Journal of Management and Business, Vol. 3 Issue 1, August 2012.

Felber, Christian: Die innere Stimme: Wie Spiritualität, Freiheit und Gemeinwohl zusammenhängen, Oberursel 2015.

Fernald, Russell D./White, S. A.: Social Control of Brains: From Behaviour to Genes, in: Gazzaniga, M.: The New Cognitive Neurosciences, 2. Auflage, Cambridge, UK, 2000, S. 1193–1208.

Festinger, Leon: The Human Legacy, New York, NY, 1983.

Festinger, Leon: A Theory of Cognitive Dissonance, Stanford, CA, 1957.

Fischer, Lorenz/Wiswede, Günter: Grundlagen der Sozialpsychologie. Oldenburg 1997.

Fleming, John H./Asplund, Jim: Human Sigma – Managing the Employee-Customer Encounter. New York, NY, 2007.

Foerster, Heinz von: Cybernetics of Cybernetics, 2. Auflage. Ed., San Jose, CA, 1986.

Frambach, Ludwig: Identität und Befreiung in Gestalttherapie, Zen und christlicher Spiritualität. Petersberg 1993.

Frank, Robert H.: Passions Within Reason – The Strategic Role of the Emotions, New York, NY, 1988.

Franke, Joachim/Kühlmann, Thorsten M.: Psychologie für Wirtschaftswissenschaftler. Landsberg/Lech 1990.

Frankl, Viktor E.: ... trotzdem Ja zum Leben sagen – Ein Psychologe erlebt das Konzentrationslager. München 2018.

Frese, Erich: Grundlagen der Organisation. 4. Auflage, Wiesbaden 1991.

Fredrickson, Barbara L.: Die Macht der Liebe – Ein neuer Blick auf das größte Gefühl. Frankfurt am Main 2013.

Freud, Sigmund: Jenseits des Lustprinzips – Massenpsychologie und Ich-Analyse – Das Ich und das Es. Gesammelte Werke, Bd. 13, Frankfurt am Main 1940.

Friedländer, Salomo: Schöpferische Indifferenz. München 1918.

Friedman, Meyer/Roseman, Ray H.: Type A Behaviour and Your Heart. New York, NY, 1974.

Fromm, Erich: Die Furcht vor der Freiheit. 22. Auflage, München 2018.

Fromm, Erich: Die Kunst des Liebens. 15. Auflage, München 2017.

Fromm, Erich: The Sane Society. Audible Hörbuch, Newark, NJ, 2014.

Gaertner, S. L. et. al.: How Does Cooperation Reduce Intergroup Bias?, in: Journal of Personality and Social Psychology, Vol. 59 (1990), S. 692–704.

Gaertner, S. L. et. al.: The contact hypothesis: The role of common ingroup identity on reducing intergroup bias, in: Small Group Research, Vol. 25 (1994), S. 224–249.

Gamper, Karl: So schön kann Wirtschaft sein. Bielefeld 2005.

Gazzaniga, Michael S.: Mind Matters: How Mind and Brain Interact to Create Our Conscious Lives. Boston, MA, 1988.

Gazzaniga, Michael S.: The Mind's Past. Berkeley, CA, 1998.

Gazzaniga, Michael S.: The Social Brain. Berkeley, CA, 1985.

Gazzaniga, Michael S./LeDoux, Joseph: Neuropsychologische Integration kognitiver Prozesse. Stuttgart 1983.

Gebert, Diether: Organisationsentwicklung. Stuttgart 1974.

Gebert, Diether/Rosenstiel, Lutz von: Organisationspsychologie – Person und Organisation. Stuttgart 1981.

Germer, Christopher: Der achtsame Weg zum Selbstmitgefühl – Wie man sich von destruktiven Gedanken und Gefühlen befreit. 2. Auflage, Freiburg 2017.

Gibran, Khalil, Der Prophet. Düsseldorf und Zürich 1973.

Gilligan, Stephen G./Bower, Gordon H.: Cognitive Consequences of Emotional Arousal, in: Izard, C. E./Kagan, J./Zajonc (Hrsg.): Emotions, Cognitions, and Behaviour. Cambridge, UK, 1984, S. 547–588.

Gloger, Boris/Rösner, Dieter: Selbstorganisation braucht Führung – Die einfachen Geheimnisse agilen Managements. München 2014.

Gollnik, R.: Gestaltungsprinzipien ganzheitlicher Gruppenarbeit, in: Personalführung, o. Jg. (1993) Nr. 2, S. 92–115.

Görnitz, Thomas/Görnitz, Brigitte: Von der Quantenphysik zum Bewusstsein – Kosmos, Geist und Materie. Berlin/Heidelberg 2016.

Grammer, Karl: Signale der Liebe – Die biologischen Gesetze der Partnerschaft. 5. Auflage, München 2002.Greif, Siegfried/Kurtz, Hans J. (Hrsg.): Handbuch selbstorganisiertes Lernen. Göttingen 1998.

Griffith, Jon: Why change management fails, in: Journal of Change Management, Vol. 2 (2002) Nr. 4, S. 297–304.

Grün, Anselm/ Hüther, Gerald/ Hosang, Maik: Liebe ist die einzige Revolution – Drei Impulse für Ko-Kreativität und Potenzialentfaltung. Freiburg 2017.

Gutenberg, Erich: Grundlagen der Betriebswirtschaftslehre – Band 1: Die Produktion. 24. Auflage, Berlin, Heidelberg, New York, 1983.

Gutenberg, Erich: Rückblicke, in: Albach, H. (Hrsg.): Zur Theorie der Unternehmung – Schriften und Reden von Erich Gutenberg; aus dem Nachlass, Berlin 1989, S. 1–109.

Gutenberg, Erich: Unternehmensführung – Organisation und Entscheidung. Wiesbaden 1962.

Gutenberg, Erich: Die Unternehmung als Gegenstand betrieblicher Theorie. Berlin 1929.

Habermas, Jürgen: Theorie des kommunikativen Handelns – Band 1: Handlungsrationalität und gesellschaftliche Rationalisierung. 3. Auflage, Frankfurt am Main 1999a.

Habermas, Jürgen: Theorie des kommunikativen Handelns – Band 2: Kritik der funktionalistischen Vernunft. 3. Auflage, Frankfurt am Main 1999b.

Habermas, Jürgen: Vorstudien und Ergänzungen zur Theorie des kommunikativen Handelns. Frankfurt am Main 1984.

Hacker, Winfried: Allgemeine Arbeitspsychologie – Psychische Regulation von Arbeitstätigkeiten. Bern 1998.

Haich, Elisabeth: Yoga und Sex. Ulm 2007.

Hamel, Gary/Prahalad, C.K.: Wettlauf um die Zukunft – Wie Sie mit bahnbrechenden Strategien die Kontrolle über Ihre Branche gewinnen und die Märkte von morgen schaffen. Wien 1995.

Hammer, Michael/Champy, James: Business Reengineering – Die Radikalkur für das Unternehmen. Frankfurt am Main 1994.

Harari, Yuval Noah: 21. Lektionen für das 21. Jahrhundert. München 2018.

Harari, Yuval Noah: Homo Deus – Eine Geschichte von Morgen. München 2017.

Harris, Russ: Wer dem Glück hinterherrennt, läuft daran vorbei. Ein Umdenkbuch. 8. Auflage, München 2013.

Hawking, Stephen/Mlodinow, Leonard: Der Große Entwurf – Eine neue Erklärung des Universums. Reinbek 2011.

Hayek, Friedrich A. von: Die Anmaßung von Wissen. Tübingen 1996.

Hayek, Friedrich A. von: Arten der Ordnung, in: Hayek, F. A. (Hrsg.) Freiburger Studien, Tübingen 1969a, S. 32–46.

Hayek, Friedrich A. von: Bemerkungen über die Entwicklung von Systemen von Verhaltensregeln, in: Hayek, F.A. (Hrsg.) Freiburger Studien, Tübingen 1969b, S. 144–160.

Hayek, Friedrich A. von: Individualismus und gesellschaftliche Ordnung. 2. Auflage, Tübingen 1976.

Hayek, Friedrich A. von: New Studies in Philosophy, Politics, Economics and the History of Ideas. London, UK, 1990.

Heckhausen, Jutta und Heinz (Hrsg.): Motivation und Handeln. Berlin, Heidelberg, New York, 1980.

Heinen, Edmund: Einführung in die Betriebswirtschaftslehre. Wiesbaden 1968.

Heintel, Peter/Krainz, Ewald E. : Projektmanagement – Eine Antwort auf die Hierarchiekrise? Wiesbaden 1988.

Hejl, Peter M.: Selbstorganisation und Emergenz in sozialen Systemen, in: Krohn, W./Küppers, G. (Hrsg): Emergenz: die Entstehung von Ordnung, Organisation und Bedeutung. Frankfurt am Main 1992, S. 269–292.

Henry, Richard Conn: The mental Universe. Nature, Bd. 436, Nr. 7047 vom 7. Juli 2005.

Herzberg, Frederick: Work and the Nature of Man. New York, NY, 1966.

Herzberg, Frederick/Mausner, Bernard/Snyderman, Barbara B.: The Motivation to Work. New York, NY, 1959.

Hesse, Hermann: Siddhartha – Eine indische Dichtung. Frankfurt am Main 2012.

Hinterberger, Friedrich/Hüther, Michael: Von Smith bis Hayek und zurück – Eine kleine Geschichte der Selbstorganisationsidee in der Nationalökonomie, in: Jahrbuch für Nationalökonomie und Statistik, Bd. 211 (1993), S. 2218–238.

Höfner, E. Noni: Glauben Sie ja nicht, wer Sie sind! Grundlagen und Fallbeispiele des Provokativen Stils. Heidelberg 2016.

Höhn, Reinhard: Die innere Kündigung im Unternehmen – Ursachen, Folgen, Gegenmaßnahmen. Bad Harzburg 1983.

Holland, John H.: Induction – Processes of Inference, Learning, and Discovery. New York, NY, 1987.

Hume, David: An Enquiry Concerning Human Understanding. Oxford, UK 2008 (Erstveröffentlichung im Jahr 1750).

Hüther, Gerald/Hosang, Maik: Die Liebe ist ein Kind der Freiheit – Die Freiheit ist ein Kind der Liebe: Eine Naturgeschichte unserer menschlichsten Sehnsüchte. Freiburg 2016.

Izard, Caroll E.: Die Emotionen des Menschen – Eine Einführung in die Grundlagen der Emotionspsychologie. 3. Auflage, Weinheim 1994.

James, William: What is an Emotion?, in: Mind, Vol. 9 (1884), S. 188–205.

Jampolsky, Gerald: Was heilt ist die Liebe. Schritte zum inneren Frieden, München 2001

Johnson, Stephen M: Der narzisstische Persönlichkeitsstil – Integratives Modell und therapeutische Praxis. 5. Auflage, Bergisch Gladbach 2005.

Jost, Peter-J.: Organisation und Motivation – eine ökonomisch-psychologische Einführung, Wiesbaden 2000.

Kabat-Zinn, Jon: Achtsamkeit für Anfänger. Freiburg 2013.

Kahneman, Daniel: Schnelles Denken, langsames Denken. München 2012.

Kahneman, Daniel/Lovallo, Dan: Timid Choices and Bold Forecasts – A Cognitive Perspective of Risk Taking, in: Management Science, Vol. 39 (1993) Nr. 1, S. 17–31.

Kahneman, Daniel/Slovic, Paul/Tversky, Amos (Hrsg.): Judgement under Uncertainty: Heuristics and Biases, Cambridge, UK, 1982.

Kallayil, Gopi: The Internet to the Inner-Net – Five Ways to Reset Your Connection and Live a Conscious Life. New York, NY, 2015.

Kanning, Uwe Peter/Fricke, Phillip: Führungserfahrung: Wie nützlich ist sie wirklich? Eine Studie liefert überraschende Ergebnisse, in ›Personalführung‹, Heft 1/2013, S. 48-53.

Kanter, Rosabeth M.: The Change Masters – Innovation and Entrepreneurship in the American Corporation. New York, NY, 1983.

Katzenbach, Jon R./Smith, Douglas K.: Teams – der Schlüssel zur Hochleistungsorganisation. Wien 1993.

Keller, A.: Die Rolle der Unternehmenskultur im Rahmen der Differenzierung und Integration der Unternehmen. Bern und Stuttgart 1990,

Keller, Scott/Price, Collin: Beyond Performance – How Great Organisations Build Ultimate Competitive Advantage. Hoboken, NJ, 2011.

Keynes, John M.: Essays in Persuasion. New York, NY, 2012.

Kiefer, Claus: Der Quantenkosmos: Von der zeitlosen Welt zum expandierenden Universum. Frankfurt 2008.

Kieser, Alfred: Darwin und die Folgen für die Organisationstheorie: Darstellung und Kritik des Population Ecology-Ansatzes, in: Die Betriebswirtschaft, 58. Jg. (1998) Nr. 5, S. 603–620.

Kieser, Alfred: Organisationstheorien. 4. Auflage, Stuttgart 2001.

Kieser, Alfred: Selbstorganisation und evolutionäres Management, in: Zeitschrift für betriebswirtschaftliche Forschung, 46. Jg. (1994), Nr. 3, S. 199–228.

Kieser, Alfred/Kubicek, Herbert: Organisation. 3. Auflage, Berlin 1992.

Kihlstrom, John F.: The Cognitive Unconscious, in: Science 237 (1987), S. 1445–1452.

Kirchgässner, Gebhard: Homo oeconomicus. Tübingen 1991.

Kirsch, Werner: Einführung in die Theorie der Entscheidungsprozesse. Wiesbaden 1977.

Kirsch, Werner: Kommunikatives Handeln, Autopoesie, Rationalität – Sondierung zu einer evolutionären Führungslehre. 2. Auflage, München 1997.

Koch, Axel: Change mich am Arsch – Wie Unternehmen ihre Mitarbeiter und sich selbst kaputtverändern. Berlin 2017.

Kornfield, Jack: Wahre Freiheit – Der buddhistische Weg, in jedem Augenblick glücklich und geborgen zu sein. München2018.

Kornfield, Jack: Das weise Herz – Die universellen Prinzipien buddhistischer Psychologie. München 2008.

Koromzay, Tibor: Management und die Liebe – Plädoyer für eine humanistisch geprägte Führung. Berlin/Heidelberg 2016.

Kotter, John P.: Leading Change – Why Transformation Efforts Fail, in: Harvard Business Review, Vol. 73 (1995) Nr. 2, S. 59–67.

Kotter, John P.: Leading Change, Boston, MA, 1996.

Krishnamurti, Jiddu: Can There Be Complete Freedom From Thought. Six Public Meetings. Brockwood Park, UK, 1972, Audible Hörbuch, 2016.

Krishnamurti, Jiddu: Krishnamurti's Notebook. Ojai, CA, 2004.

Kreiß, Christian: Gekaufte Forschung – Wissenschaft im Dienst der Konzerne. München und Berlin 2015.

Kreiß, Christian: Werbung –Nein Danke. Warum wir ohne Werbung viel besser leben könnten. München 2016.

Krohn, Wolfgang/Küppers, Günther (Hrsg.): Emergenz – Die Entstehung von Ordnung, Organisation und Bedeutung. Frankfurt am Main 1992.

Krystall, Phyllis: Liebesenergie freisetzen – Hören Sie auf Ihr Herz. Berlin 2004.

Kühl, Stefan: Wenn die Affen den Zoo regieren – Die Tücken der flachen Hierarchien. Frankfurt am Main 1994.

Küstenmacher, Marion: Integrales Christentum – Einübung in eine neue spirituelle Intelligenz. München 2018.

Kuhn, Thomas S.: Die Struktur wissenschaftlicher Revolution. 12. Auflage, Frankfurt am Main, 1993.

Kurzweil, Ray: Menschheit 2.0 – Die Singularität naht. 2. Auflage, Berlin 2014.

Laloux, Frederic: Reinventing Organisations – Ein Leitfaden zur Gestaltung sinnstiftender Formen der Zusammenarbeit. München 2015.

Langer, Christian: Ordnungsparameter im handlungsorientierten Führungsmodell – Eine simulationsgestützte Betrachtung. Wiesbaden 2002.

Lauster, Peter: Die Liebe – Psychologie eines Phänomens. 44. Auflage, Reinbek 2016.

Lazarus, Richard S.: Cognition and Motivation in Emotion, in: American Psychologist, Vol. 39 (1991), S. 124–129.

Lazarus, Richard S. (1999): Stress and Emotion - A New Synthesis. New York, NY, 1999.

LeDoux, Joseph: Emotion, Memory and the Brain, in: Scientific American 270. 1994, S. 32–39.

LeDoux, Joseph: Das Netz der Gefühle – Wie Emotionen entstehen München 2001.

Lenk, H.: Handlung(stheorie), in: Seiffert, H./Radnitzky, G. (Hrsg.), Handlexikon der Wissenschaftstheorie. München 1994, S. 119–127.

Leontjew, Aleksej N.: Tätigkeit, Bewußtsein, Persönlichkeit. Berlin 1979.

Levine, Peter A.: Sprache ohne Worte. Wie unser Körper Trauma verarbeitet und uns in die innere Balance zurückführt, München 2001

Lewis, Thomas/Amin, Fari/Lannon, Richard: A General Theory of Love. New York, NY, 2000.

Lieben, Christl: Die Liebe kommt aus dem Nichts – Wenn sie uns berührt, nehmen wir Gestalt an. München 2014.

Lipton, Bruce H.: Der Honeymoon Effekt. Liebe geht durch die Zellen. Burgrain 2013

Luhmann, Niklas: Autopoiesis als soziologischer Begriff, in: Haferkamp, H./ Schmid, M. (Hrsg.): Sinn, Kommunikation und soziale Differenzierung. Frankfurt am Main 1987, S. 307–324.

Luhmann, Niklas: Das Erkenntnisprogramm des Konstruktivismus und die unbekannt bleibende Realität, in: Luhmann, N. (Hrsg.): Soziologische Aufklärung 5 – Konstruktivistische Perspektiven. Opladen 1990.

Luhmann, Niklas: Liebe – Eine Übung. 5. Auflage, Frankfurt am Main 2016.

Luhmann, Niklas: Liebe als Passion – Zur Codierung von Intimität. 13. Auflage, Frankfurt am Main 2015.

Luhmann, Niklas: Organisation, in: Küpper, W./Ortmann, G. (Hrsg.): Mikropolitik – Rationalität, Macht und Spiele in Organisationen. Opladen 1992, S. 165–185.

Luhmann, Niklas: Soziale Systeme – Grundriss einer allgemeinen Theorie. Frankfurt am Main 1984a.

Luhmann, Niklas: Soziologische Aspekte des Entscheidungsverhaltens, in: Die Betriebswirtschaft, 44. Jg. (1984b) Nr. 4, S. 591–603.

Luhmann, Niklas: Vertrauen – Ein Mechanismus zur Reduktion sozialer Komplexität. 2. Auflage, Stuttgart 1973.

Malik, Fredmund: Anforderung an die Unternehmensführung, in: Siegwart, H./ Neugebauer, G. (Hrsg.): Mega-Fusionen. Bern 1999, S. 249–264.

Malik, F. (2011): Führen Leisten Leben. Wirksames Management für eine neue Welt. Audible Hörbuch, 2011

Malik, Fredmund: Strategie des Managements komplexer Systeme – Ein Beitrag zur Management-Kybernetik evolutionärer Systeme. 4. Auflage, Bern 1992.

Malik, Fredmund: Systemisches Management, Evolution, Selbstorganisation – Grundprobleme, Funktionsmechanismen und Lösungsansätze für komplexe Systeme. Bern 1993.

Malik, Fredmund/Probst, G.: Evolutionäres Management, in: Die Unternehmung, 36. Jg. (1981) Nr. 2, S. 121–140.
March, James G.: Entscheidung und Organisation – Kritische und Konstruktive Beiträge, Entwicklungen und Perspektiven. Wiesbaden 1990.
March, James G./Simon, Herbert A.: Organizations. New York, NY, 1958.
March, James G./Sproull, L. S./Tarnuz, M.: Learning from Samples of One or Fewer, in: Organization Science, Vol. 2 (1991), S. 1–13.
Maslow, Abraham H.: Motivation and Persönlichkeit. Reinbek 1981.
Maturana, Humberto R. (1985c): Biologie der Kognition, in: Maturana, H. R. (Hrsg.): Erkennen – Die Organisation und Verkörperung von Wirklichkeit. Braunschweig 1985.
Maturana, Humberto R. (1985a): Biologie der Sprache: Epistemologie der Realität, in: Maturana, H. R. (Hrsg.): Erkennen – Die Organisation und Verkörperung der Wirklichkeit. Braunschweig 1985.
Maturana, Humberto R. (1985b): Die Organisation des Lebendigen: eine Theorie der lebendigen Organisation, in: Maturana, H. R. (Hrsg.): Erkennen – Die Organisation und Verkörperung von Wirklichkeit. Braunschweig 1985.
Maturana, Humberto R.: Was ist erkennen? Mit einem Essay zur Einführung von Rudolf zur Lippe, München 2001.
Maturana, Humberto R. /Pörksen, Bernhard (2002): Vom Sein zum Tun – Die Ursprünge der Biologie des Erkennens. Heidelberg 2002.
Maturana, Humberto R. /Varela, Francisco J.: Der Baum der Erkenntnis – Die biologischen Wurzeln menschlichen Erkennens. München 1987.
Maturana, Humberto R./Verden-Zöllner, Gerda: The Origin of Humanness in the Biology of Love. Exeter, UK, 2008.
Maxton, Graeme (2018): Change! Warum wir einen radikale Wende brauchen. München/Grünwald, 2018.
McChrystal, Stanley mit Tantum Collins, Chris Fussell und David Silvermann: Team of Teams – New Rules of Engagement for a Complex World. NewYork, NY, 2015.
McTaggart, Lynne: Das Nullpunkt-Feld – Auf der Suche nach der kosmischen Ur-Energie, München 2007.
Mees, Ulrich: Die Struktur der Emotionen, Göttingen, Toronto, Zürich, 1991
Meister Eckhart: Vom Adel der menschlichen Seele. Köln 2014.
Merath, Stefan: Die Kunst, seine Kunden zu lieben – Neurostrategie® für Unternehmer. Offenbach 2011.
Metzinger, Thomas: Der Ego-Tunnel – Eine neue Philosophie des Selbst: Von der Hirnforschung zur Bewusstseinsethik. München, 2014.
Miller, D./Friesen, P.: Organizations – A Quantum View. Englewood Cliffs, NJ, 1984.
Mintzberg, Henry: Planning on the Left Side and Managing on the Right, in: Harvard Business Review, Vol. 54 (1976), S. 49–59.
Nidiaye, Safi: Liebe ist mehr als ein Gefühl – Partnerschaft, Sexualität, Spiritualität. Berlin 2004.

Nidiaye, Safi: Neues Wissen, neues Denken, für eine bessere Zukunft. München 1995.

Ornstein, Robert E.: Multimind – Ein neues Modell des menschlichen Geistes. Paderborn 1989.

Ornstein, Robert E.: The Psychology of Consciousness. 2. Auflage, New York, NY, 1986.

Panikkar, Raimon/Dürr, Hans-Peter: Liebe – Urquelle des Kosmos: Zwei Wissende und Weise im Gespräch über Religion und Naturwissenschaft. Berlin 2017.

Panse, Winfried/Stegmann, Wolfgang: Angst – Macht – Erfolg: Erkennen Sie die Macht der konstruktiven Angst. München 2004.

Panse, Winfried/Stegmann, Wolfgang: Kostenfaktor Angst. 3. Auflage, Landsberg 1998.

Pavlov, Ivan P.: Conditioned Reflexes. New York, NY, 1927.

Penrose, Edith: The Theory of the Growth of the Firm. New York, NY, 1959.

Peters, Thomas J./Waterman, Robert H.: In Search for Excellence – Lessons from America's Best-Run Companies. New York, NY, 1982.

Perls, Fritz: Das Ich, der Hunger und die Aggression, Stuttgart 1978.

Piaget, Jean: Psychologie der Intelligenz. 3. Auflage, Stuttgart 1992.

Pinker, Steven: How the Mind Works, New York, NY, 1997.

Porter, Michael E.: Wettbewerbsvorteile. Frankfurt am Main 1986.

Post, Stephen G.: Is Ultimate Reality Unlimited Love? West Conshohoken, PA, 2014.

Prahalad, C. K./Hamel, G.: The Core Competence of the Cooperation, in: Harvard Business Review, Vol. 68 (1990) Nr. 3, S. 79–91.

Probst, Gilbert J. B.: Selbst-Organisation – Ordnungsprozesse in sozialen Systemen aus ganzheitlicher Sicht. Berlin 1987.

Probst, Gilbert J./Büchel, Bettina S.: Organisationales Lernen. 2. Auflage, Wiesbaden 1998.

Raworth, Kate: Die Donut-Ökonomie – Endlich ein Wirtschaftsmodell, das den Planeten nicht zerstört. München 2018.

Riedl, Rupert: Die Folgen des Ursachendenkens, in: Watzlawick, P. (Hrsg.): Die erfundene Wirklichkeit. München 2002, S. 67–90.

Riegas, Volker: Das Nervensystem – offenes oder geschlossenes System?, in: Riegas, V./Vetter, C. (Hrsg.): Zur Biologie der Kognition. Frankfurt am Main 1990, S. 129–337.

Riegas, Volker/Vetter, Christian: Gespräch mit Humberto R. Maturana, in: Riegas, V./Vetter, C. (Hrsg.): Zur Biologie der Kognition. Frankfurt am Main 1990, S. 11–90.

Riemann, Fritz: Die Fähigkeit zu lieben. 13. Auflage, München 2017a.

Riemann, Fritz: Grundformen der Angst. 40. Auflage, München 2017b.

Rifkin, Jeremy: Die Null-Grenzkosten-Gesellschaft – Das Internet der Dinge, kollaboratives Gemeingut und der Rückzug des Kapitalismus. Frankfurt am Main 2016.

Rosenstiel, Lutz von/Molt, Walter/Rüttinger, Bruno: Organisationspsychologie. 6. Auflage, Stuttgart 1986.

Roth, Gerhard: Autopoesie und Kognition: Die Theorie H. R. Maturanas und die Notwendigkeit ihrer Weiterentwicklung, in: Schmidt, S. (Hrsg): Der Diskurs des radikalen Konstruktivismus, Frankfurt am Main 1987, S. 256–286.

Rusch, Gebhard/Schmidt, Siegfried J.: Piaget und der radikale Konstruktivismus. Frankfurt am Main 1995.

Rüttinger, Bruno/Sauer, Jürgen: Konflikt und Konfliktlösen. Leonberg 2000.

Salzberg, Sharon: Metta Meditation – Buddhas revolutionärer Weg zum Glück. 6. Auflage, Frankfurt am Main 2016.

Sandner, Karl: Politische Prozesse in Unternehmen. 2. Auflage, Heidelberg 1992.

Schache, Rüdiger: Ein Kurs in Gegenwärtigkeit und Liebe. Audible Hörbuch 2014.

Schachter, Stanley/Singer, Jerome E.: Cognitive, Social, and Psychological Determinants of Emotional State, in: Psychological Review, Vol. 69 (1962), S. 379–399.

Schacter, Daniel L.: Wir sind Erinnerung – Gedächtnis und Persönlichkeit. Reinbek 2001.

Schnädelbach, Herbert: Über Rationalität und Begründung, in: Forum für Philosophie Bad Homburg: Philosophie und Begründung, Frankfurt am Main 1987, S. 67–83.

Schäffer, Utz: Controlling für selbstabstimmende Gruppen? Wiesbaden 1996.

Schäffer, Utz: Kontrolle als Lernprozess. Wiesbaden 2001.

Scharmer, Otto/Käufer, Karin: Von der Zukunft her führen – Theorie U in der Praxis. 2. Auflage, Heidelberg 2017.

Schattenhofer, Karl: Selbstorganisation und Gruppen – Entwicklungs- und Steuerungsprozesse in Gruppen. Opladen 1992.

Schierenbeck, Henner: Grundzüge der Betriebswirtschaftslehre. 17. Auflage, München 1993.

Schmid, Wilhelm: Liebe – Warum sie so schwierig ist und wie sie dennoch gelingt. Berlin 2011.

Schmid, Wilhelm: Die Liebe atmen lassen – Von der Lebenskunst im Umgang mit Anderen. 2. Auflage, Berlin 2015.

Schreyögg, Georg/Noss, Christian: Hat sich das Organisieren überlebt? Grundlagen der Unternehmenssteuerung im neuen Licht, in: Die Unternehmung, 48. Jg. (1994) Nr. 1, S. 17–33.

Schreyögg, Georg/Noss, Christian: Organisatorischer Wandel – Von der Organisationsentwicklung zur lernenden Organisation, in: Die Betriebswirtschaft, 53. Jg. (1995) Nr. 2, S. 169–185.

Schrödinger, Erwin: Was ist Leben? Die lebende Zelle mit den Augen des Physikers betrachtet. München 1989.

Schucman, Helen: A Course in Miracles. West Sedona, AZ, 2017.

Schwarz, Gerhard: Konfliktmanagement – Sechs Grundmodelle der Konfliktlösung. 2. Auflage, Wiesbaden 1995.

Schwegler, H.: Systemtheorie als Weg zur Vereinheitlichung der Wissenschaften?, in: Krohn, W./Küppers, G. (Hrsg): Emergenz – die Entstehung von Ordnung, Organisation und Bedeutung. Frankfurt am Main 1992, S. 27–56.

Schweitzer, Frank: Self-Organization of Complex Structures. Amsterdam 1997.
Sheldrake, Rupert: Gedächtnis der Natur – Das Geheimnis der Entstehung der Formen. 2. Auflage, Frankfurt am Main 2016.
Sheldrake, Rupert: Science Set Free – 10 Paths to New Discovery. New York, NY, 2012.
Sheldrake, Rupert: Der siebte Sinn des Menschen – Gedankenübertragung, Vorahnungen und andere unerklärliche Fähigkeiten. Frankfurt am Main 2006.
Simon, Fritz B.: Die Kunst, nicht zu lernen – Und andere Paradoxien in Psychotherapie, Management, Politik... 3. Auflage, Heidelberg 2002.
Simon, Fritz B.: Meine Psychose, mein Fahrrad und ich – Zur Selbstorganisation der Verrücktheit. 8. Auflage, Heidelberg 2000.
Simon, Fritz B.: Unterschiede, die Unterschiede machen – Klinische Epistemologie: Grundlagen einer systemischen Psychiatrie und Psychosomatik. Frankfurt am Main 1993.
Simon, Herbert A.: Bounded Rationality and Organizational Learning, in: Organization Science, Vol. 2 (1991) Nr. 1, S. 125–135.
Singer, Tania/Ricard, Matthieu: Mitgefühl in der Wirtschaft – Ein bahnbrechender Forschungsbericht. München 2015.
Skirbekk, Gunnar/Gilje, Nils: A History of Western Thought – From Ancient Greece to the Twentieth Century. London 2001.
Smith, Adam: An Inquiry into the Nature and Causes of the Wealth of Nations. New York and Toronto 1991 (erstmals erschienen 1776).
Sorokin, Pitirim A.: The Ways and Power of Love – Types, Factors, and Techniques of Moral Transformation. With an introduction by Stephen G. Post, Radnor, PA, 2002.
Sperry, Roger W.: A Modified Concept of Consciousness, in: Psychological Review, Vol. 76 (1969), S. 532–536.
Sprenger, Reinhard K.: Radikal digital: Weil der Mensch den Unterschied macht – 111 Führungsrezepte. München 2018.
Sri Yukteswar: The Holy Science. Los Angeles, CA, 1993.
Staehle, Wolfgang H.: Management – eine verhaltenswissenschaftliche Perspektive. 7. Auflage, München 1999.
Storch, Maja –: Das Geheimnis kluger Entscheidungen – Von Bauchgefühl und Körpersignalen. München 2011.
Tan, Chade-Meng: Search inside yourself – Optimiere dein Leben durch Achtsamkeit. 4. Auflage, München 2015.
Tapscott, Don/Williams, Anthony D.: Die Blockchain-Revolution – Wie die Technologie hinter Bitcoin nicht nur das Finanzsystem, sondern die ganze Welt verändert. Kulmbach 2016.
Tapscott, Don/Williams, Anthony D.: Wikinomics – Revolution im Netz. München 2007.
Taylor, Jill B.: Mit einem Schlag. Wie eine Hirnforscherin durch ihren Schlaganfall neue Dimensionen des Bewusstseins entdeckt, München 2010.

Taylor, Frederick W.: Die Grundsätze wissenschaftlicher Betriebsführung, München 1913.
Thich Nhat Hanh: Mit dem Herzen verstehen, Hamburg 2017.
Tolle, Eckhart: Jetzt! Die Kraft der Gegenwart. Bielefeld 2015.
Ulrich, Hans: Unternehmenskultur, in: Wittmann, W. et.al. (Hrsg.): Handwörterbuch der Betriebswirtschaftslehre. 3. Band, 5. Auflage, Stuttgart, 1993, S. 4351–4366.
Ulrich, Hans/Probst, Gilbert J.: Anleitung zum ganzheitlichen Denken und Handeln. 3. Auflage, Bern und Stuttgart 1991.
Ulrich, Hans/Probst, Gilbert J. (Hrsg.): Self-Organization and Management of Social Systems. Insights, Promises, Doubts, and Questions. Berlin und Heidelberg 1984.
Ulrich, Peter/Fluri, Edgar: Management – Eine konzentrierte Einführung. 6. Auflage, Bern und Stuttgart, 1992.
Vollmer, Lars: Zurück an die Arbeit! Wie aus Business-Theatern wieder echte Unternehmen werden. Wien 2016.
Vroom, Victor H.: Work and Motivation. New York, NY, 1964.
Walach, Harald: Spiritualität – Warum wir die Aufklärung weiterführen müssen. 2. Auflage, Klein Jasedow, 2015.
Watzlawick, Paul (2002): Wirkung oder Ursache, in: Watzlawick, P. [Hrsg.]: Die erfundene Wirklichkeit. München, 2002.
Weber, Jürgen: Einführung in das Controlling. 9. Auflage, Stuttgart 2002.
Weber, Jürgen et. al.: Grundgedanken zur Entwicklung einer Theorie der Unternehmensführung. WHU-Forschungspapier Nr. 30, Vallendar 1995.
Weber, Jürgen/Schäffer, Utz: Controlling durch die Nutzung des fruchtbaren Spannungsverhältnisses von Reflexion und Intuition, in: Weber, J./Schäffer, U. (Hrsg.): Rationalitätssicherung der Führung. Wiesbaden 2001b, S. 77–94.
Weber, Jürgen/Schäffer, Utz: Sicherstellung der Rationalität von Führung als Funktion des Controlling, in: Weber, J./Schäffer, U. (Hrsg.): Rationalitätssicherung der Führung. Wiesbaden, 2001a, S. 25–45.
Weber, Max: Soziologische Grundbegriffe. Tübingen 1973.
Weber, Max: Wirtschaft und Gesellschaft – Grundriss der verstehenden Soziologie. 5. Auflage, Tübingen 1980.
Weber, Renée: Alles Leben ist eins – Die Begegnung von Quantenphysik und Mystik. Amerang 2012.
Wilber, Ken: Halbzeit der Evolution – Der Mensch auf dem Weg vom animalischen zum kosmischen Bewusstsein, Frankfurt am Main 2009.
Wilber, Ken: Spektrum des Bewusstseins. Bern, München, Wien 1987.
Williamson, Marianne: Rückkehr zur Liebe – Harmonie, Lebenssinn und Glück durch »Ein Kurs in Wundern«. 3. Auflage, München 2016.
Wright, Robert: The Moral Animal –Why We Are, the Way We Are: The New Science of Evolutionary Psychology. New York, NY, 1995.
Wright, Robert: Nonzero – The Logic of Human Destiny. New York, NY, 1999.
Yalom, Irvin D.: Die Liebe und ihr Henker. 5. Auflage, München 2013.

ANMERKUNGEN

1 Vgl. Keller/Price (2011), S. xviiif.
2 ledergerber-partner.ch/2017/03/01/unternehmensstrategie-warum-strategien-scheitern/ (Stand: 04.02.2019).
3 Gefunden in: SECHS FRAGEN AN: ROBERT KAPLAN: »Viele kennen die Strategie nicht mal«, www.handelsblatt.com vom 09.02.2007.
4 Vgl. Harvard/Oxford Studie mit 2200 Großprojekten, 2015.
5 MERGERS & AKQUISITIONS – WARUM SIE SO OFT SCHEITERN MÜSSEN von Johanna Joppe, www.handelsblatt.com vom 18.11.2001.
6 Vgl. Trendstudie 2014: Was macht Unternehmen innovativ und erfolgreich?; www.topjob.de/projekt/trendstudien/index.html (Stand: 11.03.2019)
7 www.wiwo.de/erfolg/beruf/gallup-studie-fuehrungskraefte-sind-der-wahre-produktivitaetskiller/19552634.html (Stand: 04.02.2019).
8 Vgl. »Global Risk Report« der Eurasia Group von 2018 bzw. den »Risikobericht« des Weltwirtschaftsforums von 2018.
9 Maxton (2018)
10 Der Umsatz der Consultingbranche ist 2017 um 8,5 Prozent auf insgesamt 31,5 Milliarden Euro gestiegen. Auch die Prognose für 2018 liegt bei + 8,4 Prozent. gefunden auf www.bdu.de/newsletter/ ausgabe-22018/facts-figures-zum-beratermarkt-consultants-weiter-im-hoehenflug/ (Stand: 04.02.2019).
11 Siehe Handelsblatt vom 22. Juli 2015.
12 Vgl. auch Walach (2015), S. 8.
13 Fromm (2017), S. 150f.
14 Vgl. T. S. Kuhn (1993)
15 Vgl. »Gefährliche Innovation?«, www.faz.net vom 04.09.2017 sowie auch in Kurzweil (2014) und Harari (2017).
16 Sorokin (2002), S. 486. Diese und alle folgenden deutschsprachigen Zitate aus dem Buch von P. A. Sorokin: »The Ways and Power of Love« wurden vom Autor aus dem Englischen ins Deutsche übersetzt.
17 Vgl. Koromzay (2016) sowie Dolde (2012)

18 Sorokin (2002), S. xxvi.
19 Vgl. beispielsweise Hüther/Hosang (2016)
20 Vgl. Sheldrake (2012) und Walach (2015)
21 Kurzweil (2012)
22 Vgl. Küstenmacher (2018), S. 165.
23 Vgl. Haich (2007), S. 48ff.
24 Lieben (2014), S. 14.
25 Friedländer (1918), S. 14
26 Vgl. für die weiteren Ausführungen auch Sri Yukteswar (1993) und Tolle (2015)
27 Johann Wolfgang von Goethe, Faust 1, Studierzimmer.
27A Thich Nhat Hanh: Mit dem Herzen verstehen, S. 50
28 Vgl. Luhmann (1984a)
29 Friedländer (1918), S. xiv und S. 13.
30 Ebenda, S. 26.
30A Thich Nhat Hanh: Mit dem Herzen verstehen, S. 55
31 Vgl. www.nature.com/news/2008/080813/full/news.2008.1038.html (Stand: 11.03.2019) und Lipton (2013), S. 46
32 Görnitz/Görnitz (2016), S. 469ff.
33 Vgl. McTaggart (2007)
34 Vgl. Harald Lesch. »Freie Energie-Gibt es das?«; siehe: www.youtube.com/watch?v=W_AeT1rSY4M, Zeit: 5.55 min. (Stand: 19.03.2019).
35 Ebenda, Zeit: 5.15 min.
36 U.a. mit einer negativem Gravitationskraft, als Gegenpol von Materie mit positivem Vorzeichen (d. h. zum Entstehen von Materie muss positive Energie aufgewendet werden).
37 Hawking (2011)
38 Riemann (2017), S. 16.
39 Vgl. E. Tolle (2015)
40 Vgl. Bild der Wissenschaft Heft 1/2008.
41 Vgl. »Die Abschaffung der Zeit« von Ulf von Rauchhaupt; siehe: www.faz.net/aktuell/wissen/wissenschaft/quantengravitation-die-abschaffung-der-zeit-1768654-p3.html (Stand: 27.03.2019) und Kiefer(2008).
42 Dürr (2012); vgl. auch Dürr (2016) sowie Schrödinger (1989)
43 Vgl. Panikkar/Dürr (2017) und Dürr (2016)
44 Friedländer (1918)
45 Von C. Rovelli, Professor für Physik an der Universität Marseille, hier zitiert aus www.wissenschaft.de »Gestern und Morgen sind eins«; www.wissenschaft.de/umwelt-natur/gestern-und-morgen-sind-eins/ (Stand: 11.03.2019).
46 Vgl. Henry (2005), S. 29
47 Siehe dazu Dalai Lama (2006) und vgl. auch. Tolle (2015), Kornfield (2018)
48 Vgl. Fromm (2017).
49 Ebenda, S. 19 und S. 50.
50 Ebenda, S. 32.

51 Vgl. Fredrickson (2013), S. 29f.

52 Entsprechend auch des Evangeliums nach Johannes.

53 Lauster (2016), S. 239; sinngemäß vgl. auch Sorokin (2012), S. 10ff.

54 Vgl. auch Schmid (2011) und Schmid (2015) sowie Maturana/Verden-Zöllner (2008), Appendix 10, S. 223ff.

54A Thich Nhat Hanh: Mit dem Herzen verstehen, S. 70

55 Man könnte sogar in einer sehr breiten Definition von Liebe so weit gehen, sämtliche Anziehungskräfte, also auch die physikalischen, als Liebe zu verstehen – sie alle wirken hin auf die Wiederherstellung der Einheit von zuvor Getrenntem.

56 Vgl. auch Lipton (2013), S. 42.

57 Vgl. hierzu auch Sorokin (2002), S. 84f.

58 Vgl. auch Fromm (2017)

59 Vgl. Luhmann (2015) und Luhmann (2016)

60 Vgl. Lauster (2016)

61 Vgl. Sorokin (2002), S. 142.

62 Vgl. Wright (2010a), Maturana/Verden-Zöllner (2008) und Chu (2016)

63 Vgl. Levine (2011), insbesondere S. 378 und S. 400.

64 Vgl. Levine (2011), insbesondere S.368ff.

65 Vgl. hier und im Folgenden Levine (2011), S. 377ff. und LeDoux (2001), S. 288ff.

66 Vgl. Levine (2011), S.394f.

67 Vgl. Butollo (2015), S. 31f.

68 Ebenda, S. 33

69 Vgl. hierzu auch ausführlich Lewis/Amin/Lannon (2000), S. 16ff.

70 Vgl. hierzu Harari (2018)

71 Vgl. hierzu ausführlich Lewis/Amin/Lannon (2000), S. 24ff.

72 Vgl. Zeitschrift »Moment-by-Moment«, Titelthema: Herz, Ausgabe 01/2018.

73 Fredrickson (2013), S. 76.

74 Vgl. hier und für die folgenden Ausführungen Damasio (2006) und auch Storch (2011) und »Gute Entscheidungen treffen: Die Pizza-Probe« von M. Storch in Gehirn & Geist, 1/2004.

75 Vgl. hierzu Lipton (2013), S. 23.

76 Vgl. hierzu Rifkin (2016), S. 405, und hierzu auch Lewis/Amin/Lannon (2000).

77 Vgl. Fredrickson (2013), S.33 und 63ff.

78 Vgl. Fredrickson (2013), S. 22ff.

79 Vgl. Fromm (2017), S. 29f.

80 Vgl. Fromm (2017)

81 Vgl. Krishnamurti (2016)

82 Vgl. Harari (2017)

83 Vgl. Metzinger (2015) und auch Bateson (1982) sowie D. Kahneman (2012)

84 Fromm (2017), S. 25.

85 Vgl. Festinger (1957)

86 Vgl. Fromm (2017)
87 Lauster (2016), S. 144f.
88 Vgl. Schache (2014)
89 Vgl. Krishnamurti (2016); im Original: »Wherever will is, love is not.«
90 Eine einfache Kooperationslogik sieht sinngemäß so aus: »Ich gebe dir so lange etwas, so lange du mir auch etwas zurückgibst. Gibst du mir einmal nichts zurück, gebe ich dir künftig auch nichts mehr, bis du mir wieder etwas gibst.«
91 Vgl. Luhmann (1984a)
92 Vgl. hier für einen guten Überblick Wright (1999)
93 Sorokin (2002), S. 459ff.
94 Vgl. Fromm (2014) und Sorokin (2002)
95 Post (2014), S. 32.
96 Sorokin (2002), S. 142.
97 Post (2014), S. 36f.
98 Walach (2015), S. 23f. Walach versteht Spiritualität in Abgrenzung zu Religion als »ein explizites Bezogensein auf eine über das eigene Ich und seine Ziele hinausgehende Wirklichkeit«.
99 Zitiert aus Lipton (2013), S. 124. Das Zitat ginge zurück auf den indischen Unternehmen und Philanthropen Bharat Mitra.
100 Vgl. Maslow (1981), Beck/Cowan (2017) und Piaget (1992)
101 Walach (2015), S. 173; siehe auch Metzinger (2014). Letzterer beschreibt das Erkennen der Welt durch »Wissenschaft und Meditation«.
102 »Die Teilnahme an der unbegrenzten Liebe stellt die vollste Erfahrung der Spiritualität dar.« Post (2014), S. 35.
103 Vgl. Tolle (2015) und Dalai Lama (2006)
104 Vgl. hierzu auch Lipton (2013), S.32ff.
105 Neben Albert Einstein, Erwin Schrödinger, David Bohm und Hans-Peter Dürr seien hier auch Rupert Sheldrake und Bruce Lipton als weitere Wissenschaftler genannt, die u. a. in dem Buch »Das Nullpunkt-Feld« von McTaggart (2007) zitiert werden.
106 Vgl. Chu (2014), S. 21.
107 Ebenda.
108 Levine (2011), S. 406.
109 Vgl. Ebenda, S. 417ff.
110 Vgl. Taylor (2010)
111 Vgl. u. a. Felber (2015)
112 Vgl. Chu (2014)
113 Lipton (2013), S. 38.
114 Vgl. Harari (2017), Harari (2018) und Damasio (2013), Lipton (2013)
115 Vgl. auch hier Sheldrake (2012), Eccles (1991a/b)
116 Vgl. Görnitz/Görnitz (2016)
117 Vgl. Salzberg (2016), Kabat-Zinn (2013), Germer (2017) Singer/Ricard (2015)

118 Vgl. Kornfield (2008)

119 MBSR steht für »Mindfulness Based Stress Reduction« und wurde maßgeblich entwickelt von John Kabat-Zinn. Vgl. eine Vielzahl von Publikationen zum Thema Mindfulness, u.a. Kabat-Zinn (2013), Germer (2017) und Tan (2015).

120 Vgl. Kornfield (2014)

121 Frankl (2018)

122 Jampolsky (2001), S. 15.

123 Vgl. Fromm (2017), S. 37, Fredrickson (2013), S. 29.

124 Vgl. Jampolsky (2001), S, 15.

125 Vgl. auch Lieben (2014), S. 34f. und Jampolsky (2001), S. 15.

126 Kornfield (2018), S. 33.

127 Lieben (2014), S. 14.

128 Vgl. auch Sorokin (2002), S. 36ff.

129 Vgl. Krishnamurti (2016)

130 Zitiert aus Walach (2015), S. 49, vgl. und Meister Eckhart (2014).

131 Vgl. Tolle (2015)

132 Vgl. Johnson (2005)

133 Fromm (2018), S. 88f.

134 Ebenda, S. 90.

135 Dieser Prozess der mentalen »Auftrennung« seiner selbst in zwei (»ich« und »mich«) kann auch als Prozess der Identifikation mit sich selbst bezeichnet werden.

136 Vgl. Dalai Lama (2006)

137 Es gibt mittlerweile sogar medizinische Studien, die zeigen, dass Menschen, die öfter als andere die Worte »ich«, »mir« und »mein« verwenden, ein deutliche höhere Wahrscheinlichkeit haben, an Herzinfarkt zu erkranken, aus: ebenda.

138 Vgl. Frankl (2018)

139 Csíkszentmihályi (1998)

140 Vgl. Krishnamurti (»Why do we not change?«), Ojai, Kalifornien, 06.05.1982; auf Youtube unter gleichnamigem Titel am 18.01.2019 gefunden; © 1982 Krishnamurti Foundation of America.

141 Vgl. vorige Anmerkung zu Krishnamurti und Perls (1978)

142 Sorokin (2002), S. 79.

143 Vgl. auch Tolle (2015)

144 Vgl. J. Krishnamurti (»I long to be loved«), Saanen, Schweiz, 24.07.1983, ab 10:35 min.; auf Youtube unter gleichnamigem Titel gefunden am 25.01.2018; © 1983 Krishnamurti Foundation of America.

145 Nidiaye (1995), S. 148f.

146 Fromm (2018), S. 185.

147 Vgl. Riemann (2017)

148 Vgl. Fredrickson (2013); zudem beschreibt sie auf Basis ihrer Forschungsergebnisse, welche körperlich messbaren Phänomene auftreten, wenn

Menschen in der Liebe sind (beispielweise die Verbesserung des Vagotonus, d. h. des Spannungszustands des parasympathischen Systems).

149 Vgl. Chu (2014), S. 25f.

150 Vgl. Fredrickson (2013) und Chu (2014), S. 12ff. sowie Fromm (2017), S. 145 und Riemann (2017)

151 Vgl. Butollo (2015), S.11.

152 Vgl. Levine (2001), S. 407.

153 Vgl. auch Lewis/Amin/Lannon (2000)

154 Vgl. Levine (2001), S. 426 und Butollo (2015), S. 24.

155 Felber (2013), S. 38.

156 Vgl. auch Krishnamurti (2016)

157 Genau in diesem Moment kann dieser Mensch ebenso erkennen, dass er letztlich immer vollkommen allein ist, unabhängig davon, wie viele Menschen um ihn herum sind.

158 Vgl. Fromm (2017)

159 Vgl. auch Lieben (2014), S. 54ff.

160 Vgl. Lipton (2013), S. 86ff.

161 Ebenda, S. 93

162 Sorokin (2002), S. 481.

163 Ebenda, S. 146.

164 Aus »Sinn ist die beste Motivationsquelle überhaupt", Interview mit Theo Wehner von Anne-Sophie Balzer, auf www.zeit.de am 13.03.2019 (Stand: 26.03.2019)

165 Vgl. Charles Duhigg: »Wealthy, Successful and Miserable. The upper echelon is hoarding money and privilege to a degree not seen in decades. But that doesn't make them happy at work«, NY Times am 14.03.2019.

166 Vgl. Rifkin (2016), S. 404ff.

167 Aus Fromm (2014); eigene Übersetzung aus dem Englischen.

168 Vgl. Csíkszentmihályi (1998)

169 Fromm (2017), S. 38f.

170 Ebenda, S. 38.

171 Vgl. Malik (2011)

172 Vgl. www.kununu.com

173 Vgl. Bermann (2017), Vollmer (2016), Laloux (2015)

174 Vgl. Walach (2015), S. 117.

175 Vgl. »Surprising Science of Motivation«, von Daniel Pink; www.youtube.com/watch?v=kAKYX4Y4GQA&feature=youtu.be (Stand: 2603.2019)

176 Vgl. Laloux (2015)

177 Zitiert aus dem Brief von Laurence Fink (Chairman und CEO von Blackrock) an seine Mitarbeiter vom 15. Januar 2019, siehe unter https://app.handelsblatt.com/downloads/23873488/5/ldf.pdf?ticket=ST-2179725-RKbPUrMGD7fJ4Pgl0RRB-ap5 (Stand: 26.03.2019).

178 Butollo (2015), S. 236.

179 Fromm (2018), S. 90f.
180 Vgl. Fromm (2015)
181 Sorokin (2002), S. 76f.
182 Vgl. Krishnamurti (2016)
183 Vgl. Kahnemann (2012)
184 Vgl. Schache (2014) und Williamson (2016), S. 76ff.
185 Vgl. die Ergebnisse des »Projekts Oxygen« von Google; siehe dazu »Google verrät, was gute Führungskräfte ausmacht« von St. Dörner, veröffentlicht am 21.08.2017 auf www.welt.de (Stand: 21.02.2019), sowie David A. Garvin, Alison Berkley Wagonfeld, and Liz Kind: »Google's Project Oxygen: Do Managers Matter?« Harvard Business School Case 313-110, April 2013. (Revised October 2013), sowie das Papier hochgeladen von Abd Karim Basir unter: www.academia.edu/35157105/Google_s_Project_Oxygen_Do_Managers_Matter (Stand: 13.02.2019).
186 Vgl. die empirischen Studienergebnisse von Kanning/Fricke (2013) sowie Malik (2011)
187 Vgl. Sorokin (2002) und Merath (2011)
188 KPI = Key Performance Indicator, d. h. Leistungskennzahlen
189 Vgl. hierzu und für die weiteren Ausführungen neben Fromm u.a. auch Kreiß (2015) sowie Kreiß (2016)
190 Fromm (2018), S. 84f.
191 Vgl. auch Merath (2011), Sprenger (2018) sowie Fromm (2014)
192 zitiert aus: »Was Handys angeht, ist Apple erledigt«, Interview von Caspar Au mit Philippe Stark, gefunden auf sz.de am 28.02.2019 unter: https://www.sueddeutsche.de/digital/mobile-world-congress-smartphone-apple-1.4345323
193 Wörtliches Zitat von Günther Schmidt.
194 Vgl. hierzu sowie für die folgenden Ausführungen Weber (2002) und Langer (2002)
195 Vgl. Bach et al. (2002), S. 4., sowie Taylor (1913) und McChrystal (2015)
196 Vgl. Langer (2002), S. 85ff., Staehle (1999), S. 512ff., sowie Weber (2002), S. 225f.: »Planung ist eine Ausprägung der Willensbildung (...), die zu Plänen führt, als dominierendes Instrument der Willensdurchsetzung.«
197 Vgl. Weber/Schäffer (2001a)
198 Vgl. Schäffer (2001), S. 7, Weber (1999c), S. 138ff.
199 »Negativer Nutzen« kann hier beispielsweise Kritik, Degradierung, Arbeitsplatzverlust folgen. Die dem Funktionieren dieser Unterdrückungsstrategie zugrundeliegende Emotion ist die Angst, vgl. dazu auch Simon (2000), S. 235ff.
200 Vgl. Bach (1998), S. 196 und ebenda S. 215ff.
201 Vgl. Taylor (1913) und Weber (1980)
202 Vgl. Bach (1998), S. 220.
203 Vgl. Simon (2000), S.236f. und Simon (2002), S. 111.
204 vgl. auch Bach (1998), S. 215ff.

205 Dies wird auch als »vertikale Koordination« bezeichnet. Mit der Kompetenz ist also ein »Gestaltungs- und Anordnungsrecht« verbunden, vgl. Weber (2002), S. 43.

206 Vgl. Bach (1998), S. 179.

207 In diesem Sinne schreibt auch Simons: »A fundamental problem facing managers in the 1990s is how to exercise adequate control in organizations that demand flexibility, innovation, and creativity.« Siehe Simons (1995), S. 80.

208 Bach (1998), S. 123. Nach Bühl ist dies sogar das entscheidende Merkmal ökosozialer Systeme, Bühl (1990), S. 35ff., vgl. Simon (2000), S. 271f.

209 Vgl. Bach (1998), S. 101.

210 Vgl. auch Maturana/Pörsken (2002), S. 188f.

211 Emergenz bezeichnet das Auftreten einer neuen Qualität, die jeweils nicht durch die Eigenschaften und Relationen der beteiligten Elemente erklärt werden kann, vgl. Krohn/Küppers (1992), S. 165.

212 Vgl. Bach (1998), S. 215, und Schäffer (1996), S. 78 sowie Hayek (1969a), S. 35: »... reliance on spontanous orders both extends and limits our power of control.«; außerdem Schreyögg/Noss (1994), S. 23.

213 Dies wurde schon vor vielen Jahren in der Betriebswirtschaftslehre thematisiert; vgl. Heintel/Krainz (1988), S. 122ff. und insbesondere S. 125 sowie zum Verhältnis der formalen Regelungen der Organisation und dem Verhalten von Menschen: Kieser/Kubicek (1992), S. 464ff.

214 Simon (2002), S. 135.

215 Vgl. auch McChrystal (2016) und F. Laloux (2015) sowie die schon weiter oben zitierte Literatur zum Projekt »Oxygen« von Google.

216 Vgl. Koch (2017) und Keller/Price (2011)

217 Griffith (2002), S. 297, eigene Übersetzung des Autors.

218 Vgl. Schäffer (1996), S. 88.

219 Ebenda, S. 38.

220 Ebenda, S. 57.

221 Friedländer (1918), V.

222 Zitiert nach Frambach (1993), S. 48.

223 Vgl. Ebenda, S. 47f.

224 Vgl. Ebenda und Friedländer (1918), S. 65.

225 Friedländer (1918), S. 65.

226 Vgl. Kieser/Kubicek (1992), S. 114f.

227 Fromm (2018), S. 185ff. und Felber (2015)

228 Vgl. Felber (2015)

229 Hesse (2016) S. 105; vgl. auch Kornfield (2018).

230 Vgl. Kahnemann (2012)

231 Vgl. Tolle (2015)

232 Ebenda, S. 47.

233 Vgl. Frambach (1993), S. 46 (der Autor verweist hier auf Friedländer).

233A Thich Nhat Hanh: Mit dem Herzen verstehen, S. 27

234 Vgl. Felber (2015)
235 Ebenda
236 Panikkar/Dürr (2017), S. 212 und ausführlicher S. 210ff.
237 »The old can impossibly give birth to the new«; aus Krishnamurti (2016)
238 Vgl. Sorokin (2002), S. 100ff. sowie S. 125ff.
239 Ebenda, S.125.
240 Krishnamurti's Notebook Part 3, Gstaad, Switzerland 13th July to 3rd September 1961; siehe: http://jiddu-krishnamurti.net/en/krishnamurtis-notebook/1975-00-00-jiddu-krishnamurti-krishnamurtis-notebook-gstaad (Stand: 27.03.2019), beginnend mit »It's the emptiness that is essential not what's in the emptiness ...«; eigene Übersetzung des Autors.
241 Vgl. McTaggart (2007)
242 Vgl. Sheldrake (2016)
243 Gleiches gilt für Phänomene wie Telepathie, dessen Existenz in streng wissenschaftlichen Untersuchungen, unter anderem im Auftrag des amerikanischen Militärs, nicht als »übernatürliches«, sondern als vollkommenen natürliches Phänomen nachgewiesen wurde. Vgl. hierzu auch Sheldrake (2016), Sheldrake (2006) sowie Weber (2012) und Bohm (2002).
244 Vgl. Panse/Stegmann (1998), S.37ff., und Panse/Stegmann (2004), S. 29ff.
245 Vgl. Butollo (2015), S. 185.
246 Vgl. hierzu ausführlich Panse/Stegmann (2004)
247 Vgl. ausführlich Panse/Stegmann (2004), S. 69ff, und Panse/Stegmann (1998), S.83ff., sowie www.aufruf-zum-leben.de (Stand: 18.02.2019)
248 Quelle: TK Gesundheitsreport & KKH-Allianz & WHO & Stressreport Deutschland 2012 und auch Panse/Stegmann (1998), S.149ff.
249 Vgl. Fannin/Williams (2012), S. 8.
250 Vgl. ebenda, S. 16, und die dort zitierte Literatur und Studien.
251 Vgl. zur Diskussion der psychologischen Theorien insbesondere LeDoux (2001), S. 25ff., James (1884), Schachter/Singer (1962), Lazarus (1966), Lazarus (1991) und Izard (1994).
252 Vgl. Harris (2013)
253 Vgl. LeDoux (2001), S. 322, Damasio (2002), S. 80 sowie Höfner (2016), S. 70.
254 Vgl. Maturana/Pörksen (2002), S. 217f.
255 Höfner (2016), S. 71.
256 Vgl. Ariely (2015)
257 Vgl. Höfner (2016), S. 67ff.
258 Vgl. »Niemand ist frei« von Philipp Schwenke, 11. April 2008, Gespräch mit Hirnforscher Gerhard Roth auf Zeit Campus 02/2008, siehe: www.zeit.de/campus/2008/02/interview-freier-wille (Stand: 28.03.2019).
259 Vgl. Gazzaniga (1998), S. 25ff., und Höfner (2016), S. 69.
260 Maturana/Pörsken (2002), S. 218.
261 Vgl. Gazzaniga (1985), S. 146 und 189, Kahneman/Slovic/Tversky (1982) und Kahneman/Lovallo (1993), S. 17ff., Arrow (2000), Kahnemann (2012)

262 Vgl. Fromm (2018)
263 Vgl. nochmals »Niemand ist frei« von Phillip Schwenke, 11. April 2008, Gespräch mit Hirnforscher Gerhard Roth auf Zeit Campus 02/2008.
264 Vgl. Kahnemann (2012)
265 Vgl. Kahnemann (2012), Tolle (2015) und N. Höfner (2016), S. 71.
266 Vgl. auch Kornfield (2018)
267 Vgl. Fromm (2018), S. 103ff.
268 Vgl. Krishnamurti (2016)
269 Vgl. Tolle (2015)
270 Vgl. Riemann (2017b)
271 Vgl. Harari (2017)
272 Vgl. Kornfield (2014)
273 Vgl. Keller/Price (2011)
274 Vgl. Lieben (2014), S. 54ff. und Butollo (2015), S. 232ff.
275 Vgl. Butollo (2015), S. 234.
276 Vgl. Harris (2013) und Kornfield (2018) sowie Sorokin (2012)
277 Vgl. Fredrickson (2013) im zweiten Teil des Buches.
278 Vgl. Post (2014), S. 86ff.
279 Gefunden in Rifkin (2016), S. 18, eigene Übersetzung des Autors, vgl. auch Keynes (2012), S. 358ff.
280 Gleichzeitig ist die digitale Computertechnik wiederum deutlich älter als der Begriff der »Digitalisierung«, dem aktuellen Buzzword für diese Entwicklung.
281 Vgl. hierzu auch Lewis/Amin/Lannon (2000)
282 Vgl. Kurzweil (2014) und Rifkin (2016)
283 Vgl. Kurzweil (2014)
284 Vgl. Harari (2018)
285 Vgl. Keynes (2012), S. 358ff.
286 Vgl. Rifkin (2016), insb. S. 397.
287 Vgl. Ebenda), S. 388ff.
288 Vgl. Tapscott/Williams (2016)
289 Vgl. hierzu Keynes (2012), S. 358ff, und Rifkin (2016), S. 393.
290 Vgl. auch Tapscott/Williams (2007) und Tapscott/Williams (2016)
291 Vgl. Kurzweil (2014)
292 Fromm (2018), S. 22
293 »Künstliche Intelligenz: Wladimir Putin und Tesla-Chef Elon Musk warnen vor Gefahr für die Menschheit«; meedia.de vom 05.09.2017 (Stand: 19.02.2019)
294 Vgl. »Viele fürchten durch die Künstliche Intelligenz überflüssig zu werden«, Beitrag von R. Sprenger; www.nzz.ch vom 26.01.2019 (Stand: 19.02.2019) sowie Sprenger (2018)
295 Vgl. Harari (2018)
296 Vgl. Tan (2015) und Kallayil (2015)

297 Vgl. auch hier den Beitrag von R. Sprenger in www.nzz.ch vom 26.01.2019 und Sprenger(2018), außerdem Rifkin (2016), S. 442ff. sowie Sorokin: »Die Kraft der Liebe erzeugt, inspiriert, stärkt und wirkt in allen individuellen und kollektiven Handlungen der Verwirklichung von Wahrheit und Wissen, von Güte und Gerechtigkeit, von Schönheit und Freiheit, dem summum bonum und der Glückseligkeit, in der gesamten Schöpfungsgeschichte der Menschheit.« Sorokin (2002), S. 79.

298 Interview von Francesco J Varela im Film »Monte Grande« von Franz Reichle, 2004, zitiert aus Koromzay (2016), S. 77.

299 Vgl. www.n-tv.de/politik/Weltuntergangsuhr-steht-auf-zwei-vor-zwoelf-article 20827244.html vom 24.01.2019 (Stand: 20.02.2019)

300 Zitiert aus Harari (2018), Kapitel 88.

301 Vgl. Rifkin (2016)

302 Wie das geschieht, auch abhängig von der Bewusstseinsebene der die Organisationen konstituierenden Menschen, zeigt auch Frederic Laloux sehr schön. Vgl. Laloux (2015) und für die Bewusstseinsmodelle Wilber (2009), Beck/Cowan (2017), Piaget (1992) und Maslow (1981).

303 Vgl. Harari (2018)

304 Sorokin (2002), S.180.

305 Vgl. Koch (2017), S. 40ff.

306 Vgl. Ebenda.

307 Vgl. Keller/Price (2011)

308 Interessanterweise bleiben jedoch trotz der Technologiesprünge die zugrundeliegenden Bedürfnisse der Kunden weitgehend unverändert. Beispielsweise wurde das unveränderte Bedürfnis von Menschen nach »haltbaren Lebensmitteln« in den unterschiedlichen Technologiegenerationen sehr unterschiedlich adressiert: durch Herausschlagen von Gletschereis, durch Pökeln und andere Formen des Konservierens bis hin zum Gefrieren im heimischen Kühlschrank.

309 Vgl. hierzu auch Harari (2018) und Keller/Price (2011), xv.

310 Diese Entwicklung ist im Übrigen auch bei anderen, von Menschen geschaffenen Kollektivs zu beobachten – keines war je auf Dauer erfolgreich, weder Gesellschaftsformen noch Staatenbünde oder »Imperien«.

311 Vgl. Yalom (2013), S. 29.

312 Vgl. Schmid (2011), S. 21, und Schmid (2015)

313 Vgl. auch https://app.handelsblatt.com/downloads/23873488/5/ldf.pdf?ticket=ST-2179725-RKbPUrMGD7fJ4Pgl0RRB-ap5

314 Vgl. »Google verrät, was gute Führungskräfte ausmacht« von St. Dörner, veröffentlicht am 21.08.2017 auf www.welt.de (Stand: 21.02.2019).

315 Im Bewusstseinsebenen-Modell der Spiral Dynamics wäre dies ab der siebten, der gelben bzw. systemisch-integrativen Ebene möglich. Vgl. auch Laloux (2015) und Beck/Cowan (2017).

316 Vgl. Walach (2015)

317 Vgl. hierzu auch Tolle (2015)
318 Vgl. McChrystal (2016)
319 Vgl. Lipton (2013)
320 Vgl. Yalom (2013), S. 22.
321 Vgl. Walach (2015)
322 Vgl. auch Sorokin (2002), S. 66ff.
323 Zitat aus der Predigt/Rede »Loving Your Enemies« von Martin Luther King Jr., gehalten in der. Dexter Avenue Baptist Church, Montgomery, Alabama, 17. November 1957. eigene Übersetzung des Autors.
324 Vgl. »Ein Unternehmen erfindet sich neu«. Organisationaler Transformationsprozess bei GUTMANN ALUMINIUM DRAHT GMBH (GAD): Eine Dokumentation; siehe auch: www.gutmann-wire.com/unser-unternehmen/lernende-organisation-gad (Stand: 27.02.2019).
325 Vgl. Yalom (2013), S. 31.
326 Höfner (2016), S. 61.
327 Sorokin (2002), S. 126.
328 Vgl. Ebenda, S. 47ff und 144ff.
329 Vgl. Ebenda, S. 66ff.
330 Ebenda, S. 460.
331 Vgl. beispielhaft auch »Porsche Vorstand ließ Gespräch mit Ex-VW-Chef Müller heimlich aufzeichnen«, von Jan Keuchel auf www.handelsblatt.com vom 19.03.2019.
332 Vgl. Fromm (2017) und Fromm (2018)
333 Vgl. hierzu ausführlich Sorokin (2002), S. 287ff.
334 Ebenda, S. 483.
335 Ebenda, S. 481.
336 Keynes (2012), S. 358ff., Eigene Übersetzung des Autors.
337 Vgl. Merath (2011)
338 Gefunden in Felber (2013)
339 Vgl. https://app.handelsblatt.com/downloads/23873488/5/ldf.pdf?ticket=ST-2179725-RKbPUrMGD7fJ4Pgl0RRB-ap5 (Stand: 02.04.2019)
340 Vgl. »Bills Bruder« von Alexander Kühn auf Spiegel online; siehe: www.spiegel.de/spiegel/print/d-91203456.html (Stand: 26.03.2019).
341 Unter anderem war die Balanced Scorecard« – leider zwischenzeitlich wieder etwas aus der Mode geraten, hierzu schon mal ein interessanter Ansatz.
342 Vgl. »Studie: Zufriedene Mitarbeiter als Erfolgsrezept«, www.stern.de vom 18.10.2002; www.stern.de/wirtschaft/job/studie-zufriedene-mitarbeiter-als-erfolgsrezept-3377140.html (Stand: 25.02.2019).
343 Vgl. Fleming/Asplund (2007), S. 94ff., eigene Übersetzung.
344 Vgl. Alex Edmans in: Employee satisfaction and firm value: A global perspective, gefunden unter: https://voxeu.org/article/employee-satisfaction-and-firm-value, eigene Übersetzung.
345 Paul Boselie und Ton van der Wiele (2002): «Employee perceptions of HRM

and TQM, and the effects on satisfaction and intention to leave", Managing Service Quality: An International Journal, Vol. 12 Issue: 3, S.165-172.

346 Vgl. »Management Practices Across Firms and Countries« von Nicholas Bloom, Christos Genakos, Raffaella Sadun und John Van Reenen, Februar 2012.

347 Vgl. »Von wegen Sozial-Klimbim« von Olaf Storbeck, www.handelsblatt.com vom 16.07.2007 und www.welt.de/print-welt/article470326/Firestone-zahlt-Opfern-Millionen.html (Stand: 02.04.2019).

348 EBIT ist die Abkürzung für Earnings before interest and taxes = Ergebnis vor Steuern und Zinsen.

349 www.pwc.de/de/publikationen/paid_pubs/pwc_innovation_-_deutsche_wege_zum_erfolg_2015.pdf

350 Vgl. www.3minutencoach.com/news/innovative-unternehmen-sind-zentral-fuer-erfolgreichen-wirtschaftsstandort-und-sichere-arbeitsplaetze-3433/ vom 31.08.2016 (Stand: 25.02.2019)

351 Vgl. »Innovationen für die deutsche Wirtschaft« von Wolfram Groß, www.computerwoche.de vom 28.09.2016.

352 Vgl.de.statista.com/statistik/daten/studie/207868/umfrage/unternehmen-mit- einfuehrung-von-marktneuheiten (Stand: 25.02.2019)

353 Vgl. Rifkin (2016)

354 Vgl. »25 Prozent aller Arbeitsplätze sind in Gefahr. Bain-Chef über Zölle, Digitalisierung und KI", von Cornelius Welp, www.wiwo.de vom 11.12.2018.

355 Vgl. www.wiwo.de/erfolg/beruf/gallup-studie-fuehrungskraefte-sind-der-wahre-produktivitaetskiller/19552634.html (Stand: 26.02.2019)

356 FTE = Full-time Equivalent, d. h. Vollzeitäquivalent bzw. Vollzeitkräfte

357 Vgl. www.iwd.de/artikel/krankenstand-in-deutschland-arbeitnehmer-fallen-laenger-aus-377618/ (Stand: 26.02.2019)

358 Vgl. www.zeit.de/arbeit/2018-09/fehlzeiten-report-arbeit-zufriedenheit-gesund heit

359 Vgl. Lipton (2013), S. 63, und die dort zitierte Literatur: Lyle H. Miller/Alma Dell Smith: The Stress Solution. New York, N.Y. 1995, S. 12.

360 Vgl. www.maibornwolff.de/aktuell/02/2014/erster-platz-beim-wettbewerb-beste-itk-arbeitgeber-2014 (Stand: 02.04.2019)

361 »Das große Blabla«, Artikel in der Zeitschrift brand eins von Dorit Kowitz, www.brandeins.de/magazine/brand-eins-wirtschaftsmagazin/2014/konzentration/das-grosse-blabla (Stand: 26.02.2019)

362 Gefunden auf: www.imittelstand.de/themen/presse.html?boxid=899106, abgerufen am 19.03.2019

363 www.netigate.net/de/articles/kundenzufriedenheit/warum-es-wichtig-ist-treue-kunden-zu-haben (Stand: 27.02.2019)

364 www.business-wissen.de/artikel/kundenloyalitaet-2010-loyale-kunden-ein-wertvoller-schatz (Stand: 27.02.2019)

365 Vgl. Keller/Price (2011)

366 Vgl. Laloux (2015)

367 Vgl. «Ein Unternehmen erfindet sich neu". Organisationaler Transformationsprozess bei GUTMANN ALUMINIUM DRAHT GMBH (GAD): Eine Dokumentation; siehe auch: www.gutmann-wire.com/unser-unternehmen/lernende-organisation-gad (Stand: 21.02.2019).

368 EBIT = Earnings Before Interest and Taxes, d. h. Gewinn vor Zinsen und Steuern

369 Walach (2015), S. 183.

370 Vgl. Beck (2014)

371 Vgl. auch Felber (2015)

372 Vgl. »Ich habe mich sehr unfrei gefühlt« – Interview mit dem Finanzprofessor Christian Kreiß vom 16.06.2015; www.spiegel.de/lebenundlernen/uni/christian-kreiss-ueber-drittmittel-und-gekaufte-forschung-a-1036531.html (Stand: 28.02.2019)

373 Vgl. Raworth (2017)

374 Vgl. Gutenberg (1983), S. 6: »Diejenige Instanz also, die die Kombination der produktiven Faktoren in Werkstatt oder Büro täglich vollzieht (...) bezeichnen wir als ›Geschäfts- und Betriebsleitung‹.«

375 Vgl. Ebenda, S. 7f.

376 Vgl. Ebenda, S. 5ff. und S. 131, Gutenberg (1929), S. 26.

377 Vgl. Spieker (2002), S. 105.

378 Vgl. Gutenberg (1929), S. 30.

379 Die Sicht der Zweck-Mittel Rationalität geht zurück auf Max Weber, vgl. Weber (1980), S. 12 und Weber (1973), S. 566f., die sich bereits bei Gutenberg findet, vgl. Gutenberg (1929), S. 28ff.

380 Vgl. auch ähnlich Lewin (1951)

381 Weber (1964), S. 13.

382 Vgl. Weber/Schäffer/Langenbach (2001), S. 52.

383 Vgl. Meyer/Heine (2003), S. 6, und für einen Überblick vgl. Stahle (1999), S. 21ff. und Kieser (2001). Einen wesentlichen Beitrag hierzu lieferte auch die entscheidungsorientierte BWL Heinens, vgl. u. a. Heinen (1968).

384 Vgl. Riedl (2002), S. 81.

385 »Wertorientierung ist gesinnungsorientiert, im Gegensatz zur effektorientierten Zweckrationalität«, Weber/Schäffer (2001b), S. 78, und Acham (1984), S. 33f., vgl. auch Weber (1964), S. 12ff., Albrow (1997), S. 59, Weber (1964), S. 13.

386 Vgl. LeDoux (2001), S. 18.

387 Vgl. Ulrich (1989), S. 140: »Die sozialwissenschaftliche Öffnung der BWL ist die durchaus realistische Reaktion des Fachs auf den Tatbestand, dass sich in den 60er- und 70er-Jahren die ›entscheidenden‹ Problemstellungen und Konzepte des Wirtschaftens in und von Unternehmungen wesentlich verändert haben ...«

388 Dies ist eine direkte Folge der Modularität des Gehirns vgl. Gazzaniga (1985), S. 189, Kahneman/Slovic/Tversky (1982) und Kahneman/Lovallo (1993), S. 17ff., Kahnemann (2012).

389 Vgl. Schäffer (1996), S. 50f., Weber/Schäffer/Langenbach (2001), S. 56.

390 Habermas (1999a), S. 385.

391 Ebenda, S. 107.

392 Vgl. Luhmann (1984a)

393 Vgl. Weber/Schäffer (2001b), S. 78f., und zur Diskussion des Rationalitätsmaßstabs auch Weber/ Schäffer/Langenbach (2001), S.57ff.

394 Vgl. Habermas (1997), S. 25f., Weber/Schäffer (2001b), S. 78f. Nach Weber kann daher die Sollrationalität auch als die »herrschende Meinung von Fachleuten« interpretiert werden; sie ist damit einer wissenschaftlichen Auseinandersetzung zugänglich, vgl. Weber (2002), S. 54.

395 Vgl. Maturana (2001), S. 26, Simon (2002), S. 149, vgl. auch Wittgenstein (1977), S. 217: »Habe ich die Begründungen erschöpft, so bin ich nun auf dem harten Felsen angelangt und mein Spaten biegt sich zurück: Ich bin dann geneigt zu sagen: ›So handele ich eben‹.«

396 Vgl. Weber (2003), S. 184, und Weber (2002), S. 65.

397 Zitiert aus: »Die Macht der Erwartungen«, von Jens Beckert, in »MaxPlanck Forschung. Das Wissenschaftsmagazin der Max-Planck-Gesellschaft«, Heft 1/2019, S. 12; © Max-Planck-Gesellschaft zur Förderung der Wissenschaften e.V., München.

398 Ebenda.

399 Vgl. Schäffer (1996), S. 175.

400 Vgl. auch Kolbeck/Nicolai (1996), S. 157ff., Schreyögg (1989), S. 94ff., Schreyögg (1991), S. 208ff.

401 Eigene Darstellung, in Anlehnung an Jochheim (2002), S. 165ff., und Schwarz (1995), S. 198.

402 Schwarz (1995), S. 198.

403 Vgl. Ebenda

404 Vgl. Kuhn (1993)

405 Vgl. hierzu auch Schreyögg (1989), S. 95ff., der die Stärke einer Unternehmenskultur nach der Prägnanz bzw. Konsistenz und nach dem Umfang der durch sie vorgegebenen Orientierungsmuster, nach deren Verbreitungsgrad und ihrer Verankerungstiefe beurteilt.

406 Vgl. Kieser (1994), S. 222. In diese Richtung wirkt auch das von Wegner bezeichnete »Transaktive Gedächtnis« von Gruppen, welches ein Meta-Wissen über die Verteilung des Wissens in der Gruppe darstellt: »Transactive memory incorporates the system of interconnections that exists in individuals' social organizations of diversity.«, Wegner (1986), S. 207.

407 Vgl. Axelrod (1984) und Maturana/Pörsken (2002), S. 215f.

408 Vgl. Simon (2002), S. 49f.

409 Vgl. Schwarz (1995), S. 136f. sowie zur Bedeutung des Vertrauens in Interaktionen auch Luhmann (1973), S. 24ff., Bach (1998), S. 16 und ebenda S. 164ff.,

410 Verstöße gegen diesen Konsensmaßstab werden abhängig von der Beurtei-

lung der »Schuldfähigkeit« entweder als »verrücktes« oder »böswillig/kriminelles« Verhalten eingestuft, vgl. Simon (2002), S. 49f.

411 Vgl. Schwarz (1995), S. 168.

412 Vgl. Maturana (2001), S. 24ff.

413 Vgl. ebenda, S. 29f.

414 Ebenda, S. 9.

415 Ebenda, S. 8.

416 Ebenda, S. 54f.

417 Vgl. Eisenstein (2012)

418 Vgl. Grün/Hüther/Hosang (2017)

419 Vgl. Chu (2007)

420 Vgl. auch Sorokin (2012), S. 67.

421 Vgl. auch Beispiele aus dem Film »From Business to Being« von Hanna Henigin und Julian Wildgruber; business2being.com (Stand: 01.03.2019).

422 Vgl. Post (2014), S. 187ff.

VOLKMAR KOCH, Diplom-Kaufmann und Diplom-Informatiker (FH), ist seit über 20 Jahren als Führungskraft und Unternehmensberater tätig. Unter anderem war er Finanz- und Personalvorstand eines mittelständischen Unternehmens, Führungskraft in einem globalen Konzern und Partner einer internationalen Unternehmensberatung, spezialisiert auf den Bereich der digitalen Transformation.

Seit vielen Jahren hat er in interner und externer Rolle umfassende Digitalisierungs- und Transformationsprojekte geführt und (mit-)verantwortet. Das Wissen und die Erfahrungen aus diesen Projekten sowie aus seiner Führungstätigkeit sind in das vorliegende Buch »Holistic Company« eingeflossen.

Gleichzeitig ist Volkmar Koch auf der Basis seiner Erfahrungen und eigener Selbsterkenntnis zu der Überzeugung gelangt, dass es mehr als nur neuer Methoden oder agilerer Organisationsformen bedarf, um die Herausforderungen des 21. Jahrhunderts zu bewältigen. Stattdessen ist vor allem ein verändertes Führungshandeln notwendig, das die Grundlage der »Holistic Company« bildet, von einer höheren Bewusstseinsqualität getragen und von mehr Achtsamkeit und (Selbst-)Liebe geprägt sein sollte.

Nur durch die bewusste *Verbindung* dieser »Qualitäten« des Herzens mit aktuellem Wissen und Methoden gelingt die digitale Transformation und kann die Zukunft von Unternehmen nachhaltig erfolgreich gestaltet werden – dies ist Kern des »Heart@Work«-Ansatzes, des von ihm mitgegründeten Beratungsunternehmens.

www.holistic-company.com
www.heart-at-work.com